建筑文化与思想文库

空间奥德赛：现代艺术与建筑

SPACE ODYSSEY: MODERN ART AND ARCHITECTURE

张燕来　著

中国建筑工业出版社

图书在版编目（CIP）数据

空间奥德赛：现代艺术与建筑 = Space Odyssey：
Modern Art and Architecture / 张燕来著 . —北京：
中国建筑工业出版社，2022.6
（建筑文化与思想文库）
ISBN 978-7-112-27372-0

Ⅰ.①空… Ⅱ.①张… Ⅲ.①建筑艺术—研究 Ⅳ.
① TU-8

中国版本图书馆 CIP 数据核字（2022）第 079857 号

责任编辑：陈　桦　柏铭泽　杨　琪
责任校对：党　蕾

建筑文化与思想文库

空间奥德赛：现代艺术与建筑
SPACE ODYSSEY：MODERN ART AND ARCHITECTURE
张燕来　著
*
中国建筑工业出版社出版、发行（北京海淀三里河路9号）
各地新华书店、建筑书店经销
北京点击世代文化传媒有限公司制版
北京富诚彩色印刷有限公司印刷
*
开本：787 毫米 × 1092 毫米　1/16　印张：15¾　字数：311 千字
2022 年 8 月第一版　2022 年 8 月第一次印刷
定价：**139.00** 元
ISBN 978-7-112-27372-0
　（38901）

前言

2015 年初，我的《现代建筑与抽象》书稿交付出版社后，一时轻松之际，我制定了一个以"现代艺术与建筑"为主题的写作计划。之所以选择这个主题，一是因为对抽象艺术和现代建筑抽象性的相关研究意犹未尽；二是自己多年来对现代艺术的兴趣，以及长期的阅读、街拍、看碟等爱好似乎只是成为一种个人习惯而没有产生任何学术收获，偶尔会自感虚度年华和心有不甘。或许应该输出一些文字吧！就算只是记录下片刻的思绪也好。

有了基本清晰的思路后，我开始在日常的阅读中寻找合适的写作素材。这些素材混合了艺术家和艺术史，既有我之前就心仪的大师，如斯坦利·库布里克、密斯·凡·德·罗等，也有很多在这个寻找过程中挖掘出来的艺术家、建筑师和他们的作品。对马克·罗斯科的喜爱始于 2004 年的伦敦泰特现代美术馆之行，随后 2012 年我前去休斯敦"朝圣"了罗斯科教堂。2016 年真正动笔写作罗斯科教堂一文后，我在文献资料中发掘出亨利·马蒂斯晚年参与设计的旺斯教堂，所以才有了"形与域：亨利·马蒂斯与旺斯教堂"一文。"光之形：丹·弗拉文装置艺术中的图像构筑"一文同样如此，是在研究另一位光效艺术家詹姆斯·特瑞尔的过程中"顺藤摸瓜"的收获……

随着持续写作的不断深入，我时常发现很多之前阅读过的艺术家的作品中蕴含着的建筑性思想，也会质问自己为什么之前会那么不堪地视而不见。或许，现代艺术、现代建筑中蕴含的思想和哲学正如隐藏在我们日常生活中的真理一样轻描淡写。或许，大爱、大美天生就具有一种令人视而不见的特质。

"精神到处文章老，学问深时意气平。"几年的写作经历让我越来越清醒地认识到喜欢艺术和艺术写作实际上并没有太多的关联。但，你得首先喜欢艺术才行，不是吗?

目录

绪论
Introduction

现代艺术与建筑，永远的新关系
Modern Art and Architecture,
New Relationship Forever

　　艺术史是一部视觉感知的历史，是人类用各种不同的方式看世界的历史。在艺术史中，艺术与建筑的关联是无法忽视的，虽然这种关联时强时弱。

　　追溯历史，建筑与艺术的关联从来就是随着社会和文化的发展而变化的。维多利亚时代，在多利克（Doric）神殿和哥特式（Gothic）教堂中，建筑和雕塑是合为一体的，两者都统一于宗教意义之中。21 世纪后，现代建筑对于宗教的单一意义早已不复存在，建筑已几乎成为一种纯粹的物质实体和情感表现。20 世纪的两次世界大战期间，现代建筑发展的自治性（Autonomy）趋向使建筑存在对艺术的某种"敌视"情绪。当时诞生不久的现代建筑"企图在尽可能范围内，从建筑中取消一切艺术装饰"。❶当时亦有很多建筑师认为建筑与艺术之间一定存在着寻求两者间的"新"关系的可能途径。"此之所谓新关系，即如何维持其两者各自的独立，另行设法寻找其新的统一体——基于平衡以形成其统一"。❷早期的现代建筑师，如阿道夫·路斯（Adolf Loos）、勒·柯布西耶（Le Corbusier）、密斯·凡·德·罗（Mise van der Rohe）等无不从现代艺术中汲取营养和寻求灵感，使 20 世纪的现代建筑呈现出全新的形式与空间。

　　21 世纪初，普林斯顿大学艺术史教授哈尔·福斯特（Hal Foster）在《艺术 × 建筑》（*The Art-Architecture Complex*）一书中描述了 20 世纪下半叶以来艺术和建筑的关联现状："在过去的五十年中，许多艺术家将绘画、雕塑及影视艺术融入其周围的建筑空间中去，同时艺术家们开始介入视觉艺术。这种交汇，有时是合作性的，有时又是竞争性的，如今在我们的文化经济中成为打造形象与塑造空间的主要形式。"❸的确，20 世纪 60 年代以来，艺术家和建筑师之间进行了大量的合作，它们在许多国家教会和赞助人的垮台后重新构建了一种关系。与此同时，艺术和建筑也面临着自我更新的挑战，传统的表达形式已经被搁置，艺术不再是一个仅限于架上绘画的术语，以摄影、电影为代表的影像艺术在向绘画发起挑战的同时，也将城市和建筑题材一并纳入；现代雕塑也以一种更文学的方式从基座上解放出来，公共艺术、装置艺术、大地艺术更是将艺术作品和城市空间、建筑作品、建造技术、自然、大地紧密地融合在一起。艺术家对第三维度的永恒迷恋，以及建筑师对艺术的神往，使许多创作者试图超越自文艺复兴以来逐渐兴起的学科之间的障碍来创作一种体现艺术和建筑新关系的新作品。

　　时代在变，艺术与建筑的新关系也永远在变。

　　本书以学科交叉的视角，聚焦于现代艺术与建筑的关联性研究，依照现代艺术的不同门类将其与建筑的关联性分为三种类型，并以 14 位艺术家和建筑师的创作哲学和代表作品作为典型案例，来探求处于动态中的"现代艺术与建筑"的新关系（绪论表 -1）。

❶❷（德）Ludwig Hilberseimer, Kurt Rowland. 近代建筑艺术源流 [M]. 刘其伟，编译 . 台北：六合出版社，1999: 277.

❸（美）哈尔·福斯特 . 艺术 × 建筑 [M]. 高卫华，译 . 济南：山东画报出版社，2013: 1.

绪论表 -1　"艺术—建筑"关联类型与特征简表

艺术概念	艺术类型	艺术—建筑的关联特征
图像	绘画	现代绘画在走向二维抽象的同时，空间性日益加强
影像	摄影、电影	摄影记录城市化进程，电影的时空语言与建筑相关
空间	雕塑、装置	可以视为低功能性建筑，其空间构成与建筑形态相似

1.图像之筑：现代绘画与建筑

在现代绘画始于印象派（Impressionism）的现代性兴起过程中，充满了创新思想的艺术和建筑流派同时出现。当未来主义（Futurism）在意大利形成之际，乔治·德·契里科（Giorgio de Chirico）就在描绘那些破坏了的文艺复兴时期绘画中的城市景观。赫伯特·里德在《现代绘画简史》中认为："艺术中的现代主义运动是由一位坚定地想要客观地看世界的法国画家开启的。"[1] 这位画家就是保罗·塞尚（Paul Cézanne）。之前的印象派画家主观地将世界看成各种变换的光：每一个场景在他们的感知中都有各不相同的、独特的印象，每一个场景都必须有一件独立的艺术作品。"但塞尚希望能去除这种闪闪发光的、模糊的表面，而深入物体内在的不曾改变的现实，这种现实潜藏在万花筒式的感觉所呈现的明亮但是具有欺骗性的画面之下"。[2] 由此，绘画经历了一个从表现空间到呈现空间性的转变，"空间性"（Spatiality）成为绘画的一个重要核心，也成为联系现代绘画与建筑的一个关键概念。

策展人和艺术评论家迈克尔·奥平（Michael Auping）2007 年在沃斯堡艺术博物馆策展的名为"空间宣言"（*Declaring Space*）的专题展览中，选取了马克·罗斯科（Mark Rothko）、巴略特·纽曼（Barnett Newman）、卢西奥·封塔纳（Lucio Fontana）、伊夫·克莱因（Yves Klein）四位 20 世纪后期代表性色域画家，"这些艺术家都找到了独特的方式，在他们的绘画之外创造了一种空间感，并通过这些方式暗示了在这些空间中存在着各种超越的意义"。[3] 通过对他们绘画中不断深入的空间意识和空间呈现的艺术哲学演化的展示与研究，这个展览再现了 20 世纪下半叶现代绘画无法阻挡的空间性发展特征，最后随着克莱因在《跃入虚空》（*Leap into the Void*，1960 年）中的惊人一跃，现代绘画跃向了虚无的空间，也似乎向古典艺术做出了义无反顾的道别（绪论图 -1）。

"艺术家们很少以实际建成建筑为目的来绘画。相反，他们似乎被三维固态所吸引，这是一种逃离主观性绘画和画布领地的必然性"。[4] 这种逃离的欲望还使 20 世纪中叶以来大量艺术家直接参加建筑项目的创作与设计。与独立的建筑委托或建筑项目有别，这些由艺术家独立或参与创作的建筑大多结合了现代绘画与建筑空间，呈现为现代意义上的整体性建筑。

[1][2] （英）赫伯特·里德.现代绘画简史[M].洪潇亭，译.南宁：广西美术出版社，2015：17.

[3] Michael Auping. Declaring Space[M]. Munich: Prestel Verlag, 2007: 136.

[4] Philip Jodidio. Architecture；Art[M]. Munich: Prestel Verlag, 2005：20.

绪论图 -1 《空间宣言》封面伊夫·克莱因的艺术作品《跃入虚空》

❶ 郑时龄. 建筑与艺术 [M]. 北京：中国建筑工业出版社，2020：3.

　　"艺术与人类文明一样古老，建筑与艺术有着渊源关系，历史上有无数关于建筑和艺术联姻的例子，尤其是在那些宗教建筑和宫殿建筑中，建筑与艺术的联姻关系是最为显著的"。❶ 本书第 1 章节先后研究的三座建筑：旺斯教堂、罗斯科教堂与"奥斯汀"就是由三位著名的艺术家：亨利·马蒂斯（Henri Matisse）、马克·罗斯科、埃斯沃兹·凯利（Ellsworth Kelly）分别在法国和美国设计建成的单一性建筑，这三座建筑有着相似的功能，在建筑形式和空间意识上，尤其在如何产生历史与现时的对话、如何体现空间中的现代绘画价值上，不但开启了现代绘画的图像功能的当代可能性，还表达了现代绘画与建筑空间结合后神奇的互动效果，完美地呈现了 20 世纪下半叶现代艺术史的承前启后。

　　第 1 章最后一位出场的艺术家卢西奥·丰塔纳（Lucio Fontana）是第二

次世界大战后在意大利兴起的现代艺术流派——"空间主义"（Spatialism）的创始者和倡导者。他在 1947 年和 1951 年先后发表了《空间主义宣言》和《空间技艺宣言》，将意大利抽象艺术导向了不重材料而偏重观念性的方向。丰塔纳不仅在绘画中首创以刀锋切割和割裂画布，还广泛参与室内设计、建筑设计与环境设计，是欧洲艺术家中具有代表性的"艺术—建筑"先知，他的艺术思想既是 20 世纪中叶艺术家空间认识的一个新起点，也是现代艺术从画布走向雕塑与建筑的源头之一。

2.影像之城：摄影、电影中的建筑与空间

200 年前，绘画和雕塑依然是艺术世界的视觉代码和主宰形式。随后，摄影和电影的出现使人类填补幻想和真实之间空白的方式得以丰富。关于摄影，美国摄影历史学家约翰·沙科夫斯基（John Szarkowski）有一个著名的疑问：摄影是一面镜子还是一扇窗口？若为镜，摄影反映着拍摄者的意图；若是窗，照片则记录了相机所视。考虑到照片为摄影者所拍摄，一张照片应该是两者兼而有之：既是主观创造亦是客观之物和景物的记录。以此类推，建筑摄影则是以摄影者的主观视角来呈现客观的建筑物，摄影者与建筑物缺一不可，而摄影者与建筑物的关系就是现代建筑摄影的核心问题。

在摄影的早期，建筑就是这种新媒介的最常见的同谋者。长时间的曝光厚爱稳定的、静态的建筑，建筑比人形更值得信赖。这种共生关系几乎源自一种天生的必然性，至今已成为摄影师的共识，从业余爱好者到专业摄影家，去记录变迁的世界，去拥护、批评、保存建筑面貌。相对于"绘画—建筑"的研究，"摄影—建筑"的研究是被相对忽视的，造成这种忽视的原因主要有：在传统的建筑设计领域，尤其在建筑设计构思中，草图、建筑图纸与绘画的关系更加密切的事实造成了由影像到建筑的过程，而逆向的"建筑—影像"被忽视；过去的建筑史学家认为建筑摄影仅仅是某个特定时刻的建筑而已；20 世纪的摄影史学家认为建筑摄影只是某种技巧和技术，离摄影追求的最高艺术境界尚有距离。

由此可见，20 世纪初的传统摄影与艺术摄影的对峙状态造成了这个时期的建筑摄影也位于自身定位的分界点上：19 世纪的建筑摄影强调的是建筑对地形学（Topography）的融合，20 世纪初的建筑摄影则将记录和表现城市、乡村环境及生活方式作为使命。所幸的是，20 世纪下半叶至今的以城市和建筑作为主题的摄影传播了关于社会和文化的更广泛的真理。当然，如本书中研究的美国建筑摄影师朱利斯·舒尔曼（Julius Shulman）和来自意大利的城市与建筑摄影师加布里埃尔·巴西利科（Gabriele Basilico），他们代表了建筑摄影的两种类型、两种文化、两种价值，但无

论他们的美学多么多元，每一位艺术家和摄影师都在挑战建筑摄影的传统观念，他们不仅诠释了建筑师的意图和述说了时代印象，还通过摄影媒介揭示建成世界的生活体验和象征价值。

　　时间和空间是建筑和电影的共同主题。"与静态相比，动态的光现象一般来说能够产生更多的差异性，所以电影才成为所有摄影的集大成者"。❶拉兹洛·莫霍利 - 纳吉（László Moholy-Nagy）早在 1925 年出版的《绘画、摄影、电影》一书中就指出了电影有别于绘画和摄影的影像特征。在那个时代，建筑学教育背景的弗里茨·朗（Fritz Lang）已经以他的电影《大都会》（*Metropolis*，1927 年）展示了一座未来之城。近百年之后，电影早就同时教会我们如何阅读城市、理解建筑与如何观看电影："城市在电影发展中一直居于中心地位，展现于三个核心面向：制作、再现和观赏。"❷城市和建筑空间与社会现实紧密相连，对电影的分析涵盖了哲学和社会层面，观看电影带来的"知性快感"一开始就已经镶嵌在城市和电影的象征关系之中了。

　　本书第 2 章研究了美国著名导演斯坦利·库布里克（Stanley Kubrick）和比利时实验电影导演香特尔·阿克曼（Chantal Akerman）。库布里克被誉为"影像诗人"，古典艺术与现实空间的结合、现代艺术与抽象漫游的并置在他的电影中随处可见。他的电影影像中的视觉元素，如构图、影调等不仅与现代设计紧密相关，也体现了电影空间在建筑学层面上的探索。阿克曼的实验性电影基于对时空观念的影像描绘，将描绘对象直接设定为房间、街道、建筑、城市，运用现代影像观念和电影镜头的运动，试图探究和揭示电影分析和建筑研究中共存的时空构成。

3. 空间之道：雕塑、装置与空间生成

　　雕塑和建筑兼具体块、场地、材料、空间、色彩、光感、比例等诸多元素，从古典时期开始，建筑与雕塑就未曾分离。空间性作为雕塑的基本特征并不是在现代艺术中才诞生的，海因里希·沃尔夫林（Heinrich Wolfflin）在《美术史的基本概念》中认为雕塑"一方面有一种对平面的自我限制，另一方面有一种显著的纵深运动的意义上对被强调的平面的有意的分解"。❸但伴随着现代艺术由具象走向抽象的整体趋势，空间性愈发成为联系建筑、雕塑、装置和绘画的重要因素。这和罗莎琳·克劳斯（Rosalind E. Krauss）在《现代雕塑的变迁》中提出的"雕塑的根本原则在于空间中的延伸，而非时间"❹不谋而合。

　　尽管休·戴维斯（Hugh.M.Davies）认为装置艺术（Installation Art）可以追溯到原始时期法国拉斯卡（Lascaux）的洞窟绘画，但一般公认的也被称为"环境艺术"的现代装置艺术始于 20 世纪 60 年代。20 世纪 60

❶（美）拉兹洛·莫霍利 - 纳吉. 绘画、摄影、电影 [M]. 张耀，译. 重庆：重庆大学出版社，2019：31.

❷（美）芭芭拉·曼聂尔. 城市与电影 [M]. 高郁婷，王志弘，译. 新北：群学出版有限公司，2019：29.

❸（瑞）沃尔夫林. 美术史的基本概念：后期艺术中的风格发展问题 [M]. 潘耀昌，译. 北京：北京大学出版社，2011：145.

❹（美）罗莎琳·克劳斯. 现代雕塑的变迁 [M]. 柯乔，吴彦，译. 北京：中国民族摄影艺术出版社，2017：3.

年代，西方青年一代的反叛精神从政治延伸到艺术世界，他们貌视传统艺术的分类，毫无顾忌地践踏把绘画、雕塑、建筑、音乐、诗歌等人为分隔的藩篱。他们随意运用一切艺术手段和创作材料，这促进了装置作为艺术门类的形成，虽然装置艺术实际上是已知艺术门类的开放性融合，是取消艺术分类的开始。可以被称为早期装置艺术的是伊夫·克莱因 1958 年在巴黎克勒赫画廊制作的《虚空》：空空的、纯白色的展厅空间，墙上没有一张画，观众置身于一片虚无之中。一年后，阿尔曼（Arman）在同一间展厅制作了《充实》：观众只能从窗户窥视填满垃圾的房间。无论是虚空还是充实，建筑和房间都构成了早期装置的最重要载体。

当然，现代艺术中的雕塑和装置，甚至绘画和建筑在内很多时候都已经难以有清晰的界定。哈尔·福斯特将唐纳德·贾德（Donald Judd）、丹·弗拉文（Dan Flavin）等具有极少主义艺术倾向的装置作品称为"释放的绘画"，弗拉文的艺术不仅直接起源于俄国艺术与前卫建筑实验，如弗拉基米尔·塔特林（Vladimir Tatlin）和亚历山大·罗德琴科（Alexander Rodchenko）的构成主义，还与美国商品社会中的物品、商品息息相关。随后，弗拉文和詹姆斯·特瑞尔（James Turrell）一起发现了"光"的属性所带来的创作源泉，分别挖掘电气之光和自然之光的视觉根源，来探求各种尺度的空间幻觉与现实之间的张力：幻觉来源于人类的观察，现实基于现有的建筑空间或设计出的新型空间。

弗兰克·斯特拉（Frank Stella）直言："艺术的目的是创造空间。"❶ 作为美国现代艺术"活化石"的斯特拉的艺术创作融绘画、雕塑、装置、建筑于一体。虽然他的建筑创作最早可追溯到 20 世纪 80 年代，但直到 2014 年 7 月在法国勒米伊（Le Muy）落成的韦奈特基金会教堂（The Chapel at Venet Foundation）才是他设计并建成的第一座建筑。从发现空间到表现空间再到创作空间，斯特拉的艺术生涯表明了空间意识的觉醒与呈现是现代艺术与建筑的交叉点，也是现代艺术中的空间由画布和雕塑走向建筑与城市的重要出发点。

托尼·史密斯（Tony Smith）的丰富多彩的艺术生涯在时间顺序上是按照"建筑—绘画—雕塑"递进的，他具有超过 20 多年的职业建筑师经验，1960 年后专注于绘画与雕塑。史密斯不仅从建筑与雕塑共有的空间性出发将他的雕塑定义为："非物体，非纪念碑"，明确地指出了现代雕塑在尺度和功能上的新面貌，更重要的是，他多才多艺的一生跨越了建筑、绘画和雕塑之间的边界，以整体性的概念与形式超越了艺术门类之间的藩篱。再一次提醒我们，在诸多的现代艺术门类之间，从来就没有单向的影响和作用，绘画、雕塑、文学、建筑、影像都处于一个同时作用、相互影响的整体之中。

❶ 赵箭飞 . 完美的艺术生涯：弗兰克·斯特拉和他的抽象艺术 [M]. 上海：上海三联书店，2015：331.

4.建筑之眼：建筑大师与现代艺术

现代建筑的起源是现代艺术发展中的一部分。追溯到 19 世纪中期的英国工艺美术运动（The Arts and Crafts Movement）时期，从约翰·拉斯金（John Ruskin）的著作到威廉·莫里斯（William Morris）的建筑作品，都可以发现："在欧洲大陆，把艺术从式样模仿的平凡世界中解脱出来，此一努力实属于建筑师自身。"❶ 如果说 19 世纪建筑理论家的探索依然脱胎于中世纪建筑和文艺复兴建筑这两大古典学派，如列杜（Voillet-Le-Duc）、戈特弗里德·森佩尔（Gottfried Semper）等的话，那么，20 世纪后的建筑理论和实践则与同时代艺术的发展关系更加紧密，这种紧密关系也表明了现代建筑师对艺术的介入是全方位的。

1936 年，阿尔弗雷德·巴尔（Alfred H.Barr）为他在纽约现代艺术博物馆策划的"立体主义和抽象艺术"展览绘制了一张图表，在这张清晰标明了 1890—1935 年之间艺术流派关系的图表中，现代建筑赫然位于中心位置（绪论图 -2）。而现代艺术与建筑结合的第一个高潮就是立体主义：作为现代艺术重要革命的立体主义，不仅是一场艺术风格的革命，更是关于艺术语言与空间视觉的革命。约翰·伯格（John Berger）在《毕加索的

❶（德）Ludwig Hilberseimer, Kurt Rowland. 近代建筑艺术源流 [M]. 刘其伟，编译. 台北：六合出版社，1999：45.

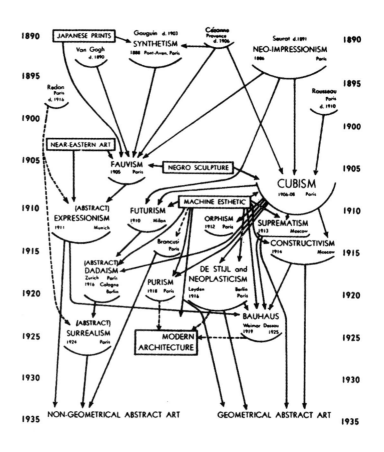

绪论图 -2 "立体主义和抽象艺术"展览图表

成败》一书中阐述了立体派绘画所展现的三个现代性特征：题材、材料和"看的方式"，这三个特征对应了现代建筑的三个基点："题材的选择——建筑功能的多样化；材料的应用——建筑材料和技术的发展；观看的方式——现代空间意识。"❶ 由此，现代艺术在观念和技术层面同时影响了现代建筑师的思维方式，也最终改变了现代建筑所呈现的形式、功能与空间。

回顾历史，我们可以发现很少有人不把几个世纪以前的建筑称作为艺术。然而，"现代艺术"的定义已经变得众所周知，且时而浅显、时而复杂。在一份或许非常短的 20 世纪伟大建筑师的名单中，勒·柯布西耶、密斯·凡·德·罗的名字一定是其中绕不开的熠熠生辉的两位。

作为 20 世纪最著名的建筑大师，柯布西耶是现代建筑运动的激进分子和主将，是现代主义建筑的主要倡导者、机器美学的重要奠基人，被称为"现代建筑的旗手"。柯布西耶同时也是一位诗人、作家和画家，他坦承："我通过绘画的运河到达建筑。"❷ 他毕生投入的绘画，以及创作的雕塑和影像作品和他的建筑创作紧密相关，离开了对绘画、摄影和电影影像的关注，对柯布西耶的研究将是不完整的。相比之下，密斯并不是一位传统意义上的画家或艺术家，但他年轻时就广泛接触并直接参与现代艺术运动，从立体主义、达达主义、抽象表现主义等艺术中获得创作灵感，在建筑表现中更是广泛利用现代艺术中的拼贴（Collage and Montage）形式，伴随着现代艺术的发展，将拼贴创作为代表的现代艺术的观念和技法转化为他独特的设计语法。同时，雕塑是密斯建筑生涯中一个重要的艺术元素，在现代艺术由具象走向抽象的整体背景下，密斯的雕塑观融合了古典情节和现代精神。物体与物像的二元性，既是密斯的雕塑观点，也是他的建筑哲学的一部分。

当然，面对所有的现代艺术家和建筑大师的作品，我们不会仅仅满足于欣赏造型的独特，或是探求每一处细节的意义。艺术创作是人类摄人心魂的活动之一，我们更渴望从他们的作品中寻求几缕神光来点亮他们的创作心路。这些神光在揭开艺术家创作过程的神秘面纱的同时，也将再一次见证人类永无止境的创造力。艺术终究是关于人的艺术，是人类的艺术，这就是写作本书的理由。

❶ 张燕来. 现代建筑与抽象 [M]. 北京：中国建筑工业出版社，2016：36.

❷ Jan Hochstim. The Paintings and Sketches of Louis I. Kahn[M]. New York：Rizzoli International Publications，1991：31.

第 1 章

Chapter 1

图像之筑：现代绘画与建筑

Buildings of Image：Modern Painting
and Architecture

1.1 形与域：亨利·马蒂斯与旺斯教堂
1.1 Figure and Field: Henri Matisse and the Chapel of the Rosary in Vence

我相信上帝吗？是的，当我创作时，当我顺从和谦卑时，我感到有如神助般地超越了我自身的能力。

——亨利·马蒂斯❶

在人类文明史上，宗教在相当长的历史时期内统治着艺术，宗教与艺术的结合更是成为人类文明的起源与结晶。西欧自 19 世纪以降，所有的艺术已与昔日最大支持者之一的罗马公教会分道扬镳，艺术得到了彻底的解放和自由，这一点和现代艺术的起源和发展有着一定的联系。

艺术是文化，甚至是宗教的延伸体。1936—1954 年间，20 世纪宗教艺术运动（Sacred Art Movement）倡导者古提耶神父（Marie-Alain Couturier）和雷格梅神父（Pie-Raymond Régamey）共同创办了富有影响力的《神圣艺术》（Scared Art）杂志，认为 19 世纪的艺术作为教堂装饰的时代已经远去，20 世纪需要的是直接将生动的现代艺术与现代宗教

❶ Alexander Liberman. Prayers in Stone[M]. New York: Random House, 1997: 184.

建筑相结合，这一观点随后成为现代宗教艺术运动的主要认识。在建筑界，信仰和艺术创作的分离并没有影响 20 世纪建筑师的创造力和宗教建筑的成就。坚定的无神论建筑大师勒·柯布西耶生前设计了 20 世纪最伟大的两座宗教建筑：郎香教堂和拉土雷特修道院。而在 20 世纪中叶众多的艺术成就中，位于法国旺斯（Vence）的由野兽派绘画大师亨利·马蒂斯（Henri Matisse，1869—1954 年）参与设计与装饰的玫瑰经教堂（The Chapel of the Rosary，玫瑰经是女修士诵读的教经，下文简称为旺斯教堂）是最早将宗教建筑与现代艺术融合在一起的杰作。

1.1.1　引子：艾伦·古提耶与宗教艺术运动

　　20世纪，在几乎葬送和毁灭了整个西欧文明的第二次世界大战结束后，欧洲大陆，尤其是法国，兴起了一股庞大而罕见的修道热潮。战争带来的虚无与迷惘，让许多年轻人放弃世俗的追求，誓守独身，投身于永恒之道的追求。艾伦·古提耶（1897—1954 年）出生于法国，年轻时立志当画家的他在第一次世界大战期间因脚伤而提早退伍返乡。战后，他参访了巴黎的大小教堂，并专心阅读两位备受争议的天主教诗人莱昂·布鲁瓦（Leon Bloy，1846—1917 年）和保罗·克劳戴（Paul Claudel，1868—1955 年）的作品。1925 年，接近而立之年的古提耶决定弃笔从教，加入天主教道明会，成为一名修道士。❶随后，他倡导了 20 世纪 30 年代在法国开始盛行的宗教艺术运动（图 1-1）。

　　入会多年后，古提耶神父的长上询问他对当代宗教艺术的观感，古提耶激动地回答："它们全是没有生命力的蒙尘学院派，在模仿中模仿，对现代人毫无影响力！马奈、塞尚、雷诺阿、梵高、马蒂斯、毕加索、布拉

❶ 12 世纪，圣道明（Dominic of Osma，1170—1221）在今日法国南方创立了以传道、捍卫真理和严格苦修著称的修会团体。

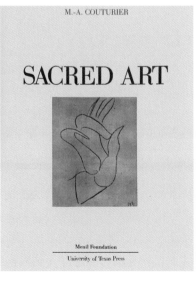

图 1-1　20 世纪宗教艺术运动倡导人艾伦·古提耶及其编撰的《神圣艺术》封面

❶ 范毅舜.山丘上的修道院：柯比意的最后风景 [M]. 台北：本事文化出版，2012：62.

克这些现代大师，全活跃在教堂之外，不再像以往的艺术家为教会所用。今天我们如此汲汲传道，却不如中古教会那些艺术巨匠的作品那么直接、那么具有说服力……令人扼腕的是，几乎现代大师比文艺复兴那些官能主义的巨匠们更有天分、更有本事！"❶ 在这个认识的基础上，古提耶神父毕生投身于现代宗教艺术的推广和实践。

第二次世界大战期间，古提耶神父前往美国和加拿大，广泛接触北美现代艺术，战后回到法国。作为艺术指导，他与大量艺术家合作完成了众多新建教堂中的艺术品，使教堂建筑成为现代宗教艺术的传达载体（表 1-1）。可以说，古提耶神父是现代艺术史、宗教史、建筑史中将多位艺术家、建筑师、艺术经纪人、艺术收藏家联系在一起的关键性人物。

表 1-1　艾伦·古提耶指导、参与完成的主要宗教建筑

建筑名称、地点	时间（年）	建筑师	主要艺术家
阿熙教堂，阿熙，法国	1938—1949	毛里斯·诺瓦里诺（Maurice Novarino）	亨利·马蒂斯、艾伦·古提耶乔治·布拉克（Georges Braque）费尔南德·莱热（Fernand Léger）
旺斯教堂，旺斯，法国	1949—1951	米龙·德·佩龙（顾问）（Milon de Peillon）	亨利·马蒂斯
圣心教堂，欧丹库尔，法国	1950	毛里斯·诺瓦里诺	费尔南德·莱热简·巴塞尼（Jean Bazaine）简·勒·摩尔（Jean Le Moal）
郎香教堂，郎香，法国	1954	勒·柯布西耶	勒·柯布西耶艾伦·古提耶
拉土雷特修道院，拉土雷特，法国	1960	勒·柯布西耶	勒·柯布西耶艾伦·古提耶
罗斯科教堂，休斯敦，美国	1964—1970	菲利普·约翰逊等	马克·罗斯科

1.1.2　旺斯之缘

1941 年,居于法国尼斯的 72 岁的马蒂斯因患肠道癌而接受了两次手术，正值 20 岁的莫妮克·布尔乔斯小姐（Monique Bourgeois，1921—2005 年）成为 1941—1942 年间他的护理员，两人相处愉悦并成为忘年的莫逆之交，马蒂斯更以正值花样年华的布尔乔斯小姐为模特创作了 4 幅油画作品。

两年后，布尔乔斯小姐却立志弃俗修道，加入了天主教道明会，改名为玛丽修女（Jacques-Marie）。1947 年，玛丽得知教会要在法国旺斯设立的中学边新建一座修女教堂，她立即想到并前去拜访马蒂斯，请求他能否参与教堂的设计，马蒂斯接受了邀请并随后为之工作了整整 4 年。马蒂斯意识到自己建筑知识的不足，1947 年他与天主教僧侣建筑师雷斯古耶（L.B.Rayssiguier）的相识是这座教堂设计的重要开端，雷斯古耶是巴黎地区天主教堂建筑师兼现代艺术爱好者，他也有意追随古提耶神父复兴传统的宗教艺术。两人经过深入交流，讨论了设计要点，并决定邀请尼斯地区的建筑师米龙·德·佩龙（Milon de Peillon）作为教堂的设计顾问，而马蒂斯本人全程参与空间、环境与装饰设计。

　　野兽派（Fauvism）时期的马蒂斯将色彩用于表达远胜于描绘，并对传统的教条与透视法大加嘲讽。野兽派之后，他致力追求一种平衡、纯粹与宁静的艺术。"转向以大色块平涂色面和阿拉伯式纹样的精简线条作画，注重整体画面的发展与装饰性，三维空间的表现开始得到抑制"。❶ 可以说和同时期以毕加索、布拉克为代表的立体派（Cubism）有别，马蒂斯终身的绘画风格是以二维平面为主的。在他的职业生涯中，"窗景"与"室内"是两大主题，这两个主题都涉及了建筑空间和建筑元素（图 1-2）。同时，没有明确宗教信仰的马蒂斯认为艺术是人类的一种慰藉和避难所。因此当他晚年得此机会设计一座天主教堂时，现代艺术和宗教空间终于在这座教堂中相遇。

❶ 何政广 . 马蒂斯 [M]. 石家庄：河北教育出版社，1998：151.

图 1-2　马蒂斯绘画的两大主题："窗景"和"室内"

　　值得注意的是，这个教堂的设计时期正是介于马蒂斯艺术生涯的最后两个时期之间，也是他的艺术风格的转变时期，这个转变既有观念的提升，也有新技法的运用，并且围绕着"形与域"（Figure and Field）这一主题展开。从这个角度来看，对于马蒂斯而言，这座教堂可谓深掘现代绘画内在情感的探究之旅，也是他的艺术生涯的巅峰之作；而对于天主教而言，这座教堂的设计和建造过程是宗教重新认识教堂的空间形象、宗教生活和信仰本质的启示之路。

1.1.3　建筑与空间设计

　　作为一名画家，马蒂斯之前的作品与经验给旺斯教堂的设计提供了间接指导，如他之前在美国费城完成的装饰画使他有机会绘制超大尺度作品

❶ 晚年的马蒂斯潜心于剪纸的创作与他的身体状况有关。身体的虚弱使他再也不能站在画布前作画，在床上的剪纸创作是他晚年的主要艺术活动。

❷ Marie-Thérèse Pulvenis de Séligny. Matisse: The Chapel at Vence[M].London: Royal Academy Publications, 2013: 28.

❸ 奥古斯特·佩雷（1874—1954 年），出生于比利时的 20 世纪初著名法国建筑师，1922—1923 年在巴黎附近勒兰西建造的圣母教堂（Notre Dame du Raincy）对建筑的发展和革新影响很大，解决了建造大体量钢筋混凝土结构建筑的问题。

❹ 同本页❷：35.

❺ 何政广. 马蒂斯 [M]. 石家庄：河北教育出版社，1998：64.

❻ 马蒂斯最初设想将教堂的铺地一并装饰，但他最后放弃了这个念头以避免地面的色彩反射干扰通过窗户的光的完整效果。

❼ 彩绘玻璃（Colored Glass）最早由上古时期的玻璃工匠将金属氧化物混入玻璃溶液而发明。但一直到中世纪欧洲的艺术家才开始把经过化学上色、涂绘或染色的玻璃当成一种艺术媒介。有两大原因促成了这一发展：一是光线在基督教神学中具有强烈的象征和神秘意义；二是哥特式尖拱的发明改变了宗教建筑的结构形式，释放出大块无须承重的墙面可以装置玻璃。

❽ Gilles, Xivier-Gilles Néret. Henri Matisse Cut-outs: Drawing with Scissors[M]. Köln: Taschen GmbH, 2018: 275.

❾ 同本页❷：33.

并将之与建筑和空间相联系。旺斯教堂三扇高窗上的整体性绘画也与他 1905—1906 年间完成的《生命的愉悦》（The Joy of Life）类似。晚年的马蒂斯醉心于剪纸（Cut-out）创作❶，并借鉴了东方绘画的特征形成了对空间的认识："我注意到东方绘画的构图，树叶之间的空间和树叶的形状同样重要。"❷ 这种认识也直接影响了他在教堂设计中对建筑功能分区、空间和饰面等的处理。同时，由光构成的与色彩以及建筑的窗户之间的空间关系也成为教堂设计中的焦点。1948 年 7 月 22 日，马蒂斯在建筑师奥古斯特·佩雷（Auguste Perret）❸的建议下，正式提出了教堂设计的建议书："将空间和光引入到一个本身不需多少特色的建筑之中。"❹

1. 光与色彩

1912 年马蒂斯的摩洛哥之旅带给了他最早的关于光的强烈感受，在旺斯教堂中他沉醉于天空与大海意向的融合一方面源自20 世纪 30 年代他对塔希提岛（Tahiti）的访问，另一方面他的绘画在 20 世纪 40 年代经历了由传统水粉画向纪念性构图的转型，这个转型也直接影响了教堂的空间与装饰设计。"马蒂斯寻求一种自我对光线的印象以取代分色主义，抓住刹那的强烈感触创造不朽的绘画"。❺ 这种源于光的色彩可以表现物体的韵律动态，又可以封闭一个色彩区域达到平涂与架构空间的效果。

2. 光与窗户

马蒂斯设计的教堂窗户扮演着上帝之语言的角色，成为人与神之间的一种耀眼的中介物。❻ 在传统的教堂中，印花玻璃窗一般是作为神圣光的替代物或象征物——向上升腾直至拱顶，成为天堂的一种象征。但马蒂斯使用了另一种手法，他通过将地板、窗户、天花一体化的设计而产生了教堂空间的张力，将教堂的象征性空间与外部的自然世界联系在一起。❼ 因此，教堂成为整体环境中的一部分，并随着阳光的运动而获得了生命性。"在他的彩色玻璃窗上，磨砂玻璃的半透明允许光线通过它，但阻止了凝视。因此，黄色的玻璃保留了凝视教堂内部的目光，而蓝色和绿色玻璃的透明鼓励凝视和思想游离到更远的地方"。❽

从一开始，马蒂斯就以一种新颖的方式组织画面与教堂空间并将两者融为一体，这种方式始于他的野兽主义时期并对 20 世纪的艺术有着深远的影响。"我的目的在于表达我的情感，我描绘我周围的物体对我的影响：从遥远的地平线到我自身，我常将自己放置进画面中并同时描绘我的身后，我也表现空间以及空间中的事物，即使只是我眼前的天空和大海，或者说——最简单的日常事物"。❾

随着教堂设计的不断推进，它的平面和室内慢慢成形（图 1-3、图 1-4）。分析教堂的平面和造型可以发现，平面的构成有着宜人的尺度和空间上的细腻：没有特别标识的适度入口带领人群进入一个被艺术作品划分成的三个不同区域：圣坛讲台区（升起的平台）、修女座位区和信徒座位区，"L"

图 1-3　旺斯教堂室外

图 1-4　旺斯教堂室内

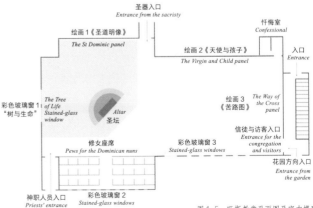

图 1-5　旺斯教堂平面图及室内模型

图1-6　忏悔室的门及两边的壁画

形平面保证了两个座位区之间的视线私密性；三个独立的出入口分别服务于神父、圣器、信徒和访客。圣坛讲台在平面上旋转了45°，成为联系纵横两个空间的中心点（图1-5）。造型上蓝白相间的屋顶瓦条构成了大海的意向，白色的外墙衬托出蓝天、白云和彩绘玻璃窗，面向花园的神职人员入口的九个竖向长窗形成了类似于古典建筑柱廊的效果。

位于平面右上角的忏悔室是马蒂斯精心设计之处。忏悔在宗教中有着重要的作用，反映着人和上帝的关系，在天主教中，天命、神招的第一步就是在上帝之前坦承自己。早期的基督教堂中，忏悔室往往设计在主教堂之外的小房间（类似于洗礼室）。在旺斯教堂中，忏悔室与圣会的方向相反，与《天使与孩子》《苦路图》两幅作品相邻，预言着通过忏悔这一"人类的矛盾"行为而获得的重生之希冀与复活之愿望（图1-6）。

1.1.4　细部与装饰设计

宗教艺术在20世纪经历了一个与纯艺术创作相互纠缠而又常遭拒斥的复杂历程。"在当代社会中，严格意义的宗教艺术确实罕见，更多的则是艺术向宗教或宗教艺术汲取创作灵感、题材、主题、形象、表现手法乃至于思维方式与思想观念"。[1]但在旺斯教堂的创作过程中，"马蒂斯将教堂视为自己艺术创作的纪念物，一个关于他的美学教义的完美陈述体，即使剥夺其宗教意义，仍可视为一座历史性的纪念物"。[2]可见，在马蒂斯的观念中，有着自身语言体系的现代艺术是不会受制于传统宗教的。

马蒂斯认为教堂不仅应是一个聚集之地，还应以一种个人化的空间来表达对每个人隐私的尊重。"在这个教堂中，我的任务是创造一种光和色彩的表层与黑白线条绘画墙面之间的平衡"。[3]同时，他认为教堂与住宅无异，一如大地上的炊烟——"教堂的钟声正如炊烟的升起，浅雾和光线暗去的夜晚"。[4]这种意境的联想体现在教堂的装饰设计上（图1-7）。

1）教堂彩绘玻璃窗上的独立画作以直接光源处理加上剪纸方式，转化物体的自然本质，设计出具有鲜明色彩的集合图案。色彩的对比和窗户的逆光效果使尺度和空间构成了一个整体性空间。正如马蒂斯所言："我的装饰结合了吊顶和墙，使教堂空间形成一个大的、发亮的整体效果，我将之喻为传统教堂的西门与鼓室（Tympanum）。"[5]

[1] 蒋述卓.宗教艺术论[M].北京：文化艺术出版社，2005：312.
[2] Edward Lucie-Smith. Lives of the Great Modern Artists[M]. London：Thames & Hudson，2009：19.
[3] Volkmar Essers. Matisse[M]. Köln and London：Taschen GmbH，2000：88.
[4] Marie-Thérèse Pulvenis de Séligny. Matisse：The Chapel at Vence[M].London：Royal Academy Publications. 2013：189.
[5] 同本页[4]：33.

图 1-7 马蒂斯为旺斯教堂设计的圣袍

2）与教堂的尺度有异的纤细的尖塔成为旺斯的地标，蓝白相间的屋顶让人不禁联想起马蒂斯 1952 年的剪纸作品"浪"。卷烟、白云和蓝天共同构成了一个对古典主题的现代诠释，十字架和月亮一起营造了一种象征性、整体性的永恒。

3）以"生命之树"为主题，马蒂斯设计了旺斯教堂的十字架、圣袍、圣坛、圣品和圣乐演唱目录等相关物品，通过系列性细节设计展示了与现代艺术观念紧密相连的整体性设计概念。

1.1.5 绘画与空间

马蒂斯数易其稿，为整座教堂的室内和窗户创作了三幅瓷砖画和三组窗户的玻璃彩画。三幅瓷砖画分别是：圣坛背后的圣道明像（St Dominic）、西侧墙上的《天使和孩子》（*Virgin and Child*），以及北侧墙上的《苦路图》（*Way of the Cross*）❶；三组玻璃彩画则以"树木和花草"作为母题（图 1-8 ～图 1-10）。分析马蒂斯艺术生涯不同时期的代表作品，以及旺斯教堂的装饰过程中马蒂斯的创作手法，我们可以从中发现他的艺术中空间意识的转变，这种转变在旺斯教堂有着诸多体现（表 1-2）。

❶ 苦路（The Way of the Cross）是天主教的一种模仿耶稣被钉上十字架过程重现的宗教活动，《苦路图》为 14 处再现这个过程的苦路像，因此也称为《苦路 14 处》。马蒂斯在旺斯教堂中苦路图的创作手段非常大胆与新颖。

图 1-8 马蒂斯为旺斯教堂绘制的三幅瓷砖画

图 1-9　马蒂斯为旺斯教堂绘制的玻璃彩画　　图 1-10　旺斯教堂创作中的马蒂斯

表 1-2　马蒂斯艺术年表

时间（年）	阶段	特征	代表作品
1890—1905	现代艺术的启蒙	受印象派影响，色彩结构与立体再现	《餐具架与餐桌》《科西嘉的日落》
1905—1907	形与色的野兽派时期	致力于形式与色彩的发现，野兽派领袖	《敞开的窗》《戴帽的女人》
1908—1913	简约的艺术与装饰	高度色彩与装饰性，简明物象，异国风情	《红色的和谐》《音乐》
1913—1917	抽象与实验	转向艺术本质和形式结构的探索	《河边浴者》《舞蹈》《音乐》
1917—1930	高度人为的装饰	愉悦风格，追求不朽的结构本质	《浴后的沉思》《倚姿裸女》
1930—1943	神秘剧变的主题变奏	发明剪纸艺术，引发线条与白色画面的配置	《粉红色裸女》《主题与变奏》
1943—1954	剪纸艺术的胜利年代	绘画与剪纸艺术的叠加，柔美色彩不断增加	《旺斯教堂系列》《祖尔玛》

1. 立体向平面的转变

　　始于 1909 年的《舞蹈》系列是马蒂斯最早探索绘画的形式结构和空间语言的作品：五个裸体的女子手牵手形成一个圆圈，画面以半鸟瞰的角度构成，五位女子的形体充分考虑了透视学原理以表达真实的空间关系，各异的肢体语言则加强了人体在空间中的运动感，棕黄的人体与绿色草地、蓝天一起构成了色彩的三分效果（图 1-11）。到了 1932 年，马蒂斯受邀为美国费城的巴恩斯基金会（Barnes Foundation）画廊绘制为时两年的壁画时，《舞蹈》便被转移为一个以平涂色彩和简约形式延伸的画面：六个舞者和着乐曲飞跃、翻身、舞蹈于建筑的三个拱券内，与背景融为一体。这幅三联画是开启他"连续空间绘画"的重要作品：舞者的连续运动影响了空间的感知，营造了一种视觉上的延续性，消解了壁柱的中断效果，成为一个完整主题构成的单一元素。立体向平面、三维向二维的转变，事实上是现

图 1-11　马蒂斯的绘画作品《舞蹈》（1909 年）　　图 1-12　马蒂斯为美国巴恩斯基金会创作的三联画

代绘画由呈现空间向围合空间的观念转变（图 1-12）。

2. 材料的发展与变迁

正是马蒂斯在创作《舞蹈》壁画中的反复修正使他得到了一个未有过的新技法：剪纸，运用剪纸巧妙处理平面上的大块色面，可以平衡平面上的空间关系，以《爵士乐》（Jazz）系列为代表的剪纸作品也成为随后马蒂斯晚年艺术创作的主要形式（图 1-13）。这种材料的变化体现在旺斯教堂中的彩色玻璃绘画《生命之树》中：三联画转化为二联画、多联画，彩色的剪纸既有野兽派时期的鲜艳色彩，也有来自大自然植物素材的简化与抽象；剪纸的平面化转化为彩色玻璃雕刻的质感，通常在绘画的正面或侧面照射的光线转化为玻璃窗户外照进室内的逆光；彩色玻璃的透明与不透明的差异，调解了内部宗教空间与室外自然世界的差异。

3. 彩色与黑白、动静的对比

1946 年，马蒂斯对毛笔和印度水墨画产生了浓厚的兴趣，他对日本画家川岛富郎说："我一直相信一切都可以用黑白来表达。我对日本绘画中出现的那种线条很感兴趣，日本的线条传达出圆润、质感、灵活性和透视感，就像我的画一样。但是日本绘画中的线条总是有开始和结束的，而我的线条既没有起点也没有终点。换句话说，谁也不知道我的台词从哪里开始到哪里结束。"❶ 依据马蒂斯对黑白的理解，他对旺斯教堂中的艺术作品在色彩上有着严格的分类与强烈的对比：彩色玻璃上的自然与植物题

❶ Gilles, Xivier-Gilles Néret. Henri Matisse Cut-outs: Drawing with Scissors[M]. Köln: Taschen GmbH, 2018: 275.

图 1-13　马蒂斯的剪纸作品《爵士乐》

材与黑白宗教题材瓷砖画。这种对比甚至是自相矛盾的，但却似乎是没有明确宗教信仰的马蒂斯故意为之：彩色代表了生活，黑白象征着上帝；彩色的自然体现出上帝的伟大与荣耀，黑白的人形象征着现世的苦难与责任。他在此刻意凸显多姿多彩的日常生活中的凡人与悲天悯人的上帝之间的角色转换。三幅瓷砖画中的圣道明像和《天使和孩子》以一种无面部表情刻画的静态抽象形式呈现，《苦路图》却以动态的方式描画，这一动一静，既体现了马蒂斯对宗教题材描绘的精准把握，也表达了宗教空间中的多元化情绪。

1.1.6　旺斯之前，旺斯之后

在现代宗教艺术的发展过程中，旺斯教堂是一座承上启下的教堂。在旺斯教堂之前，古提耶神父参与指导的第一个教堂是法国阿熙教堂（The Church of the Plateau of Assy，图 1-14），他招揽了近 10 位艺术家参与了这座教堂的雕塑、窗花、瓷砖画和饰品设计，但由于缺乏整体的统一设计，最后只能沦为现代艺术的简单堆砌。中国台湾教徒兼摄影师范毅舜作为拉土雷特修道院驻院艺术家，访问、拍摄了数座由古提耶神父指导的教堂之后，将阿熙教堂称为"精心料理的失败大餐"，而将旺斯教堂喻为"可口的开胃前菜"。接着古提耶神父力排众议，与勒·柯布西耶一起完成了"伟大的盛宴"——郎香教堂以及随后的拉土雷特修道院。❶

旺斯教堂建成后，马蒂斯邀请了美国摄影家亚历山大·李博曼（Alexander Liberman）拍摄教堂，李博曼认为："马蒂斯结合了绘画与剪纸，以一种孩子气的方式表达了艺术情感，最终成就了教堂视觉和感官

❶ 根据史料的记载，拉土雷特修道院动工之前，修道院已委托阿熙教堂的建筑师诺毛里斯·诺瓦里诺（Maurice Novarino）完成了方案的设计，后古提耶神父力排众议，几经斡旋，才改为由柯布西耶来负责设计。

图 1-14　法国阿熙教堂

的双重愉悦。"❶ 1951 年 8 月 24 日，柯布西耶在拜访了这座教堂后热情洋溢地给马蒂斯写信说道："我去过旺斯教堂，我看到了年轻人和各种访客，它是欢乐的、明晰的，有着珍贵的、迷人的魅力，你们的作品对我而言是一种激励。"❷ 1954 年，纽约现代美术馆创建人之一的尼尔森·洛克菲勒（Nelson A.Rockefeller）受到旺斯教堂的启发，特邀马蒂斯在纽约联邦教堂进行彩绘玻璃设计，这件作品也是马蒂斯艺术生涯的最后一件作品。"彩色剪纸适切地安排了人物与空间的比例，给予观者视觉上的平衡，对马蒂斯而言是自 1908 年以后绘画与雕塑的一个绝对必要的转化与成就"。❸ 无论是室内装饰还是教堂建筑的彩色玻璃，旺斯教堂的成功对之后的建筑师产生了一定的启发和影响。巴西建筑师奥斯卡·尼迈耶（Oscar Niemeyer）在他后期的建筑中，经常运用自己的单色线稿作为室内装饰，如 2003 年伦敦海德公园蛇形画廊等（图 1-15）。日本建筑师坂茂在 2013 年设计建成的新西兰纸板大教堂中，以现代工艺在彩色玻璃上印上了传统基督绘画，在这一刻，彩色玻璃将现代空间与传统教堂的绘画完美地同时呈现（图 1-16）。

❶ Alexander Liberman. Prayers in Stone[M]. New York: Random House, 1997: 181.
❷ 同本页 ❶: 191.
❸ 何政广. 马蒂斯 [M]. 石家庄: 河北教育出版社, 1998: 186.

图 1-15　柯布西耶（左）、尼迈耶（右）设计的建筑中的艺术作品

图 1-16　坂茂设计的新西兰纸板大教堂室内

1.1.7　结语

从艺术史的角度来看，马蒂斯在旺斯教堂中的绘画与装饰手法与同时期马克·夏加尔（Marc Chagall）寓言式的宗教形象表现以及毕加索的象征性再现（如 1951—1952 年创作的《战争与和平》）有着一定的区别。在马蒂斯 20 世纪 30 年代之后的艺术创作中，形体（Figure）与领域（Field）形成了一种动态的平衡：绘画中积极的、运动的正形体与作为背景的负空间和领域构成的平衡。这种形与域之间的平衡也成为以马蒂斯为代表的 20 世纪中期将艺术融入空间与宗教的一种全新观念：既是绘画构图中物体与背景的图底关系，也是建筑中功能空间（房间、厅堂）与围合空间（门、

❶Ingo F.Walther. Art of the 20th Century[M]. Köln and London: Taschen GmbH. 2000: 47.

窗、壁饰等）的虚实关系。传统观念中各自独立的艺术品与建筑空间就此在宗教空间中完美地结合在一起，构成了艺术史学家卡尔·鲁尔博格（Karl Ruhrberg）在《20世纪艺术》一书中评论旺斯教堂时所言的"整体性艺术"（Gesamtkunstwerk）。❶当宗教和艺术并置在一起时，我们可以发现宗教和艺术是一体的两面，无论是宗教繁文缛节的祈祷赞美，还是马蒂斯精心打造的旺斯教堂，两者殊途同归，同样都是人类心灵智慧的一部分。

作为马蒂斯饱含温情的桑榆之作，旺斯教堂给予艺术家完全的创作和表现自由，成就了一座独特的宗教建筑作品，也成为法国宗教历史上的重要时刻。晚年的马蒂斯在回顾这座教堂时写道："深入地表达自我是我创作这座教堂的唯一目的。无论是形式还是色彩，我都可以整体性地表达，这座教堂教育了我。"❷马蒂斯在一座传统建筑中融入现代精神，将宗教理想进行了美学转换，以创造性的形式形成了对宗教艺术的新型视角，同时又尊重了宗教传统。虽然以绘画为代表的艺术作品在这座教堂中更多地还只是一种现代意识的装饰，但正如马蒂斯所言，他的作品始于世俗，但他的生命最终却走向了神圣。

❷Marie-Thérese Pulvenis de Séligny. Matisse: The Chapel at Vence[M].London: Royal Academy Publications, 2013: 189.

1.2　构与意：马克·罗斯科与罗斯科教堂
1.2　Structure and Meaning：Mark Rothko and Rothko Chapel

每一条朝圣之旅的重点都是圣殿。

——大卫·费伯格（David Freedberg）[1]

在 20 世纪的宗教艺术运动潮流中，野兽派绘画大师亨利·马蒂斯虽然没有宗教倾向，却为旺斯教堂的设计奉献了整整 4 年的时光，马蒂斯宣称这座教堂是他职业生涯中的皇冠。20 年后，同样没有坚定宗教情结的美国抽象表现主义画家马克·罗斯科（Mark Rothko，1903—1970 年）在休斯敦创造了一座普世的教堂，成就了他的艺术生涯的高峰。

从美国得克萨斯州休斯敦市蒙托斯区的蒙托斯大道和贝那街转弯往西，穿过圣·托马斯大学（University of St.Thomas）的校园再往西，在贝那街和玉朋街的十字路口转过一个竹篱，在一方中间放置着巴内特·纽曼（Barnett Newman）创作的雕塑《断剑》的水池的后面，有一座低矮的砖红色建筑——建筑的正面没有台阶，没有门廊，没有柱子，没有雕像，没有尖塔，没有圆顶，没有窗户，没有十字架，没有彩色玻璃，只有两扇黑

[1]（美）James E.B.Breslin.罗斯科传 [M]. 张心龙，冷步梅，译.台北：远流出版公司，1997：467.

图 1-17　罗斯科教堂外景及室内

❶ 罗斯科教堂原名为圣·托马斯教堂（St. Thomas Chapel），原拟建于圣·托马斯大学校园内。后因资助人等原因实际建于校园外，现依属于休斯敦宗教与健康研究所。

❷（英）西蒙·沙马 . 艺术的力量 [M]. 陈玮，等，译 . 北京：北京出版社集团公司，北京美术摄影出版社，2015：415.

❸ 曾长生 . 罗斯柯 [M]. 何政广，主编 . 北京：文化艺术出版社，2010：187.

色木门形成的简单入口。

这座建筑就是罗斯科教堂 ❶（Rothko Chapel），里面陈列着罗斯科专门为之创作的 14 幅抽象绘画。外表平淡简朴、室内幽暗神秘的罗斯科教堂与其说是一座教堂或者博物馆，它更像一个远古时代的洞穴，一座现代主义绘画的坟墓（图 1-17）。正如著名艺术史学家西蒙·沙马（Simon Schama）在《艺术的力量》中所言："罗斯科选择了纯黑，像得克萨斯州的石油一般黑。第一眼看去，这个严肃的八角形房间像是一个举行葬礼的会客室，给罗斯科的光芒之旅画上了一个黑色的句号。"❷

1.2.1　罗斯科与抽象表现主义

马克·罗斯科是 20 世纪中叶美国抽象表现主义（Abstract Expressionism）绘画的领袖之一，他改革了抽象绘画的本质与图式：拒绝模仿自然，而将绘画简化为巨大生动的色域（Color Field）。"他的作品对单色绘画发展具有根本的影响，引人注意的是其空间深度与冥思力量，使观者能与其作品对话"。❸ 从他的艺术生涯中，可以发现他的绘画经历的变化（表 1-3）：

表 1-3　马克·罗斯科艺术年表

时间（年）	阶段	特征
1924—1940	具象阶段一：写实主义时期	风景、静物、城市
1940—1946	具象阶段二：超写实主义时期	希腊神话、宗教题材、象征意味
1946—1949	抽象阶段一：过渡时期	多元造型（Multiform）
1949—1970	抽象阶段二：经典时期	方形、朦胧色域、悲剧经验

1. 从具象走向抽象

　　罗斯科的绘画经历了一个从具象走向抽象的过程。早期的罗斯科描绘了大量具象的纽约地铁元素：人物、列车、平台、楼梯……此题材持续出现于他20世纪40年代中期具有超写实主义与神秘的建筑视域中（图1-18）。"地下铁已成为异化之地、无家可归之处，描绘地下空间已变成一处地下世界的隐喻空间"。❶ 随后，罗斯科以渐渐抽象化的墙、门及其他建筑元素作为色面，借由简化的手法压缩几乎平坦的画面来形成绘画空间，画面上不经意地开出一方景深，意味着无法逃匿的城市尺度。在后期著名的西格拉姆餐厅及哈佛大学欧克中心系列绘画中，他使用了暖色调的暗红色和褐色系，并将画作旋转了90°，以打破他惯用的地平线构图，以此手法创造了一幅直接与房间建筑有关联的作品，这些色面令人联想到建筑元素，如柱子、墙壁、门窗等（图1-19、图1-20）。

❶ 曾长生.罗斯柯[M].何政广，主编.北京：文化艺术出版社，2010：62.

图1-18　罗斯科早期以纽约地铁为题材完成的绘画

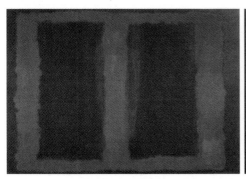

图1-19　罗斯科完成的西格拉姆餐厅绘画显示了一种抽象的建筑元素

图1-20　罗斯科为哈佛大学创作的绘画表达了抽象的窗景与古典建筑意向

❶（美）马克·罗思科.艺术家的真实：马克·罗思科的艺术哲学 [M].岛子，译.桂林：广西师范大学出版社，2009：111.

❷❹曾长生.罗斯柯 [M].何政广，主编.北京：文化艺术出版社，2010：62.

❸同本页❷：73.

罗斯科在《空间》一文中对人类绘画史的回顾中总结出："如果我们将文艺复兴以来的欧洲绘画命名为西方世界艺术的话，这种艺术总会出现一种混合的空间信仰。"❶ 这种空间信仰也可以看成作为艺术家的罗斯科的创作宗教。1998 年，华盛顿国家画廊为罗斯科举行了大型回顾展，策展人杰夫瑞·维斯（Jeffrey Weiss）重点展示了罗斯科绘画中的城市图景，让人联想到纽约的下城空间与大城市的光影，维斯称："罗斯科所关注的焦点并非对风景的户外看法，而是城市的透视观点，那是一处另类的沟通与阻塞的空间。"❷

2. 从生活走向神话与悲剧

20 世纪上半叶两次世界大战带来的动乱和迷茫使生性敏感的罗斯科进行了风格上的根本转变，他开始以神话题材探究宇宙世界：在抽象绘画中融入了跨文化的神话精神与人类的基本情感——悲剧、欢欣、幻灭。1941 年开始，罗斯科和艺术同盟阿尔道夫·哥特莱布（Adolph Gottlieb）一起创作了一系列源自希腊神话主题的绘画来寻找战争能赋予隐喻潜力的古老说法。"选择神话的题材同时也是在企图探讨宇宙的问题"。❸ 罗斯科传记作者詹姆斯·布里斯林（James E.B.Breslin）认为罗斯科想要描绘的是所谓的"神话精神"："它并非希腊或基督教的主题，而是一种感情的根源，可以有效适用于跨文化的神话本质。"❹ 罗斯科要在西方的传统文化中找到西方文明的根：他认为现代人的内心体验没有离开从古至今的传统，因此要表现精神的内涵需要追溯到希腊的文化传统中去，希腊文明的悲剧意识是最深刻的西方文化之源。

和同时期的德国哲学家类似，这个时期的罗斯科从音乐中寻找启示与动力，认为人类应该像尼采探索音乐起源一样来检视绘画的知性根源。尼采相信音乐是感情的真正语言，他在《悲剧的诞生》（The Birth of Tragedy）中称，悲剧就是酒神与太阳神的综合体，前者是音乐艺术之神，后者是雕塑艺术之神，而连接忧郁与欢乐的悲剧艺术，创造了"隐喻的安慰"（Metaphorical Consolation）。这种渴望形而上世界与悲剧神话的荣耀，为罗斯科后来将艺术视为戏剧提供了理念参考的依据，也形成了他对宗教空间认识的基础。

1.2.2　缘起：来自休斯敦的邀请

20 世纪 60 年代初的罗斯科完成了几个重要的系列创作：西格拉姆四季餐厅、菲利普美术馆和哈佛大学欧克中心。西格拉姆四季餐厅的创作因为罗斯科在作品完成后主动放弃而成为艺术史上的轰动事件，也成就了他作为艺术家的自尊与孤傲。❺ 华盛顿收藏家邓肯·菲利普（Duncan Philipps）在他的私人美术馆中开辟了一间收藏了四幅罗斯科绘画的"罗斯科室"（Rothko Room）成为他实现生命梦想的第一个空间；哈佛大学欧

❺1958 年，罗斯科接受委托为纽约西格拉姆大厦（建筑师为密斯·凡·德·罗和菲利普·约翰逊）四季餐厅创作室内装饰绘画。1959 年底，已完成全部委托绘画的罗斯科和家人到四季餐厅用餐，被餐厅的虚假装饰的环境所激怒，出于艺术家的自尊和对金钱的不妥协，罗斯科决定主动撤回委托。

克中心（Holyoke Center）收藏的罗斯科绘画则再一次证明他是一位具有普世观点与信念的哲学家。通过这一系列作品，罗斯科也进一步形成了作品的两个中心论点，"第一个是有关作品和观者的关系，第二个是有关图像观念如何传达预言或伦理信息的想法"。❶

20世纪中叶，休斯敦一对来自法国的移民夫妇梅尼尔夫妇（John and Dominique de Menil）依靠德克萨斯州石油和矿产科技建立了成功的商业帝国并成为现代艺术的收藏家。❷梅尼尔夫妇战前在法国期间结识了天主教神学家孔加尔（Yves Marie Joseph Congar，1904—1995年）和"现代宗教艺术之父"艾伦·古提耶神父，"孔加尔坚持祈求与忏悔之间的和解，最终深刻地影响了罗斯科教堂的普世基础"。❸而古提耶神父随后成为他们艺术收藏的主要影响者。1952年在欧洲旅行期间，梅尼尔夫妇一一拜访了古提耶指导完成的融现代艺术与宗教空间于一体的教堂，并开始意识到在现代社会中个人化的宗教信仰是完全可以和公共艺术得到完美结合的（图1-21）。

"罗斯科最大的野心是让他的作品与建筑产生互动，就像文艺复兴时期的教堂艺术一样"。❹在艺术生涯的最后10年，他一直在寻找一个完美的处所来实现他的最宏大的绘画蓝图。❺1964年，梅尼尔夫妇及时地抛出了橄榄枝——在休斯敦定制设计和建造一个陈列罗斯科绘画的小教堂，踌躇满志的罗斯科欣然接受了这一邀请。❻

罗斯科深受位于威尼斯附近的图切罗岛（Torcello）的圣塔玛利亚拜占庭八角形教堂（Byzantine Cathedral of Santa Maria Assunta）的空间与艺术品关系的影响（八角形通常被基督教建筑师用来建造浸洗池和坟墓，中间是空的）。正如密斯·凡·德·罗通过柏林美术馆的现代建造"再现"

❶ 曾长生.罗斯柯[M].何政广，主编.北京：文化艺术出版社，2010：73。
❷ 梅尼尔夫妇在休斯敦建立了规模庞大、影响深远的艺术收藏与展示中心，如由皮亚诺（Renzo Piano）设计的梅尼尔收藏馆（Menil Collection，1986年）等。
❸ Josef Helfenstein，Laureen Schipsi.Art and Activism：Projects of John and Dominique de Menil[M]. Houston：The Menil Collection，2010：139.
❹（英）西蒙·沙马.艺术的力量[M].陈玮，等译.北京：北京出版集团公司，北京美术摄影出版社.2015：408.
❺ 从20世纪50年代末开始，罗斯科就为了"我的绘画将在世界上引领生活"而奋斗。在20世纪60年代前，他已经创作了三组与空间（房间）有关的作品。一是1955年在西德尼·詹尼斯画廊（Sidney Janis Gallery）举行的个展空间，他已经对作品的形式进行了安排，使其在高度上与墙壁相匹配，在宽度上部分挡住了门道。二是1938—1940年为纽约罗谢尔一家邮局和华盛顿特区社会保障大楼设计的壁画，但这些与空间关联的绘画从未被执行；三是之前页下注释所述的纽约西格拉姆大厦四季餐厅壁画。
❻ 根据《现代神性》（Sacred Modern）一书作者帕梅拉·斯马特（Pamela G.Smart）的研究，1964年多梅尼克·梅尼尔的密友兼导师，著名艺术策展人加梅内·马克耶（Jermayne MacAgy）女士的突然去世是直接促成罗斯科教堂建设的主要动机。马克耶女士亦是罗斯科的朋友，1957年曾策划了休斯敦当代艺术馆罗斯科个展。

梅尼尔夫妇
生于法国、后移居美国休斯敦的石油业大亨、现代艺术收藏家、资助人，罗斯科教堂的出资人

马克·罗斯科
生于俄国、移民美国的抽象表现主义画家。他为教堂创作了14幅作品并参与了教堂的建筑设计

罗斯科教堂
休斯敦，美国

菲利普·约翰逊
美国建筑师，设计了临近教堂的圣·托马斯大学校园规划及数稿教堂的方案，后退出教堂设计

古提耶神父
法国多米尼教修道士、宗教艺术家，梅尼尔夫妇的艺术收藏顾问，对教堂的整体概念有着重要影响

图1-21　罗斯科教堂的主要参与人员

图 1-22　对罗斯科影响深远的
圣塔玛利亚教堂

了新古典主义的纯粹风格，勒·柯布西耶在郎香教堂和拉土雷特修道院的
设计中完成了对古代民间宗教场所的"重现"，作为绘画创作者的罗斯科
希望再现圣塔玛利亚教堂中建筑空间与艺术作品的关系（图 1-22）。在罗
斯科之前的系列作品中，他的绘画都是置于已经设计好的空间之中，而在
休斯敦，一切都需要"从无到有"——建筑的形式、空间和绘画的数量、
尺寸、内容联系在一起，这使得罗斯科有机会和建筑师一起讨论空间、平
面、采光、材料……绘画和神圣空间在此紧密结合。

1.2.3　设计过程的"争斗"：绘画 vs. 建筑

罗斯科教堂原选址于休斯敦圣·托马斯大学中，并委托了校园的规划
和建筑师菲利普·约翰逊（Philips Johnson）进行设计。1959 年，已声名
鹊起的约翰逊在发表于《建筑实录》的文章中描述了圣·托马斯大学的规
划："托马斯大学是以杰弗逊设计的佛杰尼亚大学为原型的，但是也呈现
了较少的开放性：一个内向的步行回廊联系了所有建筑，内向的建筑群体
成为外向的城市风景的对应物。"[1] 考虑到托马斯大学的基督教背景，约翰
逊所采用的与修道院类似的规划手法也就不足为奇。在他看来，一座可以
从位置与高度上统领校园的教堂，是校园规划中最重要的建筑（图 1-23）。

罗斯科接受了教堂的绘画委托后，随即也开始考虑教堂的空间形式，
并于 1964 年秋与约翰逊一起确定了八角形平面及内部墙的方位和高度，
以及开门的位置。直到教堂的平面与室内墙面确定后，他才动手在曼哈顿的
画室中搭建了一个和设计同样尺度的室内空间并开始绘画。但在 1964 年
至 1971 年之间，这座教堂的总平面、立面和造型却数易其稿。罗斯科对
约翰逊设计方案的异议集中体现在两点上：建筑的高度和空间的采光方式。

[1] Susan J. Barnes. The Rothko Chapel: An Act of Faith[M]. Houston: Rothko Chapel, 1989: 77.

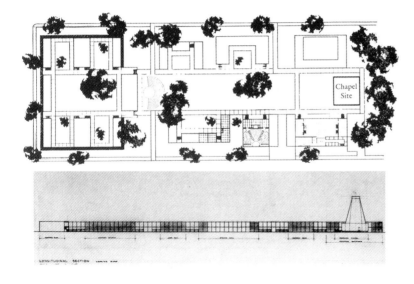

图1-23　约翰逊设计的校园总平面图与教堂最初构想图显示了教堂的统治地位

1. 形体

约翰逊设计的巨构形体首先来自美学的构想，他希望通过这个建筑达成他追求的纪念性。这一概念是一种与圣·托马斯校园一致的"伪新古典主义风格"（Disguised Neoclassicism），而罗斯科认为建筑应服从于绘画、观众和历史心理。由此可见，在现代和历史的关系问题上，约翰逊的手法是一种语法性的和符号化的，而罗斯科期望达成的是一种与历史的内在对话。

受到勒·柯布西耶在1962年设计的费美尼教堂（Church of St.Pierre de Firminy）的启发，以及自己同时期完成的以色列原子能反应塔（The nuclear reactor，Rehovet，Israel，1960年）的影响，约翰逊充分挖掘了几何形式的雕塑潜力而醉心于对多角体金字塔（Polyhedronal Paramid）形体的推敲。他先后设计了多种平面和形体组合的金字塔屋顶，但都遭到了罗斯科的否决，关于教堂设计的分歧也反衬出两人关于艺术和空间观念的差异（图1-24、图1-25）。

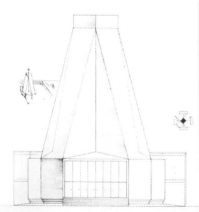

图1-24　教堂的设计过程方案一（1965年）

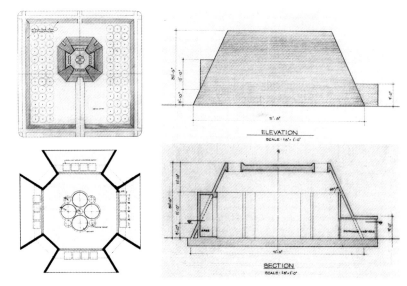

图 1-25 教堂的设计过程方案二（1967 年）

图 1-26 教堂的设计过程方案三（1967 年）

2. 采光

罗斯科一直重视和关注空间中的光，在过去的展览中，他一直亲自参与光的布置和调节。他并不反对教堂设计中的屋顶中央天窗，但他坚持采用纽约画室中的采光方式来保证观看效果，而约翰逊认为这在阳光充足的休斯敦会带来过多的自然光。约翰逊认为他设计的巨构采光顶出于实际原因：希望高耸的天窗可以引进自然光通过金字塔采光顶的内壁产生足够的漫反射来照亮画作（图 1-26），这种引入光的方式自罗马万神庙以来便有着很多杰出的先例。但罗斯科认为约翰逊设计的高大天窗将干扰和削弱参观者对绘画的关注，"罗斯科不愿意设计一个印象深刻的建筑来安放他的绘画，他认为印象深刻的建筑会削弱绘画的光芒"。❶

1967 年，约翰逊退出设计，休斯敦建筑师霍华德·巴恩斯东（Howard Barnstone）和尤金·奥布里（Eugene Aubry）接手教堂的设计。❷ 他们去除了原方案高耸的天窗与抬高的一层入口，并在重新设计的总平面中布置了一个转轴线的主入口广场来达成第一次访问时的意外感——这也体现了罗斯科对于绘画与空间的关系思考（图 1-27）。"罗斯科为他的作品寻找的是一种在一个不显眼的却神圣的地方的孤寂存在。在偏远的路边，一个可供游客进来参观或仅仅休息、沉思的地方。和大的美术馆不同，这样一个教堂可以使他的作品不必放在一个美术馆创造的历史性叙述环境之中"。❸

今天看来，罗斯科关于这座教堂设计的"争斗"与他对外部世界的感觉以及相对应的绘画中的发展是并行的。罗斯科认为："我的作品抗拒装饰性，它既表现隐秘性，又表现强度。画与画之间距离紧凑，尽量不要留下多余的空间。当整个展厅弥漫着绘画散发出的感觉，漫无边际的展墙便被击溃了。"❹ 联想到赫伯特·里德（Herbert Read）在《现代绘画简史》

❶ Susan J.Barnes. The Rothko Chapel: An Act of Faith[M]. Houston: Rothko Chapel, 1989: 81.

❷ 休斯敦建筑师霍华德·巴恩斯东和尤金·奥布里是菲利普·约翰逊在得克萨斯州的顾问建筑师。约翰逊退出罗斯科教堂的设计后，1970 年受两人邀请，重新为教堂设计了入口水池及主入口。

❸ （美）James E.B.Breslin. 罗斯科传 [M]. 张心龙，冷步梅，译. 台北：远流出版公司，1997: 468.

❹ （美）马克·罗斯科. 艺术何为：马克·罗斯科的艺术随笔（1934—1969）[M]. 艾蕾尔，译. 北京：北京大学出版社，2016: 162.

一书中的论言："马克·罗斯科和巴内特·纽曼是浪漫的艺术家，目标在于用极端率直的作品来撼动我们的感觉系统。他们与莫里斯·路易斯（Morris Louis）一起，逐渐被视作色域绘画的大祭司，他们创作的作品在宏伟的、平衡的稳定性方面有效地向建筑发出挑战。"❶ 我们不难理解这场"争斗"的主角并不是罗斯科与约翰逊，而是抽象绘画对现代建筑的一场挑战。对罗斯科而言，这座教堂是他将之前数十年的所有概念得到完全渗透和实现的一次机会，因此，它既是一次总结，也是罗斯科关于世界、关于人类、关于自身的一次否定与拒绝。

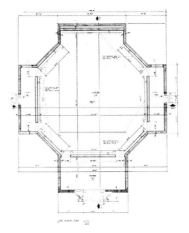

❶（英）赫伯特·里德.现代绘画简史[M].洪潇亭，译.南宁：广西美术出版社，2014：293.

图1-27 最终建成教堂的平面图与正立面图

1.2.4 空间结构：数字与几何

约翰逊最初设计的是方形平面，但罗斯科希望得到一个更好地处理"平面—绘画"关系的空间，最终产生了一个兼顾正面性与对称性的八边形空间。与直角的方形平面相比，八边形提供的135°钝角可以使观看之间得到平稳的过渡，形成一个更连续的视觉体验，从而构成空间上对观者的包围和环绕。"在罗斯科教堂，你想把注意力集中在一幅画上，找到的却是绘画彼此的关系"。❷ 八边形是一种介于正方形和圆形之间的折中几何形，提供了中心感的圣殿形式。八角形的中心空间源于早期的基督教堂，借由八角形的对称空间，罗斯科创造了一种内向的对称：东、西对称的三联画形成了一种灰暗、横向的轴对称；四个转角的短边墙形成了（45°角）中心对称，同时也在三个正面性的长墙之间形成了联系，构成了对称组（图1-28）。

根据苏珊·巴恩斯（Susan J. Barnes）在《罗斯科教堂：一个信念的

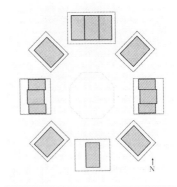

❷（美）James E.B.Breslin.罗斯科传[M].张心龙，冷步梅，译.台北：远流出版公司，1997：479.

图1-28 罗斯科教堂室内空间模型与14幅绘画平面图

行为》中的研究，热爱音乐的罗斯科将他的绘画称为"剧院中的回音"，"将作品置于对角的（Diagonal）、轴线的（Lateral）、倾斜的（Oblique）空间中，可以让'声音'或者单独、或者成组地被观看，犹如复调的或合唱的音乐"。[1] 而声称对蒙德里安毫无兴趣的罗斯科，把蒙德里安形容成一个感性画家，而称自己是一个物质主义画家：不重视感性价值（如色彩），而重视数学性的精确，以及抽象比率的艺术家。精心设计的数字与几何系统加强了这座教堂建筑的与宗教、宗派无关的空间属性。

1. 数字

"2-4-8"体现了一种双倍扩张的变化：2 是相对的（Oppositional），4 是四分的（Quartering），8 是一种中介（Mediating）。作为根数（Root Number）的 2 被古希腊哲学家认为是先验的和无穷的。2 源自方形的对角线，罗斯科教堂的门厅尺寸即由主厅空间的对角线产生。因此，这些数字和室内的墙体有关，与建筑的方位、空间的组织相关。

2. 方形

方形作为一种几何形式，代表着大地、肉体性和三维性，4 代表着大地的四个方位，天文学上的大地则是圆及其方形切线。圣经里的天使的四面扮演着四季的变换，分别象征着对人类的净化、成熟、治愈和提升（Purify，Nature，Heal and Exalt）。

3. 八边形

八边形是方形（大地）与圆形（天、上帝）之间的中间形，《神圣几何》一书的作者罗伯特·劳勒（Robert Lawlor）认为八边形是由双重方形构成，因而有着双重阴性特征（Double Feminine Qualities），因此八边形既是方位，也是边界。罗斯科教堂中的八边形并不是一个正八边形，而是有着轴线的八边形，一边指向室外入口的水池，另一边指向室内内凹的空间（犹如古典教堂的嵌壁空间），这种轴线意味着人和场地之间的联系。

1.2.5　空间意义：绘画与象征

罗斯科没有宗教信仰，但他曾在 1953 年的一场访谈里承认自己的艺术是对宗教世界的表征，并认为其作品可能是他埋藏于内心的宗教冲动的表达。因此，"毋庸置疑，罗斯科的艺术探索与宗教精神之间存在着极微妙又复杂的关系"。[2] 罗斯科认为："绘画作品是否符合它同某种思想之间的关系，取决于它运用了怎样的空间表达。空间是绘画的哲学基础。"[3] 宗教绘画是早期基督教教堂建筑的延伸，这座教堂则是罗斯科绘画的延伸。罗斯科如科学家般反复计算 14 幅绘画的尺寸、绘画中黑色长方形的比率以及门洞的尺寸，但罗斯科教堂中的绘画却没有任何的叙述和引导：即使之前对罗斯科欣赏并了解的参观者，在进入这座教堂的瞬间还是会对这个近似于单色调的整体空间感到一种全新的震撼。

❶（美）James E.B.Breslin. 罗斯科传 [M]. 张心龙，冷步梅，译. 台北：远流出版公司，1997：479.

❷（美）马克·罗思科. 艺术何为：马克·罗思科的艺术随笔（1934—1969）[M]. 艾蕾尔，译. 北京：北京大学出版社，2016：283.
❸（美）马克·罗思科. 艺术家的真实：马克·罗思科的艺术哲学 [M]. 岛子，译. 桂林：广西师范大学出版社，2009：104.

1. 绘画：空无与情感

罗伯特·休斯（Robert Hughes）认为："罗斯科是美国最后一位依然以他全部的生命相信，绘画能够承载重大意义的负荷的艺术家，并且他的绘画仍像 16 世纪的壁画艺术或 19 世纪俄国的长篇小说，拥有同样全面的严肃性。"❶在罗斯科教堂中，这种严肃性以绘画空无的表象和阴郁的情感得以呈现。

14 幅巨大的绘画包括 3 组三联画及 5 幅单独的绘画，这些绘画有一半以阴沉、深暗的栗色完成，另一半画作均带有长方形，其边界呈现着另类的新奇世界。三联画以简单、正式、对称地安排并置在一起，在哈佛大学，罗斯科曾以同样的方式把三联画挂在墙上——那些棕色、黑色和橘色的门窗形状看起来像是深红背景上坚实的建筑元素：一面坚实的深红墙上的开口。可是罗斯科教堂里的单色三联画却没有任何会被看成门或窗的形状，也不像罗斯科早期作品里的抽象风景或人物。"三片无定形的颜色，没有任何和外界、记忆中的现实相关的性质，没有任何有形的界限，这些巨大、空洞的绘画同时是完全独立的，也是无限的"。❷

2. 关系：接近与亲密

在教堂的室内，没有靠背的长木凳降低了水平视高，长凳的颜色与绘画前的铁栏杆，以及地面材料相似，所有的室内元素都是单一的，减少了对观者的视觉和心理干扰。"观看这 14 幅绘画是一个空间的过程，随着时间渐渐地、缓慢地展现出来；也是一个身体移动的过程，没有一个固定的、理想的位置来看这些画。你无法只集中于一幅画，你也无法看到全部。罗斯科的绘画超越了占有"。❸在罗斯科教堂，绘画在空间中的彼此关系取代了单幅绘画的意义：所有的 14 幅绘画都是垂直的，可是罗斯科坚持放置这些绘画的建筑物本身无论内外都是水平的。在此，罗斯科创造的水平空间，比约翰逊原先设计的斜塔屋顶更像一个宫般的密闭空间。"墙边的三联画和后墙的绘画暗示开口，既把你放在外面，同时又引你进入一个黑色的空无，一个粉碎的空洞环境，不是天地结合创造的，而是天地分离创造出的空间"。❹同时，从教堂宗教性的内涵来看，中间升起的三联画很容易使人产生传统的代表耶稣钉十字架的表达方式——耶稣的十字架在中，两侧是两个小偷或两个哀悼的人或圣者。然而把耶稣三联画里的人形抽掉，罗斯科要我们思考它们形式的基本含义：主角和陪衬，结合和分离，散开和包围的抽象观念（图 1-29）。

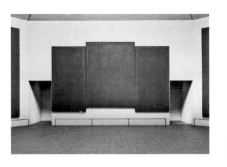

图 1-29　教堂中间升起的三联画表达了十字架的联想

❶（澳大利亚）罗伯特·休斯.绝对批评：关于艺术和艺术家的评论 [M].欧阳昱译.南京：南京大学出版社，2016：320.

❷（美）James E.B.Breslin.罗斯科传 [M].张心龙·冷步梅，译.台北：远流出版公司，1997：478.

❸ 同本页 ❷：482.

❹ 同本页 ❷：487.

❶（德）阿尔森·波里布尼.抽象绘画[M].王端廷,译.北京：金城出版社，2013：136.

阿尔森·波里布尼（Arsén Pohribny）在《抽象绘画》一书中对罗斯科的绘画做出了大胆的评价："罗斯科的后期绘画除了可以解释为有色的墙之外，没有其他含义。我们全部的生活都是在四堵墙里面进行的，然而在罗斯科之前没有一个人追问。"❶墙不仅是非常坚固的，而且也是与色彩相等同的：通过这种方式它们提供了对于空间与光的答案。在罗斯科教堂中，罗斯科通过 14 幅巨大的矩形绘画达到了扩大空间的目的，并获得了空间的连续性。他的绘画充当了我们的经验空间与宇宙空间之间的中介，14 幅绘画的每一处细节，只有纳入到教堂的总体象征结构中才能获得意义。

罗斯科教堂中环绕的绘画常常会让我们联想起 1927 年开放的巴黎橘园美术馆中的椭圆形克劳德·莫奈（Claude Monet）"睡莲"三联画展厅：将观者围于其中，近百米长的路线中展开的睡莲、柳枝、树影、云影交映的水景，安德烈·马松（Andre Masson）将之誉为"印象派的西斯廷教堂"。❷或者，如大卫·安发姆（David Anfam）认为的那样："从日常生活的'繁杂'到罗斯科教堂的'极少'，除了最原始的对立：入口和出口、阳光和阴影、形式和场域、表面和缝隙，观众能看到的很少。除了像巨石阵（Stonehenge）这样的原型遗址之外，我想不出有什么东西能与这种不可思议的、现代的结果相比较——不管罗斯科是否有意识地想到了这一点。"❸和罗斯科教堂一样，巨石阵也布置了一系列由巨石主导的复杂轴线和视线，罗斯科教堂可谓徘徊在世俗和神圣之间的"当代巨石阵"，是人类文明和文化的当代缩影（图 1-30）。

❷1959 年，莫奈的"睡莲"三联画曾经以和橘园美术馆同样的陈列方式在 1959 年在纽约现代艺术博物馆展出数月，罗斯科看过这个展览，莫奈的这种展示空间也对罗斯科教堂的设计有着一定的影响。
❸K.C.Eynatten, Kate Hutchins, Don Quaintance. Image of the Not-Seen: Search for Understanding[M]. Houston: The Rothko Chapel Art Series, 2007: 75.

图 1-30　橘园美术馆中的莫奈"睡莲"三联画(左)与巨石阵(右)

1.2.6　空间对比：朗香教堂 vs. 罗斯科教堂

表面上看，由勒·柯布西耶设计的朗香教堂与罗斯科教堂并无直接联系，但这两座建筑背后的同一位重要人物：20 世纪现代宗教艺术运动推手、宗教艺术家艾伦·古提耶神父对这两座教堂的指导与参与将两者联系在一起。

自建成以来，对朗香教堂的研究诸多，即使是半个世纪之后朗香教堂依然有很多隐含的意味值得揭示和研究，比如近年来西方神学界常常提及的朗香教堂中蕴含的固有宇宙论（Inherent Cosmologies）、神学语义导入

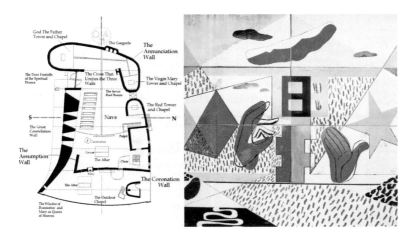

图1-31 朗香教堂平面图及柯布西耶为其创作的绘画

（Semantic Importing）等。❶ 相比之下，罗斯科教堂无意于象征意义抑或有形图像，却造成了关于宿命与信仰的张力。这两座教堂的平面设计与空间组织方式截然不同（图1-31）。

1. 位置与平面

朗香教堂位于山顶位置，表达了一种冲向天空的动势，漂浮的屋顶以及各种向上向外的态势既暗示了圣母的诞生之地，也隐喻了圣母最终走向天堂的目的；相比之下，位于住宅区附近的罗斯科教堂从形式到功能与朗香教堂完全不同，平衡的八角形平面揭示了建筑的地穴原型，砖石材料赋予教堂大地属性，由单色调绘画形成的黑暗与触觉性构成了神性空间的沉思与映射特征。

朗香教堂的平面由一条轴线构成，轴线两侧是不对称的曲线墙体；罗斯科教堂则采用了源自佛教和印度教的曼荼罗形式，以几何中心向外扩散抵达绘画。两座教堂的入口都位于南向（遵循红衣主教的方位），都是坚硬的和不透明的。但朗香教堂的入口是彩色的，在白色背景之下具有一种明显的邀请感；罗斯科教堂的入口是一种神秘和黑暗，门上垂直的切缝甚至带来了一丝不吉祥的悬念。

2. 空间与运动

朗香教堂的空间呈现为一种洞穴般的兴奋，一种外向的开放性；罗斯科教堂则是一种墓穴般的静宁，表达了一种向心的内向特征。朗香教堂体现了一种高贵，罗斯科教堂赋予了灵魂。这是宗教空间的两种不同体验，前者向上，充满了光；后者内向，体现了自然中的黑暗。

从空间的运动取向来区分，一个外向，另一个内向。朗香教堂通过连续运动来达成空间的联系；罗斯科教堂则通过后退来产生空间的缩放。这两种类型的宗教空间并无高下之分，只是表达了离心和向心两种空间运动取向。

❶ 在神学家贝尔登·兰（Belden Lane）的著作《神圣之景》（*Landscape of the Sacred*，1988年）中，列举了神圣空间的四个基本准则：神圣空间不是被选择，而是选择；神圣空间并不是一个普通空间在仪式上的个性化；神圣空间可以在不被进入的情况下被涉足；神圣空间既是向心的、地域性的，也是离心的、普世性的。其中的第四点强调了宇宙之轴（Axis Mundi），即联系天和地的垂直轴线，这一点在对比分析罗斯科教堂和朗香教堂时很有研究价值。因为对于教堂空间而言，相互关联的向上运动（不稳定）和向下运动（重力）都很重要，它们可以引发不同的空间体验。

3. 艺术与建筑

在这两座建筑中，艺术（绘画）扮演着不同的角色。在朗香教堂中，令人振奋的艺术作品表现为一种指导和辅助价值，是建筑空间体验的暗示和线索；而罗斯科教堂中的绘画便是空间的中心，是建筑的一切，是由体验形成的精神与智力的结合。尽管教堂中的 14 幅绘画的大小、方向、颜色各有差异，但它们共同构成了一种去除文字的空间形式和人类情感。正如晚年的罗斯科所言："我对色彩与造型或其他事物的关系不感兴趣，我只对表现人类基本的情感——悲剧、欢愉、幻灭等感到兴趣。"❶

❶ 曾长生 . 罗斯柯 [M]. 何政广，主编 . 北京：文化艺术出版社，2010：122.

1.2.7　结语

1971 年 2 月 27 日，罗斯科教堂作为一座世界性的教堂正式开幕，来自天主教、犹太教、佛教、穆斯林教、新教及希腊东正教的不同教派的教会代表参加了开幕观礼仪式。多梅尼克·梅尼尔在开幕典礼上发表了献词："我认为罗斯科的绘画会告诉我们如何去思考它们，每一件艺术品都构建了它们自己的批判基础，每一件艺术品都创造了它可以被了解的思想。这些作品亲切而永恒，它们毫不掩饰地拥抱我们，其灰暗的画面一直吸引着我们的注意力，它似乎能直接给予我们神灵的关照。"❷

❷ 同本页 ❶：155-158.

回到神性空间和宗教建筑这个主题，自然论（Naturalism）和有神论（Theism）构成了人类生存的两极，也是宗教思想的重要来源。对于自然论者而言，世界是可以认识和感受的；对于有神论者来说，世界有着另一种无法感知的超然力量的存在。从这个角度来看，罗斯科教堂一方面提供了讨论和感受人类这两种思维的空间，同时也允许人类的含糊和矛盾——面对观念的海洋，人类的思想又何以将所有观念汇聚？因此，这座教堂既是一个沉思之地，亦是一方调解之处。

放目观望，低头冥思。这座泛宗教的教堂源于建筑原型，结合了古代智慧和几何本质，其墓穴般的空间品质、环绕的绘画形成了关于人类情感的戏剧张力。与马蒂斯负责设计的旺斯教堂相比，罗斯科教堂融入了更多的现代意识而超越了宗教直指人类的命运本身。客观地说，罗斯科教堂的建设过程是一次艺术观念战胜（建筑）设计构思的过程，作为艺术家的罗斯科，唯有在这个自由的前提下，才可以完全控制这座建筑的整体空间，创造出最空旷、最遥不可及的圣殿。正如鲁道夫·斯坦恩（Rudolf Steiner）所言："光永远在黑暗中闪现，一种神秘的魔力，一个真实的瞬间感受。"❸这座教堂完美地诠释了罗斯科所言的"死亡之不朽"，这座建筑的绘画结构和空间意义成为"艺术教堂"的原型：空间既是单一艺术家作品的展厅，亦是沉思与寄托之场所。深奥的建筑价值与精神的复兴相结合，"不可见的艺术"（The Art of the Unseen）成就了人类精神的避难所。

❸ K.C.Eynatten, Kate Hutchins, Don Quaintance. Image of the Not-Seen: Search for Understanding[M]. Houston: the Rothko Chapel Art Series, 2007: 98.

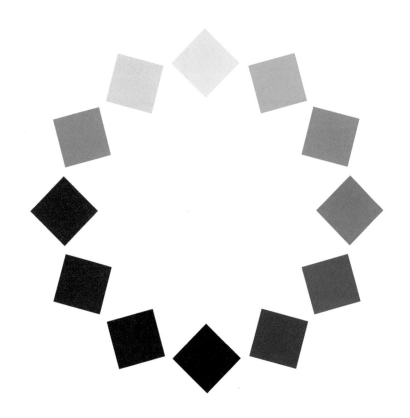

1.3 形与色：埃斯沃兹·凯利与"奥斯汀"
1.3 Form and Colour: Ellsworth Kelly and "*Austin*"

我的后期创作包含了所有早期的绘画，艺术家始于一个观念然后将之渐渐建成。

——埃斯沃兹·凯利 [1]

❶Tricia Y.Paik.Ellsworth Kelly[M]. London and New York：Phaidon，2015：213.

2018 年 2 月 18 日，美国得克萨斯大学奥斯汀分校（UTA）迎来了一座新建筑的揭幕仪式，这座白色外墙、拱形屋顶、彩色玻璃窗的小型建筑名为"奥斯汀"（*Austin*），其建筑设计及室内艺术作品均由美国现代艺术家埃斯沃兹·凯利（Ellsworth Kelly，1923—2015 年）创作，它的落成不仅成为凯利艺术生涯的最好总结，也激发了艺术界和建筑界对"艺术—建筑"主题的再次讨论 [2]（图 1-32 ~ 图 1-34）。

凯利被认为是 20 世纪最有影响力的美国现代艺术家之一，作为极少主义（Minimalism）和欧普艺术（Op Art）的代表艺术家，他的艺术作品与建筑主题紧密相连（表 1-4）。"建筑与绘画的融合之物建立了凯利 20 世纪 40 年代后的艺术主题，标明了他对之后数十年的绘画可能性的超常发

❷ "奥斯汀"设计于 1986—1987 年，原拟建于加州圣芭芭拉，经过了 5 次重大的修改后一直搁浅。2012 年，UTA 校友、艺术史学家希拉姆·巴特勒（Hiram Butler）在和凯利的接触中获悉这一设计，决定在德克萨斯州为之寻求一处安放之地，随后得到 UTA 布兰顿艺术博物馆馆长西蒙·维查（Simone Wicha）的支持，委托 Overland 事务所及 Linbeck 集团与凯利配合负责具体设计与建造，建筑在凯利 2015 年去世前两个月开始施工。

图 1-32 2018 年《艺术论坛》《得州建筑师》杂志竞相报道"奥斯汀"

图 1-33 "奥斯汀"室外照片

图 1-34 "奥斯汀"室内照片

表 1-4 埃斯沃兹·凯利艺术简表

时间（年）	主要创作地点	作品特征
1923—1948	波士顿	从观察中发现艺术形式，将光谱应用于艺术创作
1948—1954	法国	建筑元素，如窗户、楼梯等形式，色彩方格的使用
1954—1970	纽约	拼贴创作，对绘画与雕塑中的图底关系的大量实验
1970—2015	斯潘塞敦（Spencertown）	越来越纯粹的形式与色彩主题，与大量建筑师合作

现"。[1] 从早期对建筑元素的观察与表现到后期专注于形式与色彩，直至将艺术主题集中体现于"奥斯汀"这座单一性建筑，"奥斯汀"也就成为解读 20 世纪艺术与建筑关联性的一个现时范本。

1.3.1 "奥斯汀"：形式

在 2018 年 5/6 月的《得州建筑师》（*Texas Architect*）杂志中，建筑师杰森·哈斯金斯（Jason John Paul Haskins）和莫雷·里格（Murray Legge）发表了各自的观点：哈斯金斯认为"奥斯汀"是一座属于凯利特有的归纳和推理之建筑，看似深奥的表象之下是他毕生艺术的自然汇聚，"这一建筑试图去具体化呈现，而非仅仅表现凯利在某个时刻的灵感火花"。[2] 里格则将"奥斯汀"置于当代艺术和建筑原则渐渐分离的大背景下，认为它是艺术与建筑交集的成功案例，同时他也认为："凯利的作品通常提取自他在真实世界中的观察，但其观察的原型是不易辨认的。这座建筑中的苦路图、图腾柱都不是第一眼就可以认出，也不是历史语境中的传统形式，因此需要转译。"[3] 虽然两者观点有异，但在"奥斯汀"作为"艺术之筑"（Architecture as Art）这一点上是一致的。

"奥斯汀"源于后现代主义盛行时期的 1986—1987 年间凯利为加州电视制作人道格拉斯·克莱莫（Douglas Cramer）设计的私人教堂方案。虽然最终凯利在 UTA 校园中放弃了教堂的初衷并将之命名为抽象之"奥斯汀"，但它的形式明确地源自基督教建筑，凯利 1949 年在法国考察过的普瓦捷圣母院（Notre-Dame la Grande at Poitiers）、绍维尼礼拜堂（Chevet of Saint-Pierre de Chauvigny）均可视为"奥斯汀"的原型。当然，即使去除它与历史建筑及后现代建筑语汇的关联，这座建筑的形式依然很容易被理解为源自艺术家的空间体验（图 1-35、图 1-36）：

1）极简形式："奥斯汀"的十字形平面与半圆形拱顶源于罗马风教堂的形式简化与空间提取，并以极少主义艺术特征呈现。

[1] Tricia Y.Paik. Ellsworth Kelly[M]. London and New York：Phaidon，2015：322.

[2] Jason John Paul Haskins. The Duck Test[J].Texas Architect，2008（5/6）；30.

[3] Murray Legge. Architecture as Art[J].Texas Architect，2008（5/6）；33.

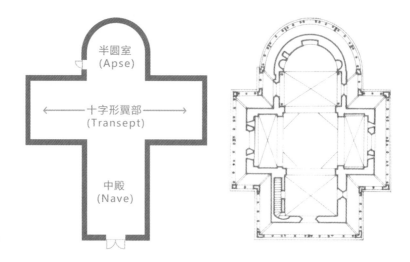

图1-35　"奥斯汀"平面图（左）
与罗马风教堂平面图（右）

　　2）艺术挪用：三面墙体上的彩色玻璃窗既是传统教堂玫瑰花窗的联想，也是将色彩艺术直接挪用为建筑元素的一种处理。

　　3）垂直与水平：室内主题雕塑"图腾"构成空间中心和垂直视觉焦点，墙上的14幅黑白大理石绘画加强了水平视线的延伸。

1.3.2　"奥斯汀"：色彩

　　从文艺复兴时期开始，色彩一直是一种可以同时传达意义并刺激眼睛的图像元素，扮演着绘画中的象征性角色，在现代建筑中更是成为空间的元素之一。"在过去的五十年中，许多艺术家将绘画、雕塑及影视艺术融入周围的建筑空间中去，同时艺术家们开始介入视觉艺术。这种交汇，有时是合作性的，有时又是竞争性的"。[1]"奥斯汀"中的色彩正是如此：既成为建筑元素与空间产生了合作，又作为艺术作品向建筑空间发出挑战。

1. 彩色建筑元素：网格窗与光谱花窗

　　"奥斯汀"南侧主入口的上方是由九块彩色玻璃构成的方格网。从1951年开始，凯利着迷于以彩色方格网为主题来去除艺术的"创造性"从而强调艺术的"物体属性"，他认为："新的艺术应该是物体，无标记的、匿名的。"[2]达成这一点的方法就是避免写实和具象绘画中的图底关系的二分法："与形成层级空间构成的二分法不同，凯利寻求空间中的无等级、无构成，在整体性空间中，每一色彩元素均具有相同的视觉重量。"[3]通过模数化网格和随机组合获得的色彩平面和空间位置是凯利达成这一目的的具体手段，"奥斯汀"入口上方的九宫格彩色玻璃将自然光转化为彩色光效照亮纯白的室内墙面，产生与古典宗教精神一致的永恒之美。

　　光谱（Spectrum）是凯利色彩创作的一个常见主题。凯利熟知色彩理论并从学生时代开始就将阿尔伯特·穆塞尔（Albert Munsell）的色彩系

❶（美）哈尔·福斯特. 艺术×建筑 [M]. 高卫华，译. 济南：山东画报出版社，2013：1.

❷❸ Form into Spirit: Ellsworth Kelly's Austin. Austin: Blanton Museum of Art（展览手册），2018.

统运用于艺术创作中来呈现直觉与感
知。2008 年 5 月，在与策展人汉斯·奥
布里斯特（Hans Ulrich Obrist）进行
的"艺术与建筑"主题对谈中，凯利
认为创作了大量城市和建筑题材的法
国艺术家莱热（Fernard Léger）比毕
加索等其他立体主义画家更早在绘画
中使用光谱从而将色彩带进了空间
（图 1-36）。当凯利构思"奥斯汀"东
西向的两个圆窗时，他分别设计了基
于光谱色彩的长条形窗和方形窗，旋
转的光谱花窗与入口静态的九宫格花
窗形成对比，产生动态的视觉效果。

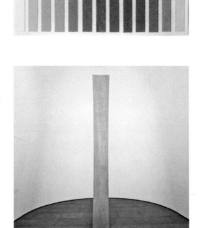

图 1-36　凯利创作的"彩色网格"（上）与"光谱"（下）

2. 单色与黑白艺术：图腾柱与"苦路图"

在"奥斯汀"的室内，通常为教
堂圣坛的位置安放了凯利的雕塑"图
腾"（Totem），这座 18 英尺（约 5.486m）
高的加州红木雕以垂直、独立的效果
让人联系起人形并比墙上的绘画更能
占据空间。构思源于古典雕塑的"图
腾"最早创作于 1974 年，其轻微的
弧形需要仔细地观看才能察觉。"对
凯利而言，使用平缓的曲线可以让眼
睛快速地越过雕塑表面来体验一种空
间速度"。[1] 作为一名对艺术史有着深入了解的艺术家，凯利不可能随意
地选择作为中柱的图腾形式，图腾柱在美国文化中是家庭或宗族的象征，
凯利将之简化、抽象为一种轮廓形式，并配以独特的材料、色彩和肌理，
锚固于地，升腾指向天空（图 1-37）。

图 1-37　"奥斯汀"中的图腾

十四幅黑白大理石材质的《苦路图》（*Stations of the Cross*）[2] 构成了
整个"奥斯汀"的室内节奏，面对这组抽象的作品，我们无需借助文字来
解读每一幅图，因为它们之间的关联性对于熟知基督故事的观众明显呈
现。"对这座建筑的拜访将现时地、空间地同时体验苦路图，这些主题沿
着墙面序列展开，它们三张一组、两张一组地通过空间中的成组关系和视
觉关联向观者节奏性地呈现"。[3] 以最后三幅平板画为例，深刻地表达了
激情的终点：全黑，代表了耶稣之死亡；黑白各半，再现了十字架的沉积
和太阳的升起；全白，意味着埋葬。就此这三幅画再现了"死亡—献祭—

[1] Form into Spirit: Ellsworth Kelly's Austin. Austin: Blanton Museum of Art（展览手册），2018.

[2]《苦路图》是天主教描绘耶稣被钉上十字架前往刑场游街示众过程的宗教绘画，也是教徒追思与朝圣之路，共有十四站。

[3] Ulrich Wilmes. Ellsworth Kelly: Black & White[M]. Ostfildern: Hatje Cantz Verlag, 2011: 46.

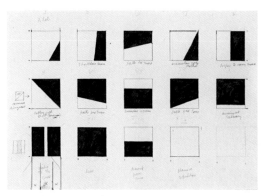

图 1-38　《苦路图》的创作草图

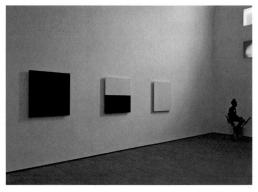

图 1-39　《苦路图》的最后三幅

再生"，没有其他作品能如此简单、清晰地以三张黑白绘画均衡地呈现从黑暗到光明、结合到分离的过程，这个过程与现代建筑中的空间占据过程如出一辙（图 1-38、图 1-39）。

1.3.3　艺术与建筑的结合

在 20 世纪现代艺术家中，凯利的经历是独特的。第二次世界大战结束后，当美国艺术家普遍试图切断与欧洲艺术的联系并寻求到抽象表现主义来作为艺术独立的象征之际，凯利却自我放逐来到欧洲，1948—1954 年在巴黎度过了 6 年时光。通过对欧洲艺术和建筑的学习，凯利获得了大量空间体验从而建立了独特的抽象美学。由此，艺术与建筑的结合成为他的艺术特征，也使他成为欧洲先锋艺术与纽约前卫艺术的连接。

1. 观察与发现

凯利的形式联想始于观察，他将对真实世界的观察与发现抽象成绘画与雕塑，桥、街道、阴影、建筑、水面都是他的长久观察之物。❶1949 年凯利从巴黎现代艺术馆中首先发现了他所要表现的"物"，这就是他完成的"窗"系列绘画。科克·瓦内多（Kirk Varnedoe）认为："凯利绘画中的窗既不是纯粹的观察，也不是单一的思考行为，而是得益于蒙德里安的绘画在建筑和设计领域的扩散和传播。"❷一如建筑师通过正投影来表现窗户的比例和尺度，凯利通过正投影避免了对窗户这一建筑元素的转译和对传统图像的再现，而以简单的投射将之从真实世界到达画布。凯利大量法国时期的作品都源自对建筑光影的观察，1950 年他通过对一部室外金属楼梯的摄影发现了建筑元素产生"复杂图案"的可能性而将之转换为抽象绘画，并在此基础上完成了"城市"主题系列画作（图 1-40 ～图 1-43）。❸

从真实世界中提取的形式和色彩成为凯利艺术的主题元素，随后他进一步开启了形与色中蕴含的多种空间特性（图 1-44）。

❶ 凯利对观察的热爱源自两个方面：一是儿时的观鸟建立了他从自然世界中寻求形式的能力；二是他在美国军队服役期间从事的迷彩设计等"伪装"（Camouflage）工作使他建立了对形式和阴影的敏锐观察。

❷ Kirk Varnedoe. Pictures of Nothing：Abstract Art Since Pollock[M]. Princeton and Oxford：Princeton University Press, 2006：74.

❸1948 年春，年轻的凯利即将从波士顿博物馆学校毕业前，两场重要的讲座影响了他的艺术观念。一位是德国艺术家马斯·贝克曼（Max Beckmann），贝克曼在讲座中说："不要忘却自然，正如塞尚从自然中获得古典。用心去学习自然的形式你便会如音乐家的乐曲篇章一样使用它，对自然的印象会成为你的欢喜和忧愁的表现。"贝克曼所强调的自然随后成为凯利观察与寻求"物"之源泉。英国艺术史学家赫尔伯特·里德（Herbert Read）则在另一场演讲中断言："架上绘画已经过时，将艺术与建筑进行结合将成为必然。"凯利认为里德的言论虽然具有煽动性，但亦不乏启发性和有效性。

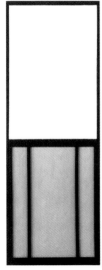

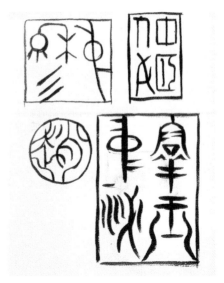

图1-40 凯利创作的"窗" 　图1-41 普利兹克基金会博物馆中的凯利作品 　图1-42 凯利在法国时期临摹的东方篆刻体现了一种空间训练

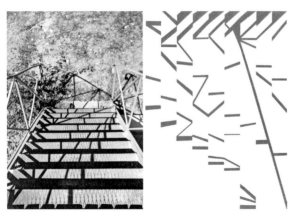

图1-43 凯利基于楼梯光影的摄影完成的抽象绘画 　图1-44 凯利绘画中形与色构成的空间特性

　　包围——通过色彩与形状的包围构成空间之围合，空间围合既有二维的也有三维的。

　　打开——通过图底关系的处理联系人的日常观察感知，在二维平面中营造三维空间。

　　叠加——通过对完整二维形状的重新折叠和组合产生空间、色彩和形状的三维叠加。

　　联想——依赖于人的视觉经验产生空间联想，联想源自自然元素，亦源自文化符号。

2. 交汇与联系

　　卡特·福斯特（Carter E. Foster）认为："'奥斯汀'是一个体验艺术家的色彩、形式和光线，以及它们共同创造的和谐之美的地方。因为它的室

❶Carter E. Foster. Ellsworth Kelly Austin[M]. Austin：Blanton Museum of Art，2019：65.

❷Diane Waldman. Ellsworth Kelly：A Retrospective[M]. New York：Guggenheim Museum，1997：11.

内光线由三扇醒目的彩色玻璃窗定义——随着太阳的强度和角度缓慢而不断地变化。"❶ 因此，"奥斯汀"也是一个基于时间的作品，一个与自然密切协调的作品。同时，艺术家和建筑师的作品均源自共同的记忆、个人的识别以及一个发现的过程。"凯利将对古典艺术与建筑的兴趣与 20 世纪早期的现代主义相结合，创作了一种将过去与现代无缝结合的作品，超越了时间"。❷

艺术史学家哈尔·福斯特（Hal Foster）在《艺术 × 建筑》（*The Art-Architecture Complex*）一书中用"交汇"（Encounter）和"联系"（Connection）来形容现代艺术和建筑的关系。一如凯利通过建筑观察产生绘画、雕塑中的形式与色彩，再将空间中的形式与色彩应用于"奥斯汀"的设计，空间也就成为艺术与建筑交汇和联系的核心。在现代艺术中，如果说绘画和雕塑是一种策略性、片段性空间表达的话，建筑则呈现为一种功能性和整体性空间：既是艺术之容器，亦是艺术之综合。从"奥斯汀"这座建筑中可以发现，现代艺术和建筑固然有着各自的独立语言，但建立在形式和色彩基础之上的共同的空间性使两者的交汇与联系成为可能（表 1-5，图 1-45、图 1-46）。

表 1-5　凯利参与的部分建筑项目

时间（年）	建筑	建筑师
1957	费城交通大厦	文森特·克林（Vincent Kling）
1978	华盛顿国家美术馆东馆	贝聿铭
1996—1998	波士顿联邦法院	哈利·考伯（Henry Cobb）
2001	华盛顿普利兹克基金会艺术博物馆	安藤忠雄
2006—2010	洛杉矶乡村艺术博物馆扩建	恩佐·皮亚诺（Renzo Piano）

图 1-45　凯利为波士顿联邦法院（左）和华盛顿国家美术馆东馆（右）创作的"墙雕"

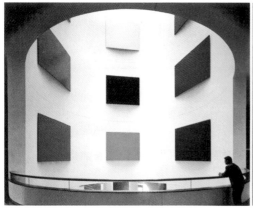

图1-46　旺斯教堂（左）、犹太教堂(右上)和罗斯科教堂(右下)

1.3.4　艺术与建筑的精神性

尽管"奥斯汀"的十字形平面与彩色玻璃窗源于艺术家对罗马风建筑与艺术的喜爱，但总体观念并没有特别的宗教主题，而在于创造一种无教派的空间：精神的冥想、艺术之欢欣。凯利本人也坦承："我对古罗马、拜占庭的艺术和建筑很感兴趣，虽然这些简单、纯净的形式对我的艺术产生了很大的影响，但我在构思'奥斯汀'时并没有宗教概念，我希望访客在其中体验到宁静与光明。"●

凯利的这一观念不禁让我们提出一个疑问：当艺术家有机会设计一座与他的艺术作品息息相关的建筑时，他该如何表达与呈现艺术与建筑的边界与交点？事实上，在20世纪艺术史中，"奥斯汀"并不是由艺术家主导设计的"艺术—宗教"建筑孤例。如本章前文所述，1949年以来有众多艺术家在"艺术的神性空间"主题上做出了尝试（表1-6）。

●Harry Cooper.The Whole Truth：On Ellsworth Kelly's Austin[J]. Art Forum，2008（5）：178.

表 1-6　20世纪由艺术家主导创作的代表性"艺术—宗教"建筑

艺术家	建筑、时间	主要特征
亨利·马蒂斯	旺斯教堂，法国旺斯，1949—1951年	马蒂斯将他的彩色拼贴绘画挪用为教堂的彩色玻璃，另有14幅黑白线条苦路图
巴略特·纽曼	犹太教堂（方案），美国纽约，1963年	锯齿状展开的双侧墙将丰富的光线变化引入教堂，中央的圆形祭坛成为空间焦点
马克·罗斯科	罗斯科教堂，美国休斯敦，1964—1970年	罗斯科创作的14幅单色巨幅绘画呈现于八角形室内空间中，形成幽暗的冥想空间
埃斯沃兹·凯利	"奥斯汀"，美国奥斯汀，1986—2018年	源于基督教建筑原型的简洁造型，彩色现代花窗，室内木质"图腾"与黑白苦路图

这四座建筑既和不同艺术家的艺术创作紧密相关，也和 20 世纪下半叶艺术家对建筑空间的认识不可分割，体现了艺术观念的发展。值得注意的是，这四位艺术家都声称自己没有宗教信仰，那么，这些无神论者如何完成对神性空间的设计与创作？哈里·库珀（Harry Cooper）在评论"奥斯汀"时认为："直白地说，艺术已经取代了宗教：在一个世俗的、现代的、幻想破灭的世界里，艺术是我们最接近神的事物。"❶ 而如果我们认识到现代艺术和建筑的这种精神性并将之视为人类文化的一部分，就不难理解特里·易格顿（Terry Eagleton）所言："也许文化可以填补世俗的现代性中的空洞的上帝形式。"❷ 具体到"奥斯汀"，其精神性体现在以下两点。

❶❷Harry Cooper. The Whole Truth: On Ellsworth Kelly's Austin[J]. Art Forum, 2008（5）: 178.

1. 概念的抽象性

虽然凯利通常被认为是一个抽象艺术家，但他的作品的关键一点是建立在对现实世界的仔细和近距离观察的基础上的。因此，我们可以将他的大部分作品描述为一种升华的过程，即从场景、物体和视觉情境中寻找细节和观察到的品质，并将其转化为更纯粹的艺术语言。凯利对"奥斯汀"的创作实际上是他最后一次伟大的抽象行为：将历史形式的影响转化为自己的净化幻景。

在普利兹克基金会艺术博物馆设计中与凯利合作过的安藤忠雄认为："凯利将现代艺术的抽象美与古典建筑的绝对美联系在一起。"❸ 梅耶·沙皮诺（Meyer Schapiro）则认为抽象艺术提供了一种类似于宗教生活的内容："一种对精神之物的真诚的、谦卑的服从；一种不会自动产生的体验；一种只有在现代绘画和雕塑中才能在人类的作品中产生的沉思和共享。"❹ 同时，"奥斯汀"中所采用的抽象保持了与西方文化中著名宗教叙述的关联，但若无 20 世纪现代艺术的整体创新，其依然难以理解。从艺术史的角度来看，凯利对色彩、形式和空间的运用并不是无中生有的首创，而是与 20 世纪初以绘画与建筑为代表的俄罗斯前卫艺术和荷兰先锋艺术相关的统一体的一部分。

❸William J.R.Curtis. Abstractions in Space: Tadao Ando, Ellsworth Kelly, Richard Serra[M]. St.Louis: The Pulitzer Foundation for the Arts, 2001: 26.
❹Ulrich Wilmes. Ellsworth Kelly: Black&White[M]. Ostfildern: Hatje Cantz Verlag, 2011: 46-47.

2. 空间的叙事性

空间叙事作为一个基于语言学、文学和符号学与建筑学交叉的理论视角，提供了一种思考、分析和设计空间的视角。诚如凯利所愿，"奥斯汀"不是教堂，却有着教堂的空间品质：它的形式、结构、功能，以及艺术品与空间的关系，都形成了冥想的、信仰的空间。对于以图底关系、形式与色彩为主题创作的凯利而言，这一建筑提供了一个迷人的练习机会：黑白与彩色、垂直与水平、直角与拱形都可以在建筑空间和艺术边界中产生一种叙事性。这种叙事性描绘了建筑空间的展开过程：平面上从前殿到侧翼再到半圆室，视觉上从低平之《苦路图》到上部的彩色花窗，越过图腾之柱而凝视于拱形屋顶，每一处空间形式的围合与开启、每一件艺术作品的材料与光感都加强了空间的叙事功能。

1.3.5 结语

"植根于深奥主题的新式表现通过新的材料和媒介而呈现。这是一座容纳了艺术品的建筑，也容纳了凯利毕生将环境视为灵感来源的热情。" ❶ "奥斯汀"作为凯利艺术生涯的顶峰之作，有着"冥思空间"和"光之教堂"的属性，其泛义的冥想特征和特殊的精神性成就了这座艺术与建筑的关联之筑。凯利毕生受到自然界的启发，并深深地意识到，如果我们敞开心扉，那么人类的感知完全可以将平凡的事物转变为非凡的、甚至是精神上的体验。

形式与色彩：形式与色彩既是凯利晚期艺术创作的核心，也构成了"奥斯汀"这座建筑的空间主题，融于空间的形与色构成了艺术与建筑的关联。

艺术与建筑：现代艺术与建筑相互独立又紧密关联，精神性是"奥斯汀"的空间特征，体现了现代艺术和建筑在人类文化中超越形式的重要贡献。

❶ Jason John Paul Haskins. The Duck Test[J].Texas Architect，2008（5/6）：40.

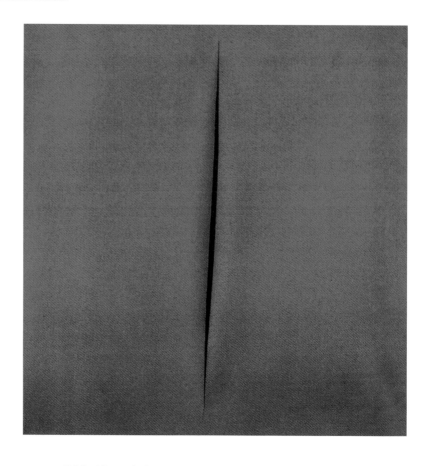

1.4 洞与缝：空间主义者卢西奥·丰塔纳
1.4 Holes and Slashes: Lucio Fontana as Spatialist

> 建筑是体积、基底、高及深度，构成空间要素，理想建筑的四元空间
> 是艺术。雕塑是体积、基底、高及深度，而绘画则是描写。[1]
>
> ——卢西奥·丰塔纳《空间技艺宣言》

[1] 刘永仁. 封达那 [M]. 何政广，主编. 石家庄：河北教育出版社，2005：52.

[2] Michael Auping. Declaring Space[M].Munich：Prestel Verlag, 2007：135.

20 世纪 40 年代，随着抽象艺术先驱马列维奇（Kazimir Malevich）和蒙德里安（Piet Mondrian）的先后离世，已经将空间与绘画合二为一的抽象艺术进入了一个新的时代。"没有了具象的或甚至模糊可识别的形象的锚点，抽象的论述开始接纳空间的概念成为一个关键的主题，涉及一些艺术上和哲学上的关于空间本质的困难和基本的问题"。[2] 有多少是想象？又有多少是真实？我们应该把空间想象到多远？它有边界吗？还是有中心？这些闪烁其辞的主题不仅成为人类意识的终极隐喻，也是 20 世纪下半叶艺术家面对的一个严峻挑战。

令人振奋的是，世界大战之后的艺术家们对空间艺术的探索比伟大先驱们的想象更为深入，他们没有彷徨在马列维奇和蒙德里安的艺术遗产中，而是投身于新的创造。在众多的艺术探索中，意大利艺术家卢西奥·丰塔纳（Lucio Fontana，1899—1968年）从用一把尖刀将画布空间切开开始，终其一生执着地探索他宣称的"空间观念"，在绘画、雕塑、建筑、环境装置和公共艺术领域均有建树，成为极少主义和观念艺术的始祖之一（表1-7）。❶

❶ 丰塔纳还是发起于德国杜塞尔多夫的"零艺术运动"（The Zero Movement）在德国之外的重要艺术家。"零艺术运动"的创始人奥托·皮纳（Otto Piene）曾经形象地描述了该运动的命名：午夜零时是火箭升空前倒计时的最后一刻，代表着一个充满可能性的全新开始。

表1-7 丰塔纳代表性艺术宣言和建筑、空间作品简表

时间（年）	艺术宣言／创作阶段	代表建筑、空间作品
1930—1945	以创作雕塑介入公共艺术和环境设计	第6届米兰国际三年展环境雕塑《胜利厅》米兰主教堂宪兵之友大楼雕塑《胜利的飞翔》
1946	《白色宣言》	成立阿尔塔米拉艺术学院及文化推广中心
1947—1950	《第一次空间主义宣言》《第二次空间主义宣言》《第三次空间主义宣言》《空间运动准则之建议》	《洞》《光空间》《空间观念》《黑暗之空间环境》
1951—1960	《空间技艺宣言》《录像空间运动宣言》	《切割》厄尔巴岛港湾旅馆餐厅、沙切诺旅馆
1961—1968	广泛参与建筑、室内设计和展览空间设计	《洞与环境空间》《神之终结》、第33届威尼斯双年展《迷宫境域》

1.4.1 成为环境的应用艺术

艺术家和建筑师的合作可以追溯到文艺复兴时期的意大利，他们联合为城市建设和公共艺术所作的贡献已经成为西方艺术史中最富有创造力的一部分。丰塔纳在进入米兰布雷拉艺术学院（Accademia di Belle Arte di Brera）之前亦学习过建筑学相关课程并取得了建筑师文凭，因此他从艺术生涯早期开始，就以整体角度去思考艺术作品和展览装置的空间设计问题。

1. 环境中的雕塑艺术

丰塔纳最初是一名雕塑家，他对巴洛克教堂的热爱使他在一系列房间大小的装置中创造了绘画、雕塑和建筑的融合，以亲密和广阔的方式放大了他对环境的理解。谈到这些环境和空间时，丰塔纳描述到："在进入时，你是绝对孤独的，每个来访者以他们的直接反应参与其中，而不是由一个物体或商品之类的东西支配，而是面对着他自己，面对着他自己的良心、他自己的无知和他自己的肉体存在。"❷ 像同时代的其他雕塑家一样，丰塔纳对与建筑师合作非常感兴趣，但对他来说，合作不仅仅是将雕塑作品装饰到的建筑设计中，而是如何在雕塑创作中实现空间的整体性。

❷Michael Auping. Declaring Space[M].Munich：Prestel Verlag，2007：153-154.

　　1936 年，丰塔纳与画家马塞洛·尼佐利（Marcello Nizzoli）、建筑师吉安卡洛·帕兰蒂（GianCarlo Palanti）等合作，为第 6 届米兰三年展创作了"胜利厅"（Hall of Victory），这是现代艺术史中由意大利艺术家与理性主义建筑师合作的重要环境艺术作品。丰塔纳塑造了一个强烈的白色空间，在两匹耀腾而出的奔马雕塑前安置了 5m 高的女性雕塑跨步踏出，周围装置了 144 盏聚光灯照射简洁均匀的空间。象征荣誉的殿堂，戏剧性的场所与色彩、灯光一起唤起空灵的心理耸动，定义了"环境雕塑"所具有的特殊空间特征。在《庭和亭：现代建筑中的雕塑》一书中，佩内鲁普·柯蒂斯（Penelope Curtis）分析这一雕塑时认为："在房间强烈的灯光下，马和女人像一个梦一样出现了。展览雕塑的标准材料——白灰泥充分发挥了作用。它的白色似乎既唤起了历史——不仅仅是古典的石膏模型，也唤起了庞贝人物的石膏模型——也预示着未来，就像初始状态的白板或白卡纸。"❶ 借由这个空间，丰塔纳在熟悉的主题中创造了陌生：这些大型的雕塑固态但脆弱，自信然而质疑。她们的衣服既像布衣又像破布，在增强气氛的同时也增添了一种不真实感，使雕塑与传统布杂学院风格的雕塑拉开了距离（图 1-47）。1936 年丰塔纳还与建筑师卢西安诺·巴尔德塞利（Luciano Baldessari）合作完成了布宜诺斯艾利斯的朱利奥·洛卡中将纪念碑（The Monument to Lieutenant General Julio A. Roca）的设计，同样是马匹的主题雕塑，这一次丰塔纳将将军的骑马雕塑置于拱门和建筑广场之中，显示了将雕塑作品与建筑和城市环境结合的尝试（图 1-48）。

❶ Penelope Curtis. Patio and Pavilion: The Place of Sculpture in Modern Architecture[M]. Los Angeles: The J. Paul Getty Museum, 2008: 34-35.

图 1-47　米兰三年展"胜利厅"设计图及照片

图1-48 朱利奥·洛卡中将纪念碑设计图及模型

2. 环境艺术与生活美学

环境艺术（Environmental Art）的概念最早可以追溯到 20 世纪初的新艺术运动（Art Nouveau），当时的艺术家、设计师和建筑师将新的理念展现于现代化的机能性美感中。20 世纪 60 年代以后崛起的贫穷艺术(Pool Art) 和极少主义（Minimalism）艺术思潮的特征也是强调艺术与空间、环境之间的关联性。1949 年 2 月，丰塔纳在米兰那维廖画廊（Naviglio Gallery）中创作的圆形的《黑暗之空间环境》是他第一次结合了环境艺术观念的空间作品：以磷光彩绘造型悬挂于天花板上，造成空间旋转浮动的视觉效果，空间完全呈现为黑色，观者仿佛置身于孤岛。"人类对于本身的知识、潜意识以及感受媒材转换时空变异的反应，都会唤起不同层面的影响，重要的是丰塔纳不只是展出绘画和雕塑，而是体现了一种穿入空间辩证的场域"。[1]1951 年第 9 届米兰设计三年展中，丰塔纳和建筑师卢西亚诺·巴尔代萨利（Luciano Baldessari）合作创作了名为《空间之光——霓虹结构》的作品，这件由100m 长的白色霓虹灯管制作的涡卷线状空间装置悬挂在展场中央巨型楼梯的上方，成为展厅中的显目之物。这些作品一方面证明了丰塔纳作为新材料运用的先驱身份，如对灯管和黑暗环境的运用比美国艺术家丹·弗拉文（Dan Flavin）和詹姆斯·特瑞尔（James Turrell）都更早，也说明了应用艺术（Applied Art）融合建筑、室内、绘画和雕塑于一体的综合特征（图 1-49、图 1-50）。

20 世纪 60 年代，当战后重建和经济奇迹般的高速发展告一段落后，设计文化开始在时尚、家具、建筑和室内设计中同时展开，很多毕业于米兰理工大学建筑系的建筑师开始分享丰塔纳的艺术探索，米兰迎来了属于自己的"甜蜜生活"，使之成为欧洲现代设计的中心城市。在这个背景下，20 世纪 50 年代末至 20 世纪 60 年代初的丰塔纳将个人鲜明的艺术语

❶ 刘永仁.封达那 [M]. 何政广，主编.石家庄：河北教育出版社，2005：67.

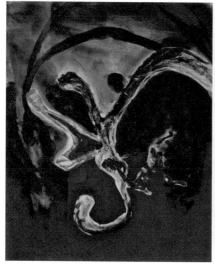

图 1-49 《黑暗之空间环境》
（左）与《空间之光——霓虹结构》
（右）

图 1-50 为都灵"意大利 61"
展览设计的《能量之源》光空间
（1961 年）

图 1-51 丰塔纳为住宅（左）和
公共建筑（右）设计的室内环境

图1-52　丰塔纳运用"洞"和"缝"的元素设计的时装

言灵活运用，延伸扩展至建筑室内、家具设计、戏剧服装、时装、领带夹、珠宝设计等含有生活美学的时尚文化中。1961年丰塔纳为毕妮·特蕾丝（Bini Telese）设计的银色洞洞套装和极简风格的切割时装直接引用了他在绘画上的手法，在挑战视觉感官的同时，将现代绘画转化为时尚物件，体现了新时代的人性与美学（图1-51、图1-52）。

1.4.2　刀锋之利：画布的"空间概念"

丰塔纳对艺术语言的最早贡献是用孔洞和裂口的形式来打开图像表面：他在1949年开始发起的白色画布上的"洞"。他把这一时刻描述为他职业生涯的关键转折点，在20世纪60年代接受卡拉·郎齐（Carla Lonzi）的采访时，他不无伤感地宣称："我的发现就是那个洞，就是这样。即使我在这个发现之后死去，也没有关系……"❶

1. "洞"之穿透

丰塔纳创作的"洞"始于1949年，他用尖头工具在传统的扁平绘画材料——纸张、帆布和金属的表面穿孔，创造出大小不一的洞孔。丰塔纳穿透画布表面形成的不规则的扩散圆洞既不是素描也不是油画，在洞孔的边缘，材料因为突出在画面的表面而在斜光下投射出阴影（图1-53）。在此，丰塔纳显然不再将画布视为一种二维平面，而是视为一种塑性材

❶Barbara Hess. Fontana[M]. Köln：Taschen GmbH，2017：7.

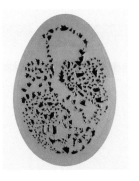

图1-53　"穿洞"创作的《空间概念》系列绘画

料。这一动作有一个专用术语"Buchi"，来源于意大利语中的"洞"。虽然丰塔纳在谈话中使用了这一术语，但他从来没有把它标注在作品的铭文或标题中。相反，他选择将这些作品正式命名为"空间概念"（Spatial Concept）来作为他的"空间研究"的成果。通过"洞"之穿透，丰塔纳侵入了艺术史上一直未被触及的区域：画面背后的空间；他在物理上打开了它，将观者的意识扩展到一个新的维度，这对丰塔纳来说代表了空虚、无形，以及时空的第四维度。

丰塔纳锲而不舍地在单色画布上戳洞、切入，反复锤炼，继而衍生在画布上做星状放射刺穿孔，迸发强烈旋转新秩序的造型语言，形成优雅的节奏感，使绘画如同雕塑一样展现空间肌理。"丰塔纳的'洞'源始于完整单一空间，它们同样是在自然空间中被创造的事件，不仅反映了建筑学空间、空间立体经验，以及空间造型适应的机动性，而且即时衍生更活泼的戏剧化效果"。[1] 可以认为，通过戳穿画布的洞孔，丰塔纳突破了自文艺复兴以来的在二维画布上展现三维画面的绘画传统，尽管在当时现代绘画的新理念已不断涌现，但在丰塔纳看来只有戳洞和切入才能制造和迈入真实的空间。

2. 缝之"切割"

如果说"洞"构成了丰塔纳对艺术词汇的最重要贡献，那么他在1958—1968年间对完成的画作所进行的"切割"（意大利文 Tagli）则构成了他最著名的艺术行为（图 1-54、图 1-55）。"通过切割，丰塔纳试图

❶ 刘永仁. 封达那 [M]. 何政广，主编. 石家庄：河北教育出版社，2005：79-80.

图 1-54 "切割"创作的《空间概念》系列绘画

图 1-55 丰塔纳"切割"绘画的完成过程

把装饰性抛在身后，而去强调姿态的存在性。他需要去除所有多余的构成元素，以建立符号的本体论效力，让符号言语被倾听，这将是丰塔纳余下艺术生涯的基本任务"。❶ 与"洞"一样，丰塔纳将对图像化平面的破坏视为一种具有深远建设性的行为，将画布转变为一层薄膜让观者在体验上超越眼前事物的物质性。皮亚·戈特斯查勒（Pia Gottschaller）认为："切割还增加了时间的维度，当看到切口时，作为观赏者会在心理上追溯穿孔的行为，时间和空间就这样合二为一了。"❷ 这种与画布明显的身体接触被艺术史学家反复地与杰克逊·波洛克（Jackson Pollock）的著名的"泼溅绘画"（Drip Painting）技巧相比较——波洛克在画布上行走时，将颜料滴洒在画布上。两者都在"操作"平面，好像那是需要克服的东西。"波洛克的绘画姿态以极快的速度冲击着他的画作表面，经常从画布的边缘飞出，让人联想到一个集中向外移动的超越绘画的空间；而丰塔纳从表面切入画作背后来抵达真实而隐蔽的空间内心"。❸

　　20世纪50年代后期，以吉原治良为代表的"具体美术协会"（Gutai Group）在大阪创立，热衷于现代艺术的年轻的安藤忠雄通过具体美术协会而得知丰塔纳其人，在回忆与丰塔纳作品的初次邂逅时，安藤说道："只是待我实际站在他的作品面前，过往的印象随之改观，我受到了极大的震撼。我察觉到有个与自己所知道的绘画与雕塑完全不同的世界，正在其中不断地扩散、发展……那个被割裂的锐利切口让我在那瞬间受到了触动，而那似乎在内部隐藏着的深邃性格，则散发出一种残忍而冷峻的味道，因而在那当中存在着一种超越人类感情之外的难以形容和表达的美。"❹ 借助于在画布中穿透的洞和切割出的缝，丰塔纳强有力地打破了传统绘画的二维空间，而创造了绘画中的深度空间的概念。这个新概念既揭示了丰塔纳的深邃心灵，也开启了无穷的宇宙空间。

1.4.3　空间宣言：媒介与观念

　　赫伯特·里德（Herbert Read）在《现代绘画简史》一书中认为："丰塔纳是最早将艺术视为传达现代科学的潮流和能量的艺术家之一，其手段在于在艺术中找到其富有哲理的对应物，而不是仅仅只对技术做解释。"❺ 除了广泛参与各种媒介的艺术创作之外，丰塔纳另一个最主要的活动就是撰写宣言和组织艺术团体，使集体研究和观念出版成为20世纪60年代欧洲艺术的一大特色。

1. 从新媒介到跨媒介

　　1946年，丰塔纳和艺术家同行一起在阿根廷布宜诺斯艾利斯创立阿尔塔米拉艺术学院（Escuela libre de artes plásticas Altamira），同年春天他拟定了《白色宣言》。❻ 在这份文件中，他以其直观经验伴随日新月异的科学发展提出震撼时空的自觉意识，引导艺术家超越物质实验朝向精神

❶❷Pia Gottschaller. Lucio Fontana：The Artist's Materials[M].Los Angeles：The Getty Conservation Institute，2012：58.

❸Michael Auping. Declaring Space[M].Munich：Prestel Verlag，2007：152.

❹（日）安藤忠雄.安藤忠雄都市彷徨[M].谢宗哲，译.宁波：宁波出版社，2006：34.

❺（英）赫伯特·里德.现代绘画简史[M].洪潇亭，译.南宁：广西美术出版社，2014：310.

❻丰塔纳出生于阿根廷，父母皆为意大利人，6岁时随父亲返回意大利米兰定居。1921—1923年、1940—1947年他曾多次返回阿根廷生活和工作。

图1-56 《白色宣言》（左）和
《空间环境》（右）封面

❶ 刘永仁.封达那[M].何
政广，主编.石家庄：河北
教育出版社，2005：38.

❷Pia Gottschaller. Lucio
Fontana: The Artist's
Materials[M].Los Angeles:
The Getty Conservation
Institute，2012：120.

❸ 同本页 ❶：68.

性思考。"《白色宣言》记录了从巴洛克艺术解放出来的空间性，以及强调动力与速度的未来派艺术，这些都是现代艺术的生命特质"。❶《白色宣言》提出：色彩是空间要素，声响是时间运动的要素，它们彼此在时空中进展。这些观点既基于当时未来派艺术家马里奈蒂（Marinetti）和博乔尼（Boccioni）这些探讨空间艺术的前辈的艺术主题，也是丰塔纳随后提出的《空间主义宣言》的前提（图 1-56）。

对丰塔纳来说，艺术实践是他一生的实验，目的是发展并形成技巧，以充分表达他对宇宙独特的看法。他认为，这一任务的一个重要部分是将思想从对物质的奴役中解放出来。"然而，对于任何伟大的艺术家来说，这种追求不是通过退回到精神中来实现的，而是通过沉浸在他的艺术的材料和技术中"。❷ 当他 1947 年从阿根廷回到米兰时，丰塔纳立即与意大利的年轻艺术家取得了联系，这些自称为"空间主义者"的年轻人从新的宇宙学维度中汲取灵感，共同制定了各种《空间主义宣言》，将艺术家与新的空间和技术结构联系起来。丰塔纳在《空间技艺宣言》中主张："时间与空间命名是重要，在于开启结构传统建筑空间存在于万有引力之辨识，优美且包含驱动力。"❸ 他的艺术观融合了智力与感性，用新媒介造型来感受丰盈的意蕴。这一艺术观的来源是对真实空间特质不遗余力的探索，也形成了 20 世纪艺术史上的重要分野。实际上，这一时期的独特之处在于，通过开放的艺术手段，通过依赖新材料与新媒介，直至跨媒介，丰塔纳开始致力于寻找一种可以扩展艺术领域，超越其局限性的艺术冒险。

2. 总体艺术中的空间

丰塔纳以空间开启的艺术观表明了艺术家在战后急切地寻求一个超越自己实践范畴的社会角色。同时，随着 20 世纪初艺术特定媒介与门类之间的瓦解，美学研究最终得以与语境现实联系起来。艺术的定义，如绘画或雕塑开始被颠覆，另一种包括其周围环境的定义被提出，形成了艺术与环境之间的综合统一体。艺术中唯一要考虑的是空间概念，艺术创作成为一种有意识的过程。"丰塔纳有意背离传统，拒绝依赖单一的媒介或方式"。❶在短短的 20 年间从陶瓷到图片，从霓虹灯到混凝土，从装饰到建筑，从形象到抽象，丰塔纳使艺术创作成为"一种有意识的过程，适合于建筑师和社会环境所提供的多变和奇异的情况"。❷艺术创作变成了一种快速而复杂的实践，用以应对从纯艺术到实用艺术的各种领域，这种艺术实践也呼应和体现了"总体艺术"的趋势。

　　"总体艺术"（Gesamtkunstwerk）概念最早由德国作家、哲学家特拉恩多尔夫（Karl Friedrich Eusebius Trahndorff）在 1827 年创造，随后歌剧作曲家瓦格纳（Richard Wagner）将其应用和推广。"总体艺术"首先是一种使用多种或者所有艺术形式来做一个艺术作品的理论；其次，这个理论试图激励人们去摆脱当时因阶级和劳动分工而形成的学科藩篱和人与人之间的隔膜，从而创造出一种属于未来人类的崭新文化；此外，"总体艺术"由艺术家统筹一切，其他参与者像一个集体般为艺术家服务，因为"总体艺术"服务于一个总体的目的——人类精神的圆满。"总体艺术"的概念一方面提醒我们艺术家在创作艺术作品时总是尽可能诉诸人的各种感官感受，并且会调动各种艺术形式，如音乐、戏剧、绘画、雕塑、建筑、电影等去达到最终目的；另一方面，"总体艺术"概念的建立也使建筑在某种程度上成为了众艺术之王，统领室内装饰、壁画、家具和灯光等（图 1-57、图 1-58）。

　　丰塔纳的"空间概念"表明了从美学到社会学，从人类学到艺术，艺术与生活已成了可互换的研究对象。同样，艺术门类、艺术语言和艺术流派之间的界限被打破，从立体主义到至上主义，从达达主义到超现实主义，历史先锋们梦想和促进的语言融合向前发展，并共同对整个艺术表现形式的发展产生了深远的影响。

❶（英）安德鲁·考西. 西方当代雕塑 [M]. 易英，译. 上海：上海人民出版社，2014: 59.

❷Germano Celant.Lucio Fontana Ambienti Spaziali [M]. Milan：Skira editore，2012: 28.

图 1-57　20 世纪中叶意大利现代艺术家团体

图 1-58　丰塔纳为慕尼黑画廊设计的《光方体》(1959)

1.4.4　空间主义：艺术与建筑

丰塔纳认为，意大利人首先在绘画中发明了透视法，扭曲和神秘的空间也是随着意大利巴洛克风格的发展而来。因此，对于一个在意大利工作的艺术家来说，空间是一个特别引人注目的主题。20 世纪早期，意大利人基于对空间、时间和运动的新认识开创了未来主义。丰塔纳紧紧把握时代变化，从艺术流派中设想各种高级形式的艺术演变，提出"空间主义"并建立艺术与建筑的联系。

1. 时代的空间定义

早在 1947 年底，丰塔纳就开始把"空间主义"（Spatialism）作为一种修改未来主义思想的艺术运动来传播。"空间主义者"团体成员包括艺术品交易商、作家、评论家、出版商、哲学家、画家等。可以说，"空间主义"由艺术家和精英知识分子联合发起的一场源于 20 世纪早期未来主义的前卫运动，是战后的艺术现象之一。同时，我们应该注意到，虽然在马列维奇的时代，太空旅行是一种幻想，但在丰塔纳的时代，来自外层空间的无线电信号和第一次载人航天飞机同时出现，这一时刻标志着人类理解太空的一个新视野。对于这些迅速发展的技术突破，丰塔纳的回应是一种哲学立场，既平衡了存在主义的信念，即人类可能在这个广阔的空间中是孤独的，又乐观地认为，纯净的空间本身可能蕴藏着一种精神本质。除了太空探索，阿尔伯特·爱因斯坦（Albert Einstein）的"相对论"也在科学领域缔造了新的空间概念，他认为空间充满能量，"空间不是宇宙天体的舞台背景，而是其中的活跃演员"。❶ 可以说，物理和天文领域的"黑洞"学说似乎也对应着丰塔纳在画布上的行为。

1966 年，在和意大利著名建筑师卡洛·斯卡帕（Carlo Scarpa）合作完成的威尼斯双年展作品《空间环境》（*Spatial Environment*）中，丰塔纳围绕着椭圆形的平面分散布置了 6 片围合式的展墙来陈列他的系列绘画，白色的展厅平面中只有白色的绘画作品，每一幅作品也只有一道割破的刀痕，整个展厅似乎是"切割"绘画的三维版本（图 1-59）。而在 1968 年完成的卡塞尔文献展《空间环境》中，观众进入一个地板、墙壁和天花板都漆成白色的房间，由可见光谱的所有颜色构成了的"氛围"使空间显得活跃和广阔。一系列的斜墙穿过这片"大气"，把它裂成一个迷宫：在神话中，天上的迷宫暗示了行星的神秘运动，也暗示了在创造过程中精神的丧失，以及随之而来的需要寻找回到精神的路途。在这个迷宫的中央，在墙上的一块石膏板上刻上了一个大口子，就像他在绘画中所做的那样，丰塔纳想象出了建筑之外的一个维度，一个包含着用现代技术探索的无限空间的维度（图 1-60）。

❶ 刘永仁. 封达那 [M]. 何政广, 主编. 石家庄：河北教育出版社, 2005：80.

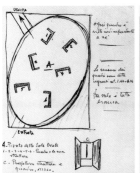

图1-59 《空间环境》设计草图及展厅照片（1966）

图1-60 卡塞尔文献展《空间环境》（1968）

2. 切割空间洞乾坤

回到他引以为傲的"洞与缝"，从第一个孔洞或穿孔出现以来，丰塔纳通过一个简单的手势成功地克服了绘画的幻觉性质，将真实的空间和真实的空洞融入二维的艺术作品中，实现了他在《白色宣言》中提出的关于现代艺术发展的期望：艺术从文艺复兴遗产中解放自己的能力——文艺复兴遗产的一部分是通过透视来创造一种深度错觉，而丰塔纳的画面表面的物理开口意味着在观者所占据的空间和画面空间之间创造的一个连续体。迈克尔·奥平（Michael Auping）认为丰塔纳是在一个空间中建构另一个空间，这一动作可以与巴略特·纽曼（Barnett Newman）的"一块色域中的另一块色域"相媲美（图1-61）。"有人可能会说，丰塔纳的消减操作类似于纽曼的'拉链'，但恰恰相反。当纽曼的'拉链'向前推进时，丰塔纳的切割把我们拉进了画布之后。丰塔纳以画布表面和画作背面之间的黑色缝隙的形式将纽曼的空间密度或厚度字面化"。❶

❶Michael Auping. Declaring Space[M].Munich：Prestel Verlag，2007：153.

图 1-61 巴略特·纽曼创作的被称为"拉链"的色域绘画

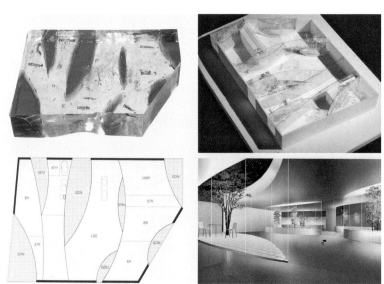

图 1-62 前田纪贞设计的概念性住宅"丰塔纳"（2003）

受丰塔纳绘画的直接影响，日本建筑师前田纪贞 2003 年设计了概念性建筑"丰塔纳住宅"（图 1-62）。前田纪贞解释道："丰塔纳在他的作品中只需要用调色刀撕开画布。它的含义是撕开的行为导致了一个事后的发现，'张力施加在画布表面'，这是肉眼不可见的。'丰塔纳'（住宅）以空气替换画布。场地上原本均匀的空气体积被 7 个拱形装置（花园）所破坏。'自然'会流经这些内部的切口，画出不断变化的轮廓线。"[1] 准确地说这是一个直接以丰塔纳的"切割"作为平面和空间原型的建筑设计：在一个住宅建筑中完成了从绘画（切割空气）到建筑（切割空间）的转换过程，

[1] GA Houses 80[J]. A.D.A. Edita Tokyo，2004：94.

平面上由七条弧形"切割线"构成的空间分别被设计成餐厅、起居室、卧室、庭院空间和天井空间，不同空间之间自然形成视线通透和空间水平叠加的总体效果，从而实现了一种抽象绘画般的空间体验。

再回到"空间主义"，作为"空间主义者"的丰塔纳终其一生描述和创造的空间涉及绘画、雕塑、建筑和城市，但究竟什么是此空间？什么是彼空间？或者，我们有必要分清彼此吗？也许，空间本就是一种科学现象、文化现象和艺术现象，借助于在太空时代开启的对它的理解和想象，我们才可以将艺术和建筑置于更广阔的领域中去体验和探讨。从这个角度来看，丰塔纳在画布的表面穿透和切割之"洞和缝"，并不只是艺术领域中的空间发现，而是在人类的意识和认知中开启的天窗和挖出的深渠。

1.4.5 结语

绘画该走向何方？还是该寻求终结？

打破绘画或雕塑的单一或有限结构是未来主义者在 20 世纪初提出的一次飞跃。1921 年，马列维奇的俄国同事亚历山大·罗德琴科（Alexander Rodchenko）创作了一系列具有开拓性的单色绘画，他认为这是绘画的终结，并在他和他的同时代先驱的抽象宇宙中创造了一个空洞。30 年后，丰塔纳用存在主义的反讽和哲学思考重新诠释了这一结局，拓展了抽象的空间边界，在 20 世纪后期提出了新的空间定义：空间既是日常体验的一部分，源自城市、建筑、室内；也是想象：绘画、雕塑，艺术想象，以及人类已经开启的外太空体验。

丰塔纳给他的许多画作配上了"等待"的副标题，暗示他对空间的探索是艺术发展的持续过程的一部分。在许多方面，丰塔纳的艺术开创了一个巨大的空间，这个空间既没有为绘画、雕塑和建筑画上分号，也没有为他本人的艺术发展画上句号，而是为 20 世纪下半叶的综合艺术开创了一个新的篇章。

第 2 章

影像之城：摄影、电影中的城市与建筑

City of Image：The City and
Architecture in Photography and Film

2.1　建筑·生活·影像：朱利斯·舒尔曼和建筑摄影
2.1　Architecture，Life，and Image：Julius Shulman and Architectural Photography

一张伟大的照片何为？

一张伟大的建筑照片何为？

1960 年 5 月，建筑摄影师朱利斯·舒尔曼（Julius Shulman，1910—2009 年）拍摄了也许是美国建筑摄影史上最著名的一张照片——由建筑师皮埃尔·库宁格（Pierre Koenig）设计、建成于洛杉矶的案例研究住宅 22 号。这张照片不仅记录了一座现代建筑杰作，还成为第二次世界大战后美国理想主义的象征加州梦的现实版本（图 2-1）。

这张被舒尔曼称为"两个女孩"的照片记录了一个属于美国人民的甜美瞬间：两位年轻女孩悠闲、优雅地坐在椅子上，透明玻璃构成的客厅漂浮在洛杉矶的上空，远处的灯光和建筑融为一体，指向无尽的未来……

但随后，骚乱的 20 世纪 60 年代和 70 年代改变了一切：蕾切尔·卡逊（Rachel Carson）的著作《寂静的春天》❶问世，肯尼迪兄弟和马丁·路德·金的遇刺、洛杉矶瓦兹街区的动乱、越南战争、水门事件、石油危机……这一切让美国民众告别了过去的天真幻想。由此，舒尔曼的这张照片成为美国人民对幻想破灭前的完美生活和美国式文明的一种共同怀旧。

❶ 蕾切尔·卡逊（Rachel Carson）的《寂静的春天》是人类首次直面环境问题的著作，也是人类环保运动的里程碑，卡逊于 1980 年获美国"总统自由奖"。

图 2-1 舒尔曼拍摄的案例研究住宅 22 号的照片已成为一个时代的缩影

2.1.1 建筑影像与现代生活

沃尔特·本雅明（Walter Benjamin）认为："每个人都会发现，在一张照片中得到一幅画，或者是一件雕塑，尤其是一座建筑比在现实中要容易得多。"❷也就是说通过摄影，人们能够相对轻易地掌握建筑。对建筑摄影师舒尔曼来说，他的职业生涯既见证了现代建筑的发展，也构成了视觉文化的一部分。

❷ Alona Pardo, Elias Redstone. Photography and Architecture in the Modern Age[M]. Munich: Prestel Verlag, 2014: 27.

1. "加州"光影

舒尔曼出生于纽约，1920 年随父母移居洛杉矶，此后一直居住、工作于加利福尼亚州，与同时期主要在美国东岸工作的建筑摄影师埃兹拉·斯托勒（Ezra Stoller，1915—2014 年）❸并称为战后美国建筑摄影界的"东西双雄"。原本在加州大学洛杉矶分校学习审计学的摄影爱好者舒尔曼因为一个偶然的机会得到了建筑师理查德·诺伊特拉（Richard Neutra）的赏识并被引荐进入建筑摄影界。除了诺伊特拉之外，舒尔曼的客户名单还包括弗兰克·劳埃德·赖特（Frank Lloyd Wright）、埃罗·沙里宁（Eero Saarinen）等众多美国著名建筑师，舒尔曼通过镜头来记录 20 世纪的美国现代建筑，使这些建筑留下时代变迁中的影像（图 2-2）。

❸ 美国建筑摄影家伊萨·斯托勒是现代建筑功能主义的忠实信徒，留有"若可读图，文则多余"的建筑摄影名言。

19 世纪 30 年代摄影术发明后，由于加利福尼亚州临近太平洋，阳光充足、气候宜人，加之"加州人"与生俱来的艺术创造力，建筑摄影作为一种对生活环境的描绘手段很快在加州开始盛行。第二次世界大战后，受

图 2-2 1936 年舒尔曼拍摄的诺伊特拉设计的昆氏住宅成为他进入建筑摄影界的"敲门砖"

益于经济的复苏和城市的重建，年轻的摄影家迅速成长，作为战后建筑摄影家代表的舒尔曼，其摄影的手法和拍摄对象都与战前的建筑摄影家有所不同。

首先，舒尔曼的建筑摄影表现为一种"加州梦"的现实版本，而不再是美国旧时代的穷街陋巷，明媚的阳光、持续的阴影构成了舒尔曼摄影的基调；其次，舒尔曼的照片还流露出一种无法掩饰的与时代背景相关的乐观情绪，既是对舒适当下的即时记录，更是对美好明天的乐观想象；此外，在舒尔曼的镜头之中，居住转化为一种生活方式，建筑转型为一种消费品。在传统的建筑摄影中，表现主体永远是空间、结构、形式，即使出现人的身影在其中，也只是为了体现尺度与渲染气氛。与传统的建筑摄影有别，舒尔曼的照片中常常会出现较为前景或近景的人或成组的人，这些衣着时尚、举止优雅的人与建筑室内中线条简洁、造型新颖的家具的组合，成为人们对 20 世纪中期美国中产阶级舒适、优雅、富有情趣的生活的集体记忆（图 2-3、图 2-4）。

图 2-3　舒适优雅的中产阶级生活场景是舒尔曼建筑摄影的主题之一

图 2-4　位于照片前景的人和物进一步渲染了生活的氛围

2. 视觉文化

舒尔曼镜头中优雅的生活方式取代了传统的居住概念，建筑则成为一种生活方式的载体与容器，它们既完美地体现了建筑师的设计理念，又和美国的消费文化紧密结合，建筑也随之成为一种新时代的消费品。由此我们可以认为，虽然实体建筑具有一定的独立性，但一张它的照片可以将它孤立、定义、解释、夸大甚至创造出一种独立于实体建筑之外的文化价值。正如大卫·康普里（David Company）所言："我们甚至可以说，建筑（Building）的文化价值之所以成为我们所说的建筑学（Architecture），它与摄影密不可分。"❶ 拍摄于 1947 年的由诺伊特拉设计的考夫曼沙漠之家（Kaufmann House）是舒尔曼的另一幅传世之作：现代主义风格的住宅沐浴在落日的余晖中，开敞、透明的建筑空间与远处的群山、近景的游泳池一起营造了一幕休憩于广阔天地之中的介于真实与虚幻之间的景象（图 2-5）。建筑摄影研究学者罗伯特·伊尔华（Robert Elwall）认为这张照片足可以媲美德国表现主义画家弗里德里希（Caspar David Friedrich）绘画中的那种"雾气腾腾"的、带有迷幻色彩的光线效果。与案例住宅 22 号照片描绘的美国战后的安逸景象相对应，这张沙漠之家的照片展示了现代主义建筑与环境结合后产生的无限可能，在使民众深深着迷的同时，还成为探求美国现代梦的有力工具。

"第二次世界大战后的摄影实践中引入了一种乐观的精神，拥抱了彩色摄影的魅力表现力并在随后的摄影媒介中广泛使用来呈现一种现代生活方式。同样，现代主义建筑也调解了高速发展的技术和第二次世界大战后

❶ Alona Pardo, Elias Redstone. Photography and Architecture in the Modern Age[M]. Munich: Prestel Verlag, 2014: 27.

图 2-5　舒尔曼拍摄的考夫曼沙漠之家展现了建筑与环境的完美结合

❶ Alona Pardo, Elias Redstone. Photography and Architecture in the Modern Age[M]. Munich： Prestel Verlag, 2014：18.

❷ Sam Lubell. Douglas Woods. Julius Shulman Los Angeles：The Birth of A Modern Metropolis[M]. New York：Rizzoli International Publications, 2016：26.

❸ Therese Lichtenstein. Image Building：How Photography Transforms Architecture[M]. Munich： Delmonico Books, 2018： 24.

社会的现代化"。❶ 舒尔曼作品的沉稳构图和巧妙运用光线，不仅推广了家居设计的新方法，也推广了理想的加州生活——阳光明媚的郊区生活，在光滑宽敞的住宅中展现出来，这些住宅以玻璃、泳池、庭院和露台为特色，充满了当时的社会原型（Social Archetypes）和视觉文化符号。这种影像符号既是建筑的，更是生活的和文化的。建筑历史学家托马斯·海恩斯（Thomas Hines）甚至认为："如果没有舒尔曼的照片，我们对（洛杉矶）这座城市成就的记录将是不完整的。"❷

2.1.2　美国梦的图像转绘

建筑图像诠释了摄影不是一种被动的纪实媒介，而是一种变革性的媒介，正如本雅明在 1934 年指出的那样："如果不转绘（Transfiguring）它，就无法拍摄一栋公寓或一堆垃圾。"❸ 像肖像摄影一样，建筑摄影着眼于表面，但又充满了揭示个性、主张独特性的定义和存在感的色彩；像静物摄影一样，它也涉及隐喻；像广告和时尚摄影，建筑摄影美化和销售。就像通过摄影来表达自己的艺术一样，建筑摄影可以很容易地引发问题，也可以很容易地回答问题并成为建筑实验和实践的一部分。

1. 案例研究住宅（CSH）

纵观舒尔曼建筑摄影生涯的成功，一方面来自于加利福尼亚州得天独厚的自然地理与气候条件，另一方面也与 20 世纪加利福尼亚州地区各种现代建筑的先锋实验紧密联系。第二次世界大战后的繁荣和数百万士兵的回归带来了一系列迅速的变化，改变了美国的面貌。1944 年的《退伍军人安置法案》和 1956 年的《联邦援助高速公路法》等新的政府补贴信贷和金融项目得以建立。中产阶级从城市向郊区的迁移意味着需要更多的汽车、交通系统和廉价住房。人口增长带来了建筑热潮，这激发了最早的前卫乌托邦实验之一——案例研究住宅计划（Cases Study Houses，简称 CSH）。1945 年，《艺术与建筑》（*Art & Architecture*）杂志的出版人兼编辑约翰·恩特扎（John Entenza）发起这一项目，其目标是通过委托顶尖建筑师设计能够以低廉成本批量生产的现代主义住宅的原型来支持美国人拥有住房的梦想。这些设计不仅代表了一种新型的经济适用房，也表达了一种理想化的现代生活方式。

"案例研究住宅"计划从 1945 年发起直至 1966 年停刊共设计了 36 个方案，最终建成了 26 座住宅，而舒尔曼一人就拍摄了其中的 18 座。除了最著名的 22 号住宅，20 号、25 号、伊姆斯住宅（Eames House，即 CSH8 号住宅）等都成为 20 世纪中期现代住宅摄影的典范。如果说在现代建筑史中，案例研究住宅的辉煌是由诺伊特拉、沙里宁、皮埃尔·库宁格（Pierre Koenig）、伊姆斯夫妇（Charles and Ray Eames）、克莱格·伊尔伍德（Craig Ellwood）等建筑师造就的，那么关于这段传奇的影像记录

图 2-6　舒尔曼拍摄的案例研究
住宅系列照片已成为一个时代的
集体记忆

图 2-7　舒尔曼拍摄的伊姆斯住
宅及其室内的查尔斯·伊姆斯

的最大贡献者非舒尔曼莫属。案例研究住宅原本是在 20 世纪 40 年代由加利福尼亚州建筑师针对第二次世界大战后美国的城市与居住现状提出的一种成本低、建造周期短、空间现代、形式简洁的现代住宅设计概念，但最终建成的建筑随着《艺术与建筑》杂志的发行而走红美国及欧洲，凭借舒尔曼拍摄的瞬间影像，最后竟然成为美国中产阶级理想生活方式的一种象征与代言，影像传递了空间体验，这一点无疑与照片中展现的优雅、新颖、舒适的生活方式有关（图 2-6、图 2-7）。

2. 舒尔曼住宅

20 世纪 40 年代，舒尔曼在好莱坞山购置了一块土地，由于他的工作性质，这时他已熟知加利福尼亚州大多数的建筑师，可以委托他们中的任何一位为自己设计这栋住宅，他甚至一度有过一个"荒唐"的念头——邀请几位建筑师共同设计，每人设计一个房间，幸好这个念头被他的好朋友建筑师拉斐尔·索里亚诺（Raphael Soriano）阻止了："这毫无可能，就像你不可能要求 10 个厨师一起做出一道菜一样。"[1] 1947 年他正式委托索里亚诺设计自己的住宅兼工作室。

舒尔曼住宅的设计是伟大的建筑师和摄影家之间的一次密切合作，彼时索里亚诺已经是南加利福尼亚州一带因惯用钢结构和新技术而闻名的建筑师，作为建筑摄影家的舒尔曼不仅知道自己需要的建筑和空间，尤其重

[1] Wolfgang Wagener. Raphael Soriano[M]. London：Phaidon Press，2002：79.

 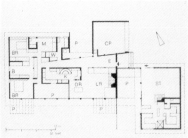

图 2-8　施工中的舒尔曼住宅及
其平面图

图 2-9　舒尔曼住宅的过渡空间
与住宅南向挑出的外廊

要的是他知道如何与建筑师交流和沟通。舒尔曼认为现代住宅缺乏室内外之间的过渡空间，没有表现出对加利福尼亚州强烈阳光的适应性应对，因此在与索里亚诺多次沟通之后，建筑不仅在朝阳面取消了通常外置的柱子，设计了长向的出挑檐口和两个特别凸出的"阳光房"，而且在工作室和居住空间之间设计了一个颇具先锋色彩的屏风般的门廊空间（图2-8、图2-9）。这座造价只有 4 万美元的建筑不仅在 1987 年入选洛杉矶文化遗产名录，成为索里亚诺设计作品中唯一入选的钢构住宅，更是深得舒尔曼的喜爱，建成后的 50 多年中他一直居住、工作于此。1978 年他在一封给索里亚诺的信中写道："随着时间的流逝，我们的住宅愈发展现出一种精神上的愉悦，这是一个各方面完成度都很高的建筑。当然，这和我们每天 24 小时在使用它有关。我之所以这么说是因为在过去的数年里我的确很少看到'完整'的建筑，大多数建筑都是缺少真实居住感的一种装饰的诡计和虚假的动人。"[1] 由此可见，除了建筑的空间和造型本身，舒尔曼关注的重点在于人的行为与建筑空间之间的相互关系以及"家"所包含的美国式的生活内涵。

[1] Wolfgang Wagener. Raphael Soriano[M]. London: Phaidon Press，2002: 83.

2.1.3　作为媒体的建筑摄影

勒·柯布西耶将建筑视为"体量与光的游戏"，而按照建筑摄影先驱艾瑞克·梅尔（Eric de Mare）的定义，建筑摄影就是"光的建造"（Building with Light）。摄影作为一种媒介一直深刻地影响着建筑的传播、研究与实践，即使在今天，我们对一栋建筑的第一印象依旧往往来自于杂志、书籍或网络上的照片，而不是建筑本身。美国建筑师卢塞尔·林斯（Russel Lynes）早在1960年便撰文声称："建筑摄影的主要作用是提升阅读者的建筑品味，而不是仅仅关注于建筑好坏的判断，建筑摄影应该关注整体风格胜于空间构成。"[1] 研究舒尔曼的作品，我们可以发现他揭示了作为媒体的建筑摄影的主要观念和技法。

1. 真实与虚幻

在《视觉语言》（1944年）一书中，艺术家和设计师乔治·凯普斯（Gyorgy Kepes）描述了视觉语言如何能够具有比其他交流工具更有效地传播知识。这有助于解释为什么建筑师和摄影师一直渴望合作，在整个20世纪，不仅是建筑期刊，发行量更大的大众传媒杂志也寻找形象鲜明的图片来报道前卫的建筑。舒尔曼曾讲述过20世纪中叶美国的情况："当时建造的建筑让大多数人感到震惊，杂志一直在寻找这样的故事，因为他们知道这会很有趣。"[2] 而当被问到面对不同建筑师的作品他的拍摄手法是否有异时，舒尔曼说道："老实说，我的回答很简单。只要我能客观地与每个建筑师的主题相关联，我的场景创作就没有差异。我对平面、场地和设计元素的提取并不复杂，只需要我把它们有序地、引人地组合在一起……我清晰地阅读空间规划并在场景之中建立相互作用的过程。"[3] 舒尔曼的摄影基于一种让读者从视觉上来理解建筑对象的努力，或者说让建筑成为一种"可视"。摄影是瞬间的记录，纪实摄影大师卡亨利·蒂尔-布列松（Henri Cartier-Bresson）将之理解为"决定性瞬间"（Decisive Moments）。建筑摄影的任务是以静态的画面记录建筑空间的瞬间影像，而鉴于他所能表现出的建筑空间的吸引性，我们是不是可以将建筑摄影称为"魔幻时刻"（Magic Moments）呢？

至少，在舒尔曼的建筑摄影中，这种介于真实与虚幻的技法无处不在。1963年，在拍摄诺伊特拉设计的马斯龙住宅（Maslon House）客厅的照片过程中，这种"真实与虚幻"不仅是一种态度，还表现为建筑师和摄影师之间的观念差异。舒尔曼将诺伊特拉的方法称为"家具的重置"：当舒尔曼最初按照诺伊特拉的指示拍摄照片时，诺伊特拉几乎移走了室内的所有家具和艺术品，它的住宅概念是一个"空的房间"。两周以后，舒尔曼主动要求重返马斯龙住宅，拍下了马斯龙太太的真实居住场景：沙发、窗帘、餐桌、茶几上的摆件、房间中的雕塑，甚至花园里正在洒水的水龙头（图2-10）。

2. 消费时代造景术

在马斯龙住宅的拍摄中，舒尔曼似乎更多强调一种真实性的居住空间，但其实他还有很多独创的"造景术"。在舒尔曼1954年为《优秀

[1] Robert Elwall. Building with Light: The International History of Architectural Photography[M]. New York: Merrell Publishers, 2004: 162.

[2] Therese Lichtenstein. Image Building: How Photography Transforms Architecture[M]. Munich: Delmonico Books, 2018: 30.

[3] Peter Gössel. Julius Shulman: Architecture and its Photography [M]. Köln: Taschen Verlag GmbH, 1998: 128.

图 2-10 马斯龙住宅照片对比：
左为建筑师设计的"空房间"，
右为摄影师记录的真实场景

图 2-11 舒尔曼的利用"便携
花园"来完成拍摄的"造景术"

家居》（*Good Housekeeping*）杂志拍摄一组住宅照片的工作照中可以发现，舒尔曼利用了一种被他称为"便携花园"（Portable Garden）的可移动树枝制造了一种建筑被树林与花木环绕的"景框"假象，同时也巧妙地遮挡了建筑后的电线杆（图 2-11）。当然，舒尔曼本人并不认为这种方式虚假或虚幻，而是一种对建筑照片的必要"装饰"（Dressing the Photography）。在舒尔曼的职业生涯中，他也曾经因为使用红外线胶片拍摄建筑而受到一些专家的质疑，他们认为红外线胶片的拍摄效果不是场景的真实写照，舒尔曼在回击这一质疑时再一次流露了他的建筑摄影观，他说："摄影看到的场景并不仅仅限于人眼所见，利用各种胶片有助于找到真实的属于场所的效果，而不仅仅是通常意义上的'看到'的场景。"[1] 由此可见，对舒尔曼而言，建筑摄影不是建筑本身，而是"印象影像"（Memory Image），是建筑图像的再现和复制。

阿罗纳·帕多（Alona Pardo）将建筑摄影分为三种类型：委托建筑摄影（Commissioned Architectural Photography）、概念策略（Conceptual Strategies）和纪实现实主义（Documentary Realism）。舒尔曼的建筑摄影显然归类为委托建筑摄影，这一点和他摄影生涯的服务对象有关，也构成了他的建筑摄影观。除了为前文提到的《建筑与艺术》、《优秀家居》等杂志服务外，舒尔曼还为《住宅与花园》（*House and Garden*）、《生活》（*Life*）等杂志拍摄照片，这些杂志并不是严格意义上的建筑专业杂志，而更多地属于时尚杂志的范畴，是利用现代建筑的新颖空间来推销一种全新的生活

[1] Joseph Rosa.A Constructed View：The Architectural Photography of Julius Shulman[M].New York：Rizzoli International Publications，2004：77.

方式与居住理念。因此，在这种情形下，表现生活方式居于空间设计之上，表达消费文化胜过建筑文化，也就不足为怪。

1992年，在题为《我的奥德赛》的回顾中，舒尔曼写道："在我的职业生涯中，我一直在问自己，为什么我会成为一名建筑摄影家？在我的童年时代，我没有任何与建筑和摄影相关的接触，唯一和建筑或摄影有关的应该是从孩提时代开始我就持续关注自然界，对我来说，自然是一直有序可循的。因此（建筑）设计并不是我最初的摄影目标，我的目标是建筑中表现出的自然的图案和形式。"❶ 自然融合了城市与建筑，而在美国文化潮流中，舒尔曼的摄影几乎与牛仔电影同时发生，正如牛仔电影将西部神化，他的摄影变幻出充满激情与冒险的美国往事（图2-12）。

2.1.4　结语

朱利斯·舒尔曼的摄影从不展示房屋，它们展示的是这些房屋所承诺的。

—— 尼克拉斯·迈克（Niklas Maak）❷

图2-12　舒尔曼的摄影见证了美国现代建筑的发展

建筑摄影在今天可谓处于艺术的分界点。一方面，以建筑作为题材的摄影大量涌现，如杉本博司的"建筑"系列、安德里亚斯·古尔斯基（Andreas Gusky）的"室内"系列、托马斯·斯特鲁斯（Thomas Struth）的"街景"系列等，这类作品往往个性鲜明，相对易于识别，但建筑更多的只是作为艺术观念的载体，这类作品并不能归入严格意义上的建筑摄影范畴。

另一方面，纯粹以传播、记录建筑为目的的建筑摄影作品虽说有落入图像化陷阱的危险，但在形式上还是具备一定的客观性，因此一张或一组照片很难详尽特定建筑摄影师的个人摄影风格和技术特征。对于现代建筑摄影师的研究，应该基于该摄影师一段时期的大量摄影作品的分析。从这点来看，舒尔曼不仅可以通过单张照片传神地把握住个体建筑于历史长河中的"惊鸿一瞥"，还可以通过持续的拍摄来记录一个时代的国家生活肖像，照片的表象之后是一段生活方式与时代变迁的影像记忆。或者说，舒尔曼的照片超越了简单的建筑表现与记录，而直指生活本身，成为一种生活方式的蓝图与范本。

❶ Joseph Rosa.A Constructed View：The Architectural Photography of Julius Shulman[M].New York：Rizzoli International Publications，2004：214.
❷ Hans-Michael Koetzle. Photographers A-Z [M]. Köln，London：Taschen Verlag GmbH，2015：533.

2.2　都市风景的空间线索：加布里埃尔·巴西利科的摄影

2.2　The Spatial Clues of Urban Landscape: On Gabriele Basilico's Photography

城市风景（Cityscapes）

城市之间（Intercity）

中断之城（Interrupted City）

散乱之城（Scattered City）

……

城市，构成了加布里埃尔·巴西利科（Gabriele Basilico，1944—2013年）摄影生涯的影像主题，也见证了诞生于城市和工业发展时期的摄影对都市观看方式的直接影响。

20 世纪中叶的意大利摄影界，深陷批判现实主义和新现实主义的光辉与遗泽中。20 世纪 70 年代末，意大利文学界和摄影界率先对现状发起责难，以巴西利科为代表的意大利新一代摄影家立足欧洲，融合建筑学观点与摄影表现力，以城市影像入镜，用摄影记录城市景观、都市发展和后工业时期的社会风景，提供了城市发展的空间线索（表 2-1）。

表 2-1　加布里埃尔·巴西利科城市摄影代表作品年表

阶段	时间（年）	作品 / 拍摄地点	合作部门 / 合作人
阶段一： 意大利时期	1978—1980	米兰：一幅工业肖像	《米兰城市规划》杂志
	1996—1998	意大利：一个国家的剖析	斯特法诺·博艾尼（建筑师）
阶段二： 熟于欧洲	1984—1985	海之边缘（法国）	法国领土整治暨地方发展局
	1991	贝鲁特中央区	多米尼克·艾迪（作家）
阶段三： 延至世界	2007	硅谷（美国加州）	旧金山现代艺术博物馆
	2012	第 13 届威尼斯双年展《展厅》	Diener&Diener 建筑事务所

2.2.1　城市从何而来？

　　加布里埃尔·巴西利科 1973 年毕业于米兰理工大学建筑系，20 世纪 70 年代正值意大利"想象的力量"思潮盛行，这一文化重建的潮流影响了建筑界，"富有社会意义""具有生活气息"的建筑成为建筑学的重要理念，有着摄影抱负的巴西利科在这一理念的影响下将职业由建筑设计转向城市与建筑摄影，立志以影像创作探索城市的空间真相（图 2-13）。

图 2-13　巴西利科早期作品"米兰：一幅工业肖像"（1978—1980 年）接近于传统建筑摄影

图 2-14　巴西利科拍摄的海港
系列显示了城市的边缘特征

城市从何而来？在传统城市理论与建筑学认知中城市一般由旧城市中心的扩张与蔓延而来，城市因此也有着明确定义的中心与边缘，但巴西利科的摄影证明了城市多重起源的可能性。

1. 边缘

1984 年，受法国领土整治暨地方发展局（D.A.T.A.R.）邀请，巴西利科参与电影《海之边缘》的创作，记录法国境内的城市和乡村景象。他拍摄了法国 16 个海边城市，从东北部的敦刻尔克港到南部的天主教圣地圣米歇尔山，展现了城市的地缘、地理与城市的关系认知。20 世纪 90 年代，巴西利科拍摄了众多欧洲城市的都市风景，他将影像描绘的重点置于城市边缘地段，如海港、郊区、新兴工业区，在再现城市地缘特征的同时记录了 20 世纪后期欧洲城市无法阻挡的工业化变迁与城市化进程（图 2-14）。

在巴西利科 1999 年出版的《城市风景》一书的序言中，葡萄牙建筑师阿尔瓦罗·西扎（Alvaro Siza）提到了一段往事：20 世纪 70 年代，巴西建筑师卡洛斯·尼尔森（Carlos Nelson）拍摄了一组题为"从贫民窟到城市"的关于巴西城市的照片，这组照片揭示了城市是从偏远的贫民窟和低等区发展而来，而非源自大多建筑师概念中的旧城市中心。❶ 西扎认为巴西利科的摄影不仅同样揭示了一些欧洲城市起源于"边缘"这一事实，而且引发了城市规划和建筑学领域对城市起源的深入思考。

2. 中心

建筑学教育背景的巴西利科对城市中心的判断与认知源自专业的考

❶Filippo Maggia, Gabriele Basilico. Gabriele Basilico: Cityscapes [M]. London: Thames and Hudson, 1999:6.

图 2-15　马德里城市中心（左）、巴黎德方斯新区中心（右）

察，因此对他而言城市中心也就成为一个多重意味之场所。在此，两张城市中心照片的对比可以说明这一点（图 2-15）。在介绍 1993 年拍摄的马德里中心照片时巴西利科写道："无论是从历史还是城市规划的角度，格兰大道（Gran Via）都是马德里的城市中心的纪念性街区。因此我决定在影像中融入更多的街道语言元素：路灯、斑马线来定义空间并强调城市中心的活力。"[1] 巴西利科认为当代的建筑景观常常塑造一种人造的虚假天堂：充满了步行空间、摩天楼、广场、玻璃幕墙，这种单一的空间造成了人性尺度和识别性的缺失。1997 年他拍摄了巴黎德方斯新区中心，"面对德方斯这样一个新建城区，我很诧异地感受到如此迷人的人造空间带给我的却是轻微的模糊，充满了一种不安和下意识的悲伤"。[2] 由此可见，在城市中心的影像创作中他所在意的是一种历史的、人性的、生活气息的城市空间，而在缺乏人文和文脉的千篇一律的新城中心，"尽管采用了和经典作品相似的构图，但影像中却布满了荒凉与挑衅"。[3]

2.2.2　城市何去何从？

城市风景与城市的工业发展、城市建设紧密相连。巴西利科认为："随着城市的发展，城市由一个有着明确定义的中心和边缘的整体消解为一个半自治的松散的混合物，其无政府状态甚至延伸至乡村。"[4] 因此，他试图通过城市与建筑摄影来建立一张"地图"：经过充分推断的，可以全面展现城郊工业与都市风景的地图。在这个目标的基础上，他逐步明确了两个创作基点：一是记录城市静态的无序节点；二是记录城市动态的物理变迁。

1. 工业

工业是城市发展的见证，也构成了一种特殊的建筑类型。巴西利科多次提及德国类型学摄影大师贝歇夫妇（Bernd Becher and Hilla Becher）在摄影题材、美国纪实摄影巨匠沃克·埃文斯（Walker Evans）在摄影观念上对他的影响。但仔细分析，他的城市摄影恰恰是贝歇夫妇类型摄影的对立面——贝歇夫妇将工业建筑系列性地并置，基于形态的相似，从环境中抽离。这些工业建筑一旦独立于环境与场所，其仅仅成为一座雕塑

[1] Francesco Bonami, Gabriele Basilico[M], London: Phaidon, 2001: 63

[2] 同本页 [1]: 68.

[3][4] Robert Elwall. Building with Light: The International History of Architectural Photography [M]. New York: Merrell Publishers, 2004: 223, 199.

图 2-16 贝歇夫妇的工业建筑
类型摄影

图 2-17 巴西利科拍摄的米兰
地区工业建筑

（图 2-16）；而巴西利科以一名建筑师——摄影师的情感参与城市，他镜头
中的工业建筑既是城市风景的一部分，也是城市脉络的一部分（图 2-17）。
沃克·埃文斯的摄影则指引了巴西利科城市风景的艺术追求，正如他所言：
"埃文斯将摄影转变为记录，将记录转变为艺术，最后将这种艺术转变为
一种不寻常的社会价值。" ❶

❶ Walter Guadagnini,
Giovanna Calvenzi. Gabriele
Basilico: I Listen to Your
Heart, City[M]. Milan: Skira,
2016: 32.

2. 风景

在艺术史中，风景艺术家一直扮演着重要的角色。不管是描绘自然风景还是观察城市结构，风景艺术家的目的都是给观者提供一种风景文献来映射城市历史文脉与当代自然。对巴西利科长期关注的意大利艺术史学家弗朗西斯科·波那密（Francesco Bonami）认为："如果说 17 世纪之前艺术的主题是人的话，那么从巴洛克艺术时期开始，空间与建筑成为现实再现艺术的核心元素。"[1] 巴西利科在回忆自己的摄影生涯时写道："在我投身都市建筑和风景摄影之前，我着迷于报道摄影，但最终空间慢慢地取代了事件和人物成为我关注的全部。"[2] 由此可以看出空间融入城市风景影像是一个自然发生的过程。

巴西利科从工业化的城市影像中发现了与传统自然风光关联的社会风景的脉络。"北欧的那些城市，狂风的海面、深远的天空、低沉的云层、暴雨、狂风、多变的光影……向我打开了一扇通向风景的大门"。[3] 自然风景与人工构筑物混合成为一种被他称为"城市风景"的工业化城市的象征物，他在这些城市风景影像中延续了 17 世纪北欧绘画、18 世纪意大利风景画家对城市的描绘，构成了他的都市摄影的一个重要特征：对传统绘画的联想。同时，也使他发现了城市摄影的重要特征：都市风景既是真实世界与影像之城的"中介物"，也是真实与想象的"合成物"。

2.2.3　城市的再生

20 世纪 60 年代末至 70 年代可以视为第二次世界大战结束后人类的一个乌托邦时代，西方的价值观念与生活方式得到广泛传播。但巴西利科意识到流行文化并不能清晰地展现位于社会、经济、战争、开发危机中的城市，因此他决定将目标转向城市里的建筑——所谓"时代创伤"和"时代奇迹"的代表物，将它们视为城市再生的见证物。

1. 战争

1975—1989 年间，黎巴嫩经历了惨烈的内战，首都贝鲁特被一分为二，尤其是 1982 年以色列军队与巴勒斯坦解放组织的激烈战斗，对贝鲁特造成了严重的破坏。1991 年，巴西利科受邀与黎巴嫩作家多米尼克·艾迪（Dominique Edde）合作，拍摄了一系列关于贝鲁特中央区的图片。"贝鲁特的城市结构清晰明确。然而，从远处眺望这座城市，现在的它犹如患上皮肤病一样，战争后满目疮痍的景象十分骇人。荒谬的战争带来了可怕的病痛，我想我应该通过摄影来重建这座城市的建筑和街区、记忆和发展。"[4] 巴西利科将之与意大利画家、建筑师皮拉内西（Giovanni Battista Piranesi，1720—1778 年）创作的古罗马的废墟场景产生联想：废墟既是过去的战争给城市带来伤害的见证，也意味着城市再生的可能。因此，巴西利科拒绝在贝鲁特的拍摄中将废墟描绘成风景或雕塑的所谓艺术化表

[1]Francesco Bonami, Gabriele Basilico[M]. London：Phaidon, 2001：9.

[2]Gabriele Basilico and Achille Bonito Oliva.Gabriele Basilico Work Book 1969—2006[M].New York：Dewi Lewis Publishing, 2007：1.

[3]Walter Guadagnini, Giovanna Calvenzi. Gabriele Basilico：I Listen to Your Heart, City[M]. Milan：Skira, 2016：24.

[4]同本页 [3]：29.

图 2-18　1991、2003、2008、2011 年巴西利科拍摄的贝鲁特见证了城市的伤口与重建

现，而是将城市视为一个主体，以整体性的城市影像来重塑城市空间。

2003、2008、2011 年巴西利科又先后三次重返贝鲁特，陆续记录了贝鲁特战后重建的过程与城市的发展。贝鲁特系列影像作为他的摄影作品中时间跨度最长，也是影响力最大的系列作品，不仅记录了城市的伤口及其愈合的过程，也再现了人类的破坏力与建设力（图 2-18）。

2. 开发

面对城市开发，巴西利科最初表现为一位剖析者和批判者。1996 年威尼斯双年展中，巴西利科和建筑师斯特法诺·博艾尼（Stefano Boeni）合作完成了"意大利：一个国家的剖析"，用影像记录、分析了意大利的 6 个地理不同但边缘类似的城市新区，这个系列作品在见证新区发展的同时也例证了他的忧虑："遍布全国的缺乏克制的建设，城市面临着进一步无度的开发。"❶

2011 年，布雷西亚市马西姆·米尼尼画廊（Galleria Massimo Minini）邀请巴西利科与美国观念艺术家丹·格雷厄姆（Dan Graham）共同完成了"无识别的现代城市"展览：两位艺术家共同拍摄布雷西亚城市街景并展开对谈探讨城市开发与景观问题。巴西利科在对谈中首先认为当代城市发展的同质化带来了城市空间与景观个性的丧失，同时他也坦承罗伯特·文丘里（Robert Ventuni）《建筑的复杂性与矛盾性》《向拉斯维加斯学习》等著作对其城市观的影响，"文丘里教会我们应以新鲜的、清醒的眼光观察与接收城市风景，我使用'民主'一词——将伟大的建筑与普通的建筑与场所一视同仁……我对城市的物理变迁感兴趣，我仔细观察城市构筑物

❶Francesco Bonami, Gabriele Basilico[M]. London: Phaidon, 2001: 24.

图 2-19　巴西利科 2010 年拍摄的上海

如何对城市发生作用，城市中的历史建筑和现代建筑都是城市整体的一部分"。❶ 由此可见，面对城市开发改变的城市风景，21 世纪的巴西利科的观念发生了一定的变化，源于建筑学的思考使他以乐观的社会进化论的态度来整体性地看待城市变迁（图 2-19）。

❶ Gabriele Basilico，Dan Graham. Unidentified Modern City[M]. Brescia：Galleria Massimo Minini，2011：60.

2.2.4　人—建筑—城市

当我们阅读城市影像时，城市中的人、人群，甚至交通都被影像自然地吸收而成为都市风景的背景，这种现象自摄影诞生之日甚至在摄影之前的绘画中就存在。巴西利科摄影的主题是城市地形学（Urban Topography）和社会风景（Social Landscape）。因此，"人—建筑—城市"的尺度变迁恰好与影像中的前景、中景和远景达成了一致。

1. 人—空无

巴西利科的影像中很少出现人尤其是近景人群，而代之以空无的街头与寂静的城市。这种冷漠的表面之下潜伏着一种不安的情绪，让人联想起意大利导演米开朗琪罗·安东尼奥尼（Michelangelo Antonioni）的电影场景。空的前景避免了观者对画面的瞬间进入，从而将都市风景的所有元素：地形、道路、建筑、设施平等地植入画面，呈现都市空间。"我所拍摄的'空无'作为主角本身，充满了优美，充满了力量，并且还具有人性化的沟通技巧。因为'空无'就存在于建筑内，是结构内不可分割的一部分"。❷ 巴西利科关注建筑中的人性，但他的摄影中无人的建筑、街道和城市风景又例证了这是一个悖论："我相信我的摄影充满了空间的人性—建筑与城市由人建造但人却不可见。" ❸

❷（意）加布里埃尔·巴西利科，加布里埃尔·巴西利科：都市生活 [M]. 刘芳志，译. 北京：北京出版集团公司、北京美术摄影出版社，2016：27.
❸ Walter Guadagnini，Giovanna Calvenzi. Ga-briele Basilico：I Listen to Your Heart，City [M]. Milan：Skira，2016：27.

或者说，这些建筑、这些城市在空无的环境里被感知，在无尽的黑暗中被点点灯光所勾勒，表现了城市的隐秘条件，作为城市使用者的人们被隔离在一个隐秘的地方。观者通过这些影像作品可以发现一个全新的、与其他工业区完全不同的世界。这些景象并非偶然，而是建筑学背景的巴西利科对城市空间与影像的再设计与再规划（图 2-20）。

图 2-20 "空无"是巴西利科都市摄影的主要特征之一

2. 建筑—分析

从意大利到欧洲、南美洲，从上海街头到旧金山湾区，巴西利科记录了同时代许多著名建筑师的作品，从阿尔多·罗西（Aldo Rossi）、阿尔瓦罗·西扎到雷姆·库哈斯（Rem Koolhaas），这些建筑师也深深认同他的城市风景影像。阿尔多·罗西认为："光和影的结合是巴西利科摄影的显著特点，并呈现出一种建筑分析的特征。他试图解释一个焦点：一个基于清晰、组合的有张力的影像，表露了他对于城市路口、外墙以及它们与街道关系的兴趣。"❶ 阿尔瓦罗·西扎则说："巴西利科的摄影中充满了愤怒，同时也饱含了希望与宽容、忍受和责难。透过他的照片，我们可以谈论人类构筑物中的信念，他通过引导我们走过废墟、废弃建筑来组织这些影像。"❷

对巴西利科而言，建筑透视学通过街道的影像得到呈现与分析。同时，这种对城市建筑的影像分析并不意味着将最好的建筑孤立出城市文脉以求展示它的美学特征或构成尺度。恰恰相反，他将'高雅'建筑与'普通'建筑等同视之来产生城市尺度的对话。因为真实城市中充满了雅与俗、中心与边缘的混杂，城市影像必须体现对城市建筑和空间的"民主"分析功能。

3. 城市—脉络

对城市而言，摄影与其他学科如建筑学、城乡规划、人类学、社会学等紧密联系。面对城市过度开发、超速发展带来的城市并发症，理论研究的困境与研究手段的匮乏已经带来了一种危机，这种危机导致了传统摄影中作为分析与调查手段的可信度的丧失。在这个背景之下，巴西利科摄影特有的表现方式可谓从城市脉络中提取出的对于城市影像的两种并行的认识：首先，城市摄影可以视为是一种分析的地形学方法上的纪实摄影；其次，摄影作为一种独立的艺术语言，展现了一种和情感相关的关注城市生长的注释能力（图 2-21）。

❶ Filippo Maggia, Ga-briele Basilico. Gabriele Basilico: Cityscapes [M]. London: Thames and Hud-son, 1999: 376.

❷ 同本页 ❶: 6.

图 2-21 巴西利科的城市摄影
展示了建筑、城市、风景的综合
关系

历史地看，巴西利科深知西方文明基于自然变迁，但他的影像剖析、重释和混合了对场所和城市发展的情感、图像、分析和批判。宏观上看，城市是一种广义的文化力量的视觉符号，标志着人类在自然地理中植入的人工建造物。巴西利科对于这一视觉符号起源的认识甚至早于建筑学者，他通过摄影提出的关于城市边缘识别的概念，体现了超出视觉化、图像化认知的对城市的尊重。

2.2.5 结语

空间是地理的、历史的和想象的。在摄影中，空间是记录和证言，是解释和变形。

——加布里埃尔·巴西利科[1]

自摄影诞生以来，城市影像与真实城市重叠在一起，世界与它的图像合为一体。巴西利科可谓是一位城市视觉编年史作者，他将自己称为"空间的丈量者"，终其一生记录城市由工业社会到后工业社会的环境转化，定义了人类影响下的自然风光与城市景观的诸多概念：

起源—发展：城市的起源并非来自单一的城市旧中心，都市摄影中的地缘关系证明城市可以源自港口、边缘，工业化是造成城市发展的重要因素。

建筑—风景：建筑和风景并不是对立的因素，建筑可以植入风景，与风景并存共生，融入了建筑和城市的如画风景是后工业时代城市的重要特征。

影像—城市：巴西利科影像中的城市，既是图像的城市，也是现象的城市，更是历史的城市，影像的表象之下是都市风景的空间分析与发展线索。

[1] Walter Guadagnini, Giovanna Calvenzi. Gabriele Basilico：I Listen to Your Heart, City[M]. Milan：Skira, 2016：31.

2.3　空间奥德赛：斯坦利·库布里克的光影造型
2.3　Space Odyssey: Stanley Kubrick's Light and Shadow Modeling

我试图创造一场视觉盛宴，超越所有文字上的条条框框，以充满情感和哲学的内容直抵潜意识。

——斯坦利·库布里克[1]

[1]（美）诺曼·卡根. 库布里克的电影 [M]. 郝娟娣，译. 上海：上海人民出版社，2009：157.

空间是建筑和电影的共同主体。自电影诞生以来，电影便成为探索建筑与城市的实验室：一方面，电影通过画面组织方式将关联或不相关片段进行空间塑造；另一方面，特定的电影语汇也能被建筑空间创作所借用。建筑通过墙体、门窗、构件等建筑元素对空间进行分割，电影的空间则被摄影机再度分割并在时间上被连续地呈现出来，这是建筑空间和电影空间的基本差异之一。

斯坦利·库布里克（Stanley Kubrick，1928—1999 年）是 20 世纪世

界影坛少数被称为"怪才"的电影大师之一。除了一些纪录短片和电视片外，库布里克一生只拍了 13 部电影，数量之少与他获得的盛名似乎并不相称，但这恰恰体现了他最令人仰慕之处。作为一个极端的完美主义者，他对完美近乎病态的追求构成了他银幕传奇的一个重要组成部分。从影像造型和形式语言的角度来看，库布里克的电影影像在场景与画面上具有较强的空间性，这种空间性不仅和建筑学关联，还可以从建筑学研究的角度进行解析（表 2-2）。

表 2-2　库布里克电影代表作简表

电影、时间（年）	故事年代 / 电影主题	空间和镜头特点
《奇爱博士》 （*Dr Stangelove*），1964	冷战时期 / 人类核战阴影的可怕与可笑	核战指挥室，黑白画面，冰冷，犀利
《2001 太空漫游》 （*2001：A Space Odyssey*），1968	2001 年 / 一部有关人类进化的科幻和视觉电影	科幻未来空间，镜头开阔，人（宇航员）物（飞船）运动丰富
《发条橙》 （*A Clockwork Orange*），1971	现代 / 黑色喜剧，邪恶和善良在社会的共生，恶无处不在	现代都市空间，华丽庸俗，突然爆发的暴力镜头
《巴里·林登》 （*Barry Lyndon*），1975	18 世纪 / 古典时代的《红与黑》，一个年轻人对名利的追逐以及最后的失去	古典城市和庄园，镜头稳定，画面华美
《闪灵》 （*The Shinning*），1980	现代 / 一个作家的心理困境带来的家庭杀戮，恐怖片	现代山顶旅馆，镜头诡异，空间压抑
《全金属外壳》 （*Full Metal Jacket*），1987	20 世纪 60—70 年代 / 越南战争，普通人成为战争机器	训练营的冷漠空间和越战杀戮战场，镜头动静有致
《大开眼界》 （*Eyes Wide Shut*），1999	当代 / 婚姻的忠诚与背叛	大量城市（纽约）街头夜景，镜头舒缓却令人压抑

2.3.1　影像的视觉元素

空间作为电影的本体之一，虽然在不同导演、不同作品中各具特点，作为一种视觉艺术，电影空间与建筑空间的基本构成要素类似，离不开构图、画面和空间细节等构成。纵观库布里克的作品，其影像空间往往具有以下几个特点：

1. 构图：正透视与对称构图

从建筑学的空间理论来说，正透视、一点透视一般是为了突出主题和消除由于视角变化而带来的视觉干扰，而建立在正透视基础上的对称构图则更具有纪念性、严肃性、冷漠性，接近于现代艺术中的"无表情"（Deadpan）摄影，甚至在某些特定场景下具有宗教性的意味（图 2-22）。现代电影中的对称式构图和正透视最早广泛出现于以画面和构图见长的日本导演的电影作品中，如 20 世纪 50、60 年代小林正树导演的《切腹》、

图 2-22　库布里克电影中大量
出现的正透视和对称构图

图 2-23　黑泽明电影中常见的
正透视和对称构图

黑泽明导演的《用心棒》《穿心剑》等武士和游侠电影中（图 2-23），这些电影的故事大多发生在低矮建筑构成的乡村室外场所和传统日式住宅的室内空间中，采用对称式构图和正透视无疑有利于故事主题的聚焦和观众注意力的集中；同时期的另一位日本导演小津安二郎则在他的现代都市室内场景中达成了另一种极致：绝对的对称正透视，绝对的低机位，绝对的长镜头。对比两者可以发现，黑泽明的正透视和对称构图是动静结合的，小津的正透视和对称构图则是绝对静止的。

　　1946 年，酷爱并擅长摄影的库布里克中学毕业后正式成为纽约《Look》杂志的摄影记者，在《斯坦利·库布里克戏剧和光影：摄影 1945—1950》一书的序言中，当代摄影家杰夫·沃尔（Jeff Wall）认为："摄影已经确立了自己作为西方传统（现在已经超越了西方传统）的伟大艺术形式之一……我们不再关心把摄影从其他艺术中区分出来以肯定它自己独特的有效性。"❶ 基于这个摄影观，摄影已然是库布里克影像观的起点。即使从这个时期的摄影作品来看，正透视和对称构图已是他惯用的构图方式之一，由此可见库布里克一直以一种个性化的冷峻和冷漠的主观观看方式在观察和呈现客观世界。"居中对称的照片令人赏心悦目，并且符合图像的框架要求。此外，剧中构图象征着秩序、分寸、纪律、逻辑和组织——这

❶ Rainer Crone. Stanley Kubrick Drama&Shadows：Photographs 1945-1950[M]. London：Phaidon Press，2005：3.

些品质也恰恰契合库布里克与生俱来的气质和艺术上的追求"。[1]一般来说，这种对称构图在电影宽银幕出现后一贯是水平延伸的。路易斯·吉奈堤（Louis D. Giannetti）曾经以《2001太空漫游》的外太空画面来说明宽银幕构图的特征："宽银幕最适合捕捉场景的广袤无垠。如果影像被裁剪成标准银幕比例，则空间的空旷性即被牺牲。"[2]匪夷所思的是，在《2001太空漫游》一片中，库布里克设计了"发现号"宇宙飞船内景，利用飞船室内垂直空间的特点，竟然让这种对称构图表现为竖直方向，在空间比例上完全颠覆了电影构图的传统（图2-24）。

❶（美）文森特·罗布伦托.漫游太空：库布里克传[M].顾国平，董继荣，译.长春：吉林出版集团有限责任公司，2012：398.

❷（美）路易斯·吉奈堤.认识电影[M].焦雄屏，译.台北：远流出版公司，2005：76.

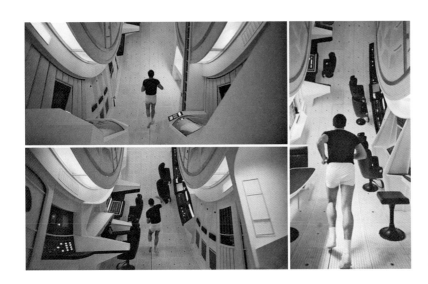

图2-24　《2001太空漫游》中宇宙飞船内景的对称构图同时在水平和竖直两个方向展开

2. 画面：光影、色彩

　　根据法国电影新浪潮革命的旗手让-吕克·戈达尔（Jean-Luc Godard）的理解，"电影就是每秒24帧画面的游戏"。[3]意即电影的画面就是静止场景的运动化。与传统建筑空间的基本要素一样，电影画面也是由光影、色彩和影调组成的，只不过相对于客观建筑空间，电影画面更具有主观性和设计性。"虽然电影在拍摄中是以三维空间安排，但是导演和画家一样须顾及一些绘画般的元素，如形状、色彩、线条、质感"。[4]

　　20世纪的电影导演中，库布里克一直有"视觉诗人"的美誉，他的画面是建立在想象力基础上并绝对服从叙事主题的完美的视觉盛宴。库布里克的光线是多变并渗透到人物性格中的，在《发条橙》中，4个无赖殴打桥下流浪老人段落，使用了全逆光，突出了人物的剪影，强调了殴打这一暴力行为，同时4个无赖拉长的阴影进一步增加了空间的进深感（图2-25）。而到了《2001太空漫游》中另一场对后世有着巨大影响的视觉片段，库布里克大胆地启用白色来实现极其洁净的布景，他要求布景内更多的光来达成没有阴影的照明，将宇航员始终置于一种缓慢、静穆的白色氛围中，

❸（美）罗伯特·考克尔.电影的形式与文化[M].郭青春，译.北京：北京大学出版社，2004：158.

❹ 同本页❷：78.

图 2-25 《发条橙》中的逆光摄影

图 2-26 《大开眼界》中前后影调的冷暖反差

展现出人与机器在空间上的疏离关系。库布里克还擅长运用摄影镜头的影调和景深来制造空间的含义和意象，《大开眼界》中的艾丽斯身后的蓝调和整个画面的暖色形成了明显的空间影调的冲突，这种冲突也暗合了人物心理的冲突（图 2-26）。

3. 细节：现代设计与艺术

库布里克作为一个极端的完美主义者，一方面极度追求表演的真实，另一方面绝对控制电影场景的细节。尤其对于室内的场景，从家具到室内绘画，他都亲自挑选。1967 年，当库布里克拍摄《2001 太空漫游》时，更是聘请法国家具设计师欧丽薇亚·摩尔古（Olivier Mourgue）专门为电影中的太空工作站设计了具有未来主义风格的 "Djinn" 系列红色沙发（图 2-27）。受库布里克委托，英国女雕塑家丽兹·摩尔（Liz Moore）为《发条橙》开头的牛奶吧设计了女性躯体茶几。《闪灵》中瞭望酒店前看守人与男主角在洗手间有一场怪诞恐怖的戏，这间洗手间的室内设计仿照了弗兰克·劳埃德·赖特设计的亚利桑那州的一家酒店。❶《时代周刊》的艺术评论家罗伯特·休斯（Robert Hughes）在评论《发条橙》时倍感吃力，"因为他发现片中涉及的艺术元素，包括出现的绘画、建筑、雕塑和音乐等，都在未来的文化潮流中扮演了重要角色，因此对库布里克的艺术眼光和对潮流的前瞻性钦佩不已"。❷

❶（美）文森特·罗布伦托.漫游太空：库布里克传 [M].顾国平，董继荣，译.长春：吉林出版集团有限责任公司，2012：393.
❷ 大光. 绝顶天才的混蛋——斯坦利·库布里克传 [M].北京：中国广播电视出版社，2007：97.

图 2-27 《2001 太空漫游》中的家具显示了与主题一致的未来主义色彩

2.3.2　静：隐喻与对比

在《奇爱博士》一片中，库布里克聘请了著名的"冷战总设计师"肯·亚当（Ken Adam）作为电影美工设计，曾在伦敦大学巴特莱特建筑学院学习过建筑的亚当在设计片中美苏冷战时期的作战室时，从表现主义建筑风格中汲取灵感，采用包豪斯式的空间处理手法，以单一光源与倾斜墙面营造出冷峻的空间氛围，而环形的吊灯与环形的会议桌配合共同营造了视觉焦点，奇怪的点光源为这个场景增加了未来感和神秘感（图2-28）。"在这个最重要的场景中，除了物体所自带的光源外，库布里克并没有使用任何其他光源，墙上倾斜的地图和昏暗的室内都和人们对冷战的心里期待如出一辙"。[1]

"电影归根到底是造型艺术，或者说具有造型艺术的诸多艺术特征"。[2]在电影中，造型参与叙事，叙事融入造型，两者共同构成了电影作为时空与视听复合艺术的本质特征。那么，库布里克的电影影像中建立在图像之上的画外之音究竟何在？

1. 图像隐喻

隐喻和象征是库布里克早期电影影像的特征之一，这种隐喻既来自对其他导演影像的借鉴，也和库布里克曾经的报道和纪实摄影师的经历有关。在库布里克第二部电影《杀手之吻》（*Killer's Kiss*，1955年）的开头中，男女主角在各自公寓登场的方式借鉴了希区柯克（Alfred Hitchcock）著名的悬疑电影《后窗》（*Pear Window*，1954年）中所采用的偷窥，借由两人的视角，我们得以窥视他们房间的布局与细节还有两人极其相似的渴望被关注的眼神，其后的摄影机都像一个冷漠的旁观者，看着这两个孤独的失意者最终走到一起。而看似大团圆的结尾却为这个故事抹上了浓浓的黑色：开往西雅图的车站，女主角给刚准备上车的男主角献上了一个吻，仿佛预示着男人终究挣脱不了的宿命的捆绑。在《光荣之路》里，灰色的战壕和明亮的城堡形成了鲜明的反差，而军事法庭的地板图案是一个放大的国际象棋盘，三名受审的士兵，无异于被上级玩弄于股掌的棋子。

图2-28　《奇爱博士》中的作战室及其室内设计草图

[1] 云起君. 肯·亚当：冷战总设计师 [J]. 看电影（午夜场），691.2006（4）：116.
[2] 周登富. 银幕世界的空间造型 [M]. 北京：中国电影出版社，2000：5.

库布里克电影中最著名的隐喻性图像无疑是《2001太空漫游》中出现的大黑石（图 2-22 右上）。大黑石是一个静止的物体，也是一幅静止的图像。"大黑石本身就是一种阐释，它的目的就是如此，可以说它就在影片的系统之中"。[1] 首先作为人类学的象征，大黑石让人联想起很多石材制成的远古遗址（比如英国的巨石阵）；大黑石也可以视为图腾，它的外形如同一个图腾，象征着生殖力、崇拜的对象；当然，大黑石还是一个抽象的符号，"因其抽象的几何外形，在时空中不断重复，似乎也可以被看作一种想象的雕塑"。[2]

❶（法）米歇尔·希翁. 斯坦利·库布里克［M］. 李媛媛，译. 北京：北京大学出版社，2019：287.
❷ 同本页 ❶：288.

2. 空间对比

库布里克作为一个设计风格的观察家和社会学家，尤其擅长通过室内空间的对比来强调主人心理 / 行为 / 生活方式的变化，将空间对比与剧情紧密结合。

1）对比一：《发条橙》中主人公艾里克斯的卧室

《发条橙》中主人公艾里克斯是一个喜欢贝多芬和暴力的问题青年，他的卧室中除了贝多芬的大幅头像，还有唱机和大量唱片，被单也显得比较整洁，显示出艾里克斯在内心还是一个有想法、有个性的青年；后来艾里克斯因试图强暴妇女而锒铛入狱，他的房间被父母出租给另一个年纪相仿的年轻人，这个年轻人的房间则是布满了体育明星的海报和哑铃，床单凌乱，显示出这个年轻人只是时代潮流中没有思想的不负责任的一员（图 2-29）。

图 2-29 《发条橙》中的埃里克斯卧室前后对比

2）对比二：《发条橙》中的作家亚历山大的住宅门厅

作家亚历山大本是居住在伦敦郊区的一位成功的中年作家，然而由于艾里克斯一伙人的暴力入侵彻底改变了他的生活：年轻的妻子遭强暴而死，自己被殴打致残。艾里克斯与同伙第一次入侵时，门厅里放着由皮特·格伊兹（Peter Ghyczy）在 20 世纪 60 年代设计的紫色翻盖沙发，显示着主人优越、温暖、舒适的生活，而第二次艾里克斯独自无意中再次到来时，时尚家具换成了冰冷的金属座椅和哑铃，开门的主人也变成了带有文身的彪形保镖，暗示着暴力导致的不安全感和即将发生的新的暴力（图 2-30）。

图 2-30 《发条橙》中的作家住宅门厅前后对比

2.3.3　动：运动与转移

电影艺术本身就是由一帧帧静止画面构成的运动，电影所包含的运动性（以及由此产生的时空塑性）是电影作为一个基于感知的"通用语言"之一，这种运动在库布里克手中又分为空间运动和时空转移两种方式。

1. 空间运动

绝对运动：摄影机机位的运动带来场景的变化（如下文重点分析的《全金属外壳》的训练营宿舍空间）。马丁·斯科塞斯（Martin Scorsese）可能算是好莱坞最有名的镜头大师了，但与斯科塞斯华丽、复杂、炫目的镜头运动不同，库布里克的镜头运动大多随着角色的运动而运动，是与角色保持相对"静止"的，这就造成了库布里克电影叙事和电影空间的一大特色——客观镜头与主观感受的完美结合。

相对运动：摄影机镜头的焦距变化带来空间的收放。这种空间收放可以用建筑透视学上的视点的变化来理

图 2-31　《发条橙》中通过摄影达成的空间收放

解，视点的变化结合不变的目标点就形成了建筑空间的狭窄与开阔之间的变化（图 2-31）。这种镜头的收放有赖于摄影器材的技术进步并成名于希区柯克的电影《眩晕》（*Vertigo*，1958 年）。希区柯克的镜头收放是为了制造紧张和悬疑，因而镜头收放主要出现在狭小空间，库布里克电影中的镜头收放更多出现于城市街景（《大开眼界》的纽约）、建筑空间（《闪灵》的绿篱迷宫）和抽象科幻空间（《2001 太空漫游》的时空隧道）等开放空间，这种开放空间的收放进一步加强了电影的叙事主题。

1）运动场景一：《全金属外壳》新兵训练营宿舍室内

这是一个长达 6min 的镜头（图 2-32、图 2-33）：首先镜头随着新兵教官哈特曼的运动而运动——与室内空间是绝对运动，与教官哈特曼保持相对静止，交代场景关系；镜头到达 Brown 后由于 Joker 的"捣乱"突然变成固定镜头，教官哈特曼回头往"事发地点"而来，镜头空间开阔，运动突然停止，预示情节转变；教官哈特曼于 Joker、Cowboy、Gomer 三人处

先后停留，先后发生语言和肢体冲突和接触，主观镜头和客观镜头交替出现，交代几个主要人物，并初步表现人物的基本性格特征。通过这一运动场景的分段分析，也进一步说明了独立于建筑空间之外的电影镜头在电影的叙事中具有一定的造型能力。

2）运动场景二：《2001 太空漫游》"发现号"飞船内景

由于电影中的宇航员处于外太空，因此宇航员的运动由地球上常见的二维运动向三维运动拓展，而如何在电影特技尚不发达的 20 世纪 60 年代用镜头来表现这种想象中的运动是库布里克面临的难题。库布里克的答案是一个精心设计的绝妙空间机器（图 2-34、图 2-35）——"发现号"飞船拍摄空间内景高 12m、宽 2m，外部由木材和聚苯板组成，内部则全部由第二次世界大战期间德国战斗机使用的塑料板材构成。这个耗费了 75 万美元、转速 5km/h 的"宇宙飞船"模拟了真正的太空转动，结合精心设计的摄影机位，身临其境地呈现了太空飞船内的活动空间。这个空间几乎融合了一切可以想象到的运动方式：绝对运动、相对运动、水平运动、垂直运动……

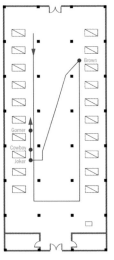

—— 哈特曼教官的运动轨迹
● 哈特曼教官的停留位置
—— 主要角色位置

图 2-32　《全金属外壳》新兵训练营宿舍平面图

图 2-33　围绕哈特曼教官运动展开的连续镜头

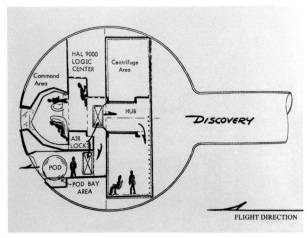

图 2-34　"发现号"飞船设计图

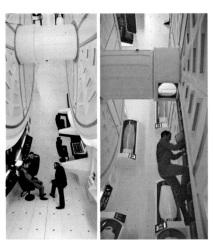

图 2-35　"发现号"飞船室内场景图

2.时空转移

从空间性质上看，电影空间是被镜头摄入的空间，是分段截取出来的空间，这种"虚拟"的空间完全可以通过片段空间的截取和重新组合形成，因此电影空间本身也是完全可以超越时间和空间限制的。库布里克是一个善于创造复杂镜头的导演，他拍摄的镜头极具表现力，有时甚至是令人惊奇地组接在一起。

1）转移片段一：《闪灵》"绿篱迷宫"片段

处于创作困境中的作家杰克与妻儿一家受聘看守冬季因大雪封山而无住客的瞭望旅馆。杰克处于极度焦灼中，无意中观看旅馆大堂的绿篱迷宫模型，若有所思，然后镜头突然一切，真实的迷宫鸟瞰出现，杰克的妻儿正行走其中（图2-36）。这是库布里克的典型的主观/客观空间的转换游戏，杰克主观的焦灼、窘迫在客观的建筑（绿篱迷宫）空间实体上漫延开来，从而为电影的情节设下了基调。

图2-36 《闪灵》"绿篱迷宫"片段

2）转移片段二：《2001太空漫游》"往下落的男人"片段

这个片段可谓是库布里克所有电影中或者说整个电影史上最著名的镜头之一。片段由一组虚构的史前风景的长镜头开始，在这个片段中，处于人类边缘期的类人猿似乎是无意中发现了一根骨头并学会了用它作为武器的使用方法，然后狂喜中的类人猿将这根骨头猛掷向天空，摄影机追随这根骨头的轨迹升高、升高……当它向地球回落时，剪辑了一个虚构的太空船——几千年后出现的、看上去像一根白色骨头——在《蓝色

图2-37 《2001太空漫游》"往下落的男人"片段

多瑙河》圆舞曲的伴奏下优雅地漂浮在太空之中（图2-37）。通过这一伟大的蒙太奇，库布里克把过去和将来密封在同一个空间中，从而转移了过

去和未来的空间，也转移了过去人类暴力的产生和将来人类心灵的再觉醒的联系。

3）转移片段三：《2001太空漫游》结尾至《发条橙》开头

库布里克电影空间的转移不仅频繁出现在一部电影之中，甚至可以在不同年代、不同主题的电影之间形成穿越。《2001太空漫游》以星际胎儿目光直视摄影机镜头的画面结束。法国电影学者米歇尔·希翁（Michel Chion）认为："《发条橙》一片的开头承接了《2001太空漫游》的最后一个画面：表情充满挑衅的阿莱克斯的特写镜头。"[1] 伴随着摄影机的后退，画面慢慢展开，整个背景呈现出来。从之前我们看到的目光视点出发，空间保持不动（图2-38）。"通过这个奇怪的画面，《发条橙》的开头似乎在告诉我们：曾经让人激动不已的那个纯真的、有前途的、代表人类未来的胎儿长大后变成了这样一个热衷于毁灭的毫无教养的生命"。[2]

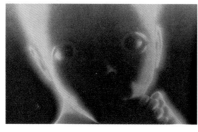

图2-38 《2001太空漫游》结尾至《发条橙》开头

2.3.4 空间的艺术史：古典到现代

在《认识电影》一书中，作者认为早在19世纪末电影已朝两个方向发展：写实主义和形式主义。[3] 因此，从艺术史的角度来看，电影空间保持了与现代艺术同步的由具象走向抽象的发展之路也就不足为奇。"银幕世界里的具象空间最容易引导观者进入抽象空间，促进抽象空间的生成和发展，吸引观者，感染观者，形成深层思考"。[4] 在库布里克的电影作品中，这一特征尤其突出（表2-3）。

[1]（法）米歇尔·希翁. 斯坦利·库布里克［M］. 李媛媛，译. 北京：北京大学出版社，2019：313.
[2] 同本页[1]。
[3]（美）路易斯·吉奈堤. 认识电影［M］. 焦雄屏，译. 台北：远流出版公司，2005：20.
[4] 周登富. 银幕世界的空间造型［M］. 北京：中国电影出版社，2000：5.

表2-3　库布里克电影的主题类型空间

	主题类型空间	相关电影
1	冷漠空间	《全金属外壳》《2001太空漫游》《闪灵》
2	运动空间	《2001太空漫游》《全金属外壳》《闪灵》
3	暴力空间	《全金属外壳》《发条橙》《闪灵》
4	情色空间	《大开眼界》《洛丽塔》《发条橙》
5	机器空间	《2001太空漫游》

1. 古典艺术与现实空间

"写实的电影企图以不扭曲的方式再复制现实的表象。在拍摄事物时，电影工作者想要表达与生活本身相似的丰富细节"。❶《巴里·林登》是库布里克为数不多的将故事设定在古典时期的电影，为了营造电影画面的古典意象，库布里克竟异想天开地将美国国家航空航天局（NASA）用于太空研究的光圈0.7的摄影镜头改造到电影摄影机上，这一光学史上的著名大光圈镜头带来了极浅的空间景深，造就了影像油画般的画面效果（图2-39、图2-40），甚至借助这一镜头的神奇效果，电影中的烛光晚会片段竟没有使用任何的人工照明！"这些烛光照片是最具绘画风格的影像，但似乎没有人能肯定地认出作为它们模型的实际画作"。❷大多数评论家仅限于笼统地评论这些场景与"时代艺术"之间的假定相似性，"时代"通常指的是18世纪，因为电影的叙事发生在这个特定的时代，而库布里克为了准备电影，广泛研究了18世纪绘画。正是基于他对18世纪绘画及艺术的深入研究，《巴里·林登》才有可能再现了古典时期的现实空间。

库布里克一生并没有从事过任何与建筑或设计有关的工作，但他在20岁以前就已是小有名气的摄影师，并且年轻时正值现代主义在艺术和设计领域的风行，因此他对画面、空间和建筑具有天生的、一贯的接受力和理解力。20世纪70年当库布里克筹拍《发条橙》的时候，由于电影预算有限，他希望通过利用当代英国的现代建筑来创造一个不久之后的未来性城市与建筑场景。他买下了过往10年的建筑杂志旧刊，与美工设计人员翻阅和搜集其中一些他们感兴趣的建筑照片，因此《发条橙》一片中采用了大量实景，最知名的便是在伦敦新建的泰晤士米德（Thamesmead）街区拍摄的大量镜头，对伦敦而言，这个街区的结合了现代风格和粗野主义的建筑

❶（法）米歇尔·希翁. 斯坦利·库布里克 [M]. 李媛媛，译. 北京：北京大学出版社，2019：20.

❷ Tatjana Ljujic. Stanley Kubrick New Perspective [M]. London：Black Dog Publishing, 2015：240.

图 2-39 《巴里·林登》的浅景深摄影造就了油画般的画面效果

图 2-40 18世纪古典绘画（左）与《巴里·林登》的烛光晚会画面（右）

图 2-41 《发条橙》中出现的粗野主义风格建筑

❶（美）古斯塔夫·莫卡杜. 镜头之后：电影摄影的张力、叙事与创意［M］. 杨智捷，译. 新北：大家出版，2012：113.

❷（法）米歇尔·希翁. 斯坦利·库布里克［M］. 李媛媛，译. 北京：北京大学出版社，2019：215.

❸ 同本页 ❷：189.

图 2-42 《2001 太空漫游》的"星门"片段

在当时是十分大胆和张扬的。此外，电影中用来举办新闻发布会的大礼堂是伦敦南诺伍德（South Norwood）的一个图书馆，其时竣工不久的布鲁纳尔大学（Brunel University）也被改造成为主人公受训的鲁德维科医学中心（图 2-41）。

2. 现代艺术和抽象漫游

在库布里克所有的影像中，《2001 太空漫游》中的"星门"段落是最著名的实验性抽象镜头。抽象镜头（Abstract Shot）最早源自 20 世纪 20 年代出现的前卫电影与实验电影，后来慢慢融入主流剧情片中。"这种镜头着重影像的颜色、质感、图案、形状、线条与构图更胜于实质内容，影像往往也不具实际形体，且无指涉性，所以很难甚至无法辨认出构图的主体"。❶ 抽象镜头既运用了影像的图像特质，也利用时间和空间的拼贴蒙太奇去暗示或传达无法明确说明的深层意涵（图 2-42）。"画面的灵感来源多种多样：欧普艺术的画作、建筑设计、印刷电路、电子显微镜拍摄的画面。不同化学物质之间的反应通过放大摄影拍摄下来"。❷

米歇尔·希翁认为《2001 太空漫游》一片受益于 20 世纪 60 年代库布里克对欧普艺术和波普艺术图像的探究。"空银幕、未来主义和沙漠是当时电影中重要的视觉元素。《2001 太空漫游》出现在安东尼奥尼的《红色沙漠》之后，当时还有塔蒂（Jacques Tati）的《游戏时间》。《2001 太空漫游》和《游戏时间》具有多个相似之处：跳跃的情节、块状结构、对于空的处理，以及对于情感的忽视"。❸ 事实上，纵览库布里克的影片，还可以发现极少主义（Minimalism）、抽象艺术（Abstract Art）等现代艺术的影响，可以说，他的电影空间和影像保持了与现代艺术发展的同步，这种同步特征既体现在影像的语言之中，也反映在电影中的建筑场景和空间细节之中。

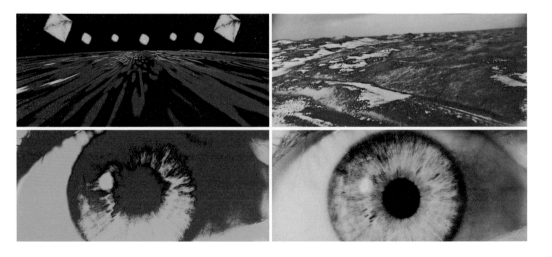

2.3.5　结语

通过对库布里克电影空间光影造型的分析与研究，可以发现空间语言在建筑意义和电影叙事上的某些关联。此外，在"空间"这一建筑学基本概念被简单化和泛化的今天，通过对电影这一综合媒介基本空间的研究，也让我们可以透过真实生活和虚拟生活的双重纷扰，一窥建筑空间和电影空间的一些差异，从而在可能的条件下拓展空间研究的深度和广度。

罗杰·伊伯特（Roger Ebert）在评论《2001 太空漫游》时写道："只有少数电影能达到崇高的境界，并像音乐、祷文或壮丽的风景一样震撼我们的头脑、激发我们的想象力，令我们茫然自失。"❶ 作为一名库布里克的影迷，从光影造型的角度来鉴赏和分析他的电影作品是一种全新的艺术享受。同时，回望库布里克带领我们走过的半个世纪，我们常常会不经意地发现，那些由他亲手营造的电影空间其实只是我们居住的这个星球中的日常空间而已——也许这才是库布里克真正可敬和可怕的地方。

❶（美）罗杰·伊伯特. 伟大的电影 [M]. 殷宴. 周博群，译. 桂林：广西师范大学出版社，2012：27.

2.4　城市日记：香特尔 · 阿克曼 "纽约空间三部曲"
2.4　City Diary: On Chantal Akerman's "*New York Space Trilogy*"

> 在我的所有电影中，我坚持使用走廊、门和房间，没有它们我几乎无法营造表演场景。对我而言，这些门和长廊不仅建造了事物的空间，也建立了影像的时间。

——香特尔 · 阿克曼 ❶

纽约作为现代大都市的代表，在 20 世纪中叶后成为艺术家热衷记录和表现的对象。如果说皮特 · 蒙德里安（Piet Mondrian）的绘画是对曼哈顿街区的抽象再现，杰克逊 · 波洛克（Jackson Pollock）的行动绘画是对纽约混沌秩序的转译的话，那么以摄影、电影为代表的影像艺术则直接以纽约的城市风景作为创作主题：少年得志的摄影家斯蒂芬 · 肖尔（Stephen

❶ 详见 2009 年 4 月，在巴黎拍摄的，由 The Criterion Collection 发行的访谈纪录片《Chanel Akerman：on Jeanne Dielman》，时长 20min。

Shore）20 世纪 70 年代初便开始用大画幅照相机拍摄纽约的街景，波普艺术家安迪·沃霍尔（Andy Warhol）以纽约的建筑和人物为题材创作了大量影像作品，导演马丁·斯科塞斯（Martin Scoresese）直接将电影《穷街陋巷》《出租车司机》的主要场景设定为纽约街头。可以说，20 世纪以来出现的影像艺术影响了人类观看城市的方式。

香特尔·阿克曼（Chantal Akerman，1950—2015 年）是欧洲最杰出的艺术电影和先锋电影导演之一。15 岁的阿克曼在观看了法国新浪潮导演戈达尔的作品《狂人皮埃尔》后对艺术电影的叙事技巧入迷，17 岁离开故乡比利时，奔赴法国，求学于巴黎高等电影学院。1968 年，她拍摄了个人首部短片《我的城市》（Saute ma ville）。20 世纪 70 年代短暂移居美国的阿克曼从自身的电影启蒙出发，以纽约为描绘对象，先后拍摄了《房间》《蒙特利旅馆》《来自故乡的消息》三部极具个性的实验电影，这三部电影在对纯粹电影语言的探索中融入了空间、时间观念并直接运用了大量建筑和城市元素，笔者将之命名为"纽约空间三部曲"。

2.4.1　内心风景

电影:《房间》（La Chambre），1972 年出品，11 分钟，彩色，默片。

在纽约期间，加拿大电影先锋导演麦克·斯诺（Michael Snow）❶拍摄的《中央区》（Central Region，1971 年）对阿克曼起了启蒙作用，《中央区》以一个能够执行摇拍和升降运动的镜头记录了一个遍布石块的荒地，这部电影使阿克曼意识到即使没有明确的故事和情节，人类依然可以从电影语言中感知和表达世界。斯诺的另一部探索横摇镜头的先锋电影《←→》（Back and Forth，1969 年）的技术手法则直接促成了阿克曼的第一部无声实验电影《房间》的诞生。

《房间》在纽约的一个居室室内展开拍摄，首先是固定摄影机位、固定焦距逆时针拍摄，镜头中先后出现餐椅、餐桌、家具、床（床上躺着的女人）、书桌、衣服、洗衣机、厨房，由此一圈的镜头时长 3min40s；接着是摄影机稍加速旋转拍摄一周，时长 1min20s；接着摄影机继续逆时针旋转拍摄，就在观者以为镜头将无休止地逆时针旋转拍摄下去的时候，镜头在第 7min40s 处突然反向顺时针拍摄，随后再反向以逆时针、顺时针交替的摄影方式环顾室内空间，直至 11min11s 处镜头到达衣服处电影戛然而止（图 2-43）。

从画面上看，这个时期的阿克曼深受美国写实主义画家爱德华·霍珀（Edward Hooper）❷的影响，霍珀的绘画似乎停留在"美国梦"的背面：无论是乡村还是都市，在他笔下都呈现出和表象相反的孤独和寂寥，这正是霍珀想要强调的隐秘的诗意。霍珀绘画中的人物、空间、光影、场景，以及四者之间的关系对阿克曼的电影创作有着持续和深远的影响。从技术

❶麦尔·斯诺（Michael Snow，1929 年至今）是 20 世纪最多才的先锋艺术家之一，艺术研究涉及电影、绘画、雕塑和音乐等。阿克曼拍摄的早期电影广泛借鉴了斯诺和"美国先锋电影教父"乔纳斯·梅卡斯（Jonas Mekas）的电影手法。安迪·沃霍尔 1964 年的影像作品《帝国大厦》再现了"时间的流逝"，对阿克曼亦有启发。

❷爱德华·霍珀（Edward Hooper，1967—1982 年）是美国写实绘画大师，他偏好住宅、旅馆、街景的主题，着力表现光影下的色彩及情绪变化，霍珀的绘画对现代电影摄影有巨大影响。

图 2-43 《房间》中环绕拍摄的
主要场景

图 2-44 《房间》中出现的唯一
人物

上看，《房间》一片的主要角色就是摄影机与房间，杂乱的房间是静止的，
不可见的摄影机做原地旋转运动，这一静一动构成了电影的影像主体：既
是空间体验，也是时间感知。从影像内容上看，阿克曼所描绘的寓所空间
似乎是无意义的，但寓所这一最小的空间单元作为影像的主体正是家的实
体承载空间，也是被现代派的先驱查尔斯·波德莱尔（Charles Baudelaire）
解读为"孤独场所"的空间，这种孤独在《房间》中得到了验证。电影的
无声和周而复始的室内场景形成了这种孤独的基调，而镜头中先后出现七
次的女人时而凝视镜头，时而手拿苹果，时而吃苹果，最终抚摸脸庞后躺
下，这种都市生活的日常、虚无和琐碎进一步加强了由镜头、光影和空间
营造的孤独气息（图 2-44）。

2.4.2 建筑内景

电影:《蒙特利旅馆》(*Hotel Monterey*)，1976 年出品，63min，彩色，默片。

《蒙特利旅馆》是阿克曼的又一部实验电影，这是部时长 63min 的无声影像作品，镜头"事无巨细"地凝视着纽约的一家廉价旅馆的门厅、电梯、房间、走廊，直至屋顶平台，最终从平台高处眺望纽约。在这部电影中，阿克曼借鉴了公路电影中常见的直线运动镜头，让镜头在旅馆的各种空间中直来直去地"巡视"：在运动中展现空间，在静止中时间停滞，持续又谦逊地将空间放大。在稀疏的情节叙述中严格、克制，构建出不同于常规叙事电影的真实空间，这种风格被电影史学家大卫·波德维尔（David Bordwel）称为"极限主义"（表 2-4）。

表 2-4 《蒙特利旅馆》分镜头表

镜头场所	镜头顺序及内容	时长（min）
门厅、大堂、电梯厅、电梯内	1. 旅馆门厅，固定镜头，后镜头向上、向右漫游	3：20
	2. 大堂休息厅（沙发、老妇人、桌灯）	1：05
	3. 电梯厅（各种性别、年龄、肤色住客进出）	0：50
	4. 电梯中（电梯门开、关，楼层数字显示最高层数为 12 层）	8：10
客房	5. 客房立面视点固定镜头，显示时间的"停滞"	1：08
	6. 各种客房内景	3：20
	7. 客房盥洗室近景、中景、远景	2：52
走廊	8. 各种固定机位拍摄走廊（昏暗走廊、黄色墙壁）	18：15
	9. 可以看到电梯门开启的走廊	4：00
	10. 各种运动镜头拍摄的走廊	9：55
窗外	11. 窗外平台 1，固定机位＋旋转摄影机，城市场景出现	2：30
	12. 室外平台 2，静态场景若干，每个场景 20~40s 不等	2：35
环境	13. 周围建筑，镜头缓缓抬高，指向天空（空白）	1：00
	14. 镜头缓缓下降后水平旋转拍摄指向河边的一群建筑后镜头再往下停留在街道上的车流，城市出现，全片结束	4：22

就此，阿克曼在房间和建筑内部使用的"点、线、面"镜头初步成形。

点：固定机位镜头。摄影机机位及焦距固定于静态的"点"，忠实记录场景中的人物活动和其他动态物体。点式镜头冷静、客观，形成的画面也较接近于静态摄影（图 2-45 ~ 图 2-47）。

图 2-45 《蒙特利旅馆》中的固定镜头具有纪实摄影的场景感

图 2-46 《蒙特利旅馆》中盥洗室的远、中、近景与空间进深紧密联系

图 2-47 《蒙特利旅馆》中各种空间特征的走廊

　　线：线型运动的摄影机。摄影机沿特定路线运动，记录下线型的空间影像。这种线型在《蒙特利旅馆》中又分为"水平线"和"垂直线"，水平线为常见的平面线型记录，垂直线则巧妙地利用了电梯的垂直运行。

　　面：环绕镜头。《房间》反复使用了这种镜头方式——摄影机机位及焦距固定于静态的"点"，但镜头原地环绕拍摄形成对一个空间的全景记录"面"，犹如室内设计立面图中对四个立面连续表现的制图方法（图 2-48）。

图 2-48 《蒙特利旅馆》结尾段利用屋顶平台环绕拍摄的城市场景

2.4.3　城市图景

电影:《来自故乡的消息》(*News From Home*)，1976 年出品，86min，彩色。

《来自故乡的消息》延续前两部影片的观念并将之扩展到城市尺度。这部电影可以看成是阿克曼对纽约生活的总结，作为这部电影基本单位的固定长镜头组接在一起构成了对纽约城市空间的凝视，也是对吉尔·德勒兹（Gilles Deleuze）提出的"时间阻滞"（Stases）❶观念的实践。不再是默片的电影终于给本片提供了语言和音效，影像的画外音是阿克曼阅读在比利时的母亲的来信，这些日常生活信件的阅读时间跨度很长，正好与画面中的"时间阻滞"形成了对抗，画面镜头从白天到黑夜再到白天，结尾出现了标志性的世贸中心双塔，这也是整部影片唯一的全景镜头（表 2-5）。

❶ 吉尔·德勒兹（Gilles Deleuze，1925—1995 年）是 20 世纪最重要的后现代哲学家之一，也是将哲学与电影联系在一起进行研究的著名哲学家，相关著作有《电影 1：动作—影像》《电影 2：时间—影像》等。德勒兹的"阻滞"（Stases）概念是对法国哲学家亨利·伯格森（Henri Bergson）的"延绵"（Duration）概念的扩展。

表 2-5　《来自故乡的消息》镜头与影像构成

镜头场所	镜头特点及影像内容
1. 白天街头	以固定机位舒缓长镜头完成，记录了街头发生的一切：人、车、物、景
2. 夜晚街头	主要由长镜头构成，夜晚人的活动范围趋小（就餐、店员、值班员）
3. 地铁	地铁车厢（运动）内部：相对静止的人和直线运动的车厢内景、外景
	地铁站台：平行站台形成的空间叠加，车厢的进站、上下客、出站
	地铁通道：由人群汇成的"人流"，目的性、方向性明确的人群
4. 汽车／轮船	运动汽车上：镜头分别与道路垂直（表现一侧沿街立面）、道路平行（表现两侧街景沿镜头运动由近至远）
	运动轮船上：曼哈顿近景、中景、远景

这部电影开头就展示了摄影机与拍摄对象的两种基本方式：先是一辆汽车与摄影机平行驶过街区，接着另一辆汽车在同样的街区由远至近地向摄影机迎面驶来。平行镜头、垂直镜头的交织几乎构成了这部电影的所有镜头与人物、建筑和城市的关系基调，也是阿克曼对纽约棋盘式的街区空间的直接性视觉反应（图2-49）。影像内容则由"街道（地上）—地铁（地下）""白天—黑夜"两组空间与时间的并行构成（图2-50、图2-51）。

电影的最后10min，摄影机终于离开了街道，"走"向了海面：在一个阴雨的日子里，摄影机登上一艘驶出曼哈顿码头的轮船，随着船从码头缓缓驶出（镜头与船尾相对固定），城市的全景终于出现，海鸥和曼哈顿建筑群慢慢变小、变远，海面变宽、变广，似乎暗示着阿克曼如此仔细和耐心描绘了86min的城市从来就不曾存在过（图2-52）。

2.4.4　观念与结构

"空间悬念"是这三部电影的主题，阿克曼认为："即使没有一个复杂的剧本，电影依然可以制造悬念。"❶ 在这个前提下，日常生活中的房间、建筑和城市自然而然地成为她通过影像记录和表现的对象。在充满空间悬念的空间中，在那些固定、固执而又耐心的镜头里，阿克曼为我们展现了生活中常常被忽视的细节：餐桌上的水果、旅馆的黑白格地砖、街头爆裂的消火栓、夜晚工作的店员……

在《房间》《蒙特利旅馆》中，由于场所的限制，观众只能被动地随着摄影机观察空间，这种被动式体验带来了对空间的猜测、思考和向往。在《来自故乡的消息》中，表面上看阿克曼似乎无所不及地描绘了纽约的街道、地铁、白天、黑夜，但一切都是片段的、放大的、局部的，这种空间悬念依然存在。"在《来自故乡的消息》中，观众和作为导演的阿克曼一样，既无法看清纽约的真实面目，也无法在画外音中搭建对故乡比利时的时空记忆和想象"。❷ 这种空间悬念呼应了导演内心深处归宿感的缺失及当下与记忆之间的空间距离。

根据电影学家路易斯·吉奈堤（Louis D.Giannetti）在《认识电影》一书中的分类，非剧情叙事（Nonfictional Narratives）电影分剧情片、纪录片、前卫电影三大类。"纽约空间三部曲"介于纪录片与前卫电影之间，"这种电影没有明确的剧情但是有着完整的结构，并依照主题和论点来组织结构"。❸ 阿克曼本人也认为纪录片和剧情片之间并没有差异，因此她的电影既体现了电影类型的模糊，也是电影观念与技术的综合。

2.4.5　镜头与运动

在建筑空间中，人的运动是一种主观行为，这种主观行为形成了"移步换景"和"空间漫游"。在电影影像中，摄影机的运动直接构成了电影

❶ 详见2009年4月，在巴黎拍摄的由The Criterion Collection发行的访谈纪录片《Chanel Akerman: on Jeanne Dielman》，时长20min。

❷ 赛珞璐. 香特尔·阿克曼：我们需要女性的戈达尔吗？[J]. 看电影（午夜场），2015（11）：72.

❸（美）路易斯·吉奈堤. 认识电影 [M]. 焦雄屏，译. 台北：远流出版公司，2005：381.

图 2-49 《来自故乡的消息》
片头汽车与镜头的两种运动
方式

图 2-50 《来自故乡的消息》
中的纽约街道与人物

图 2-51 《来自故乡的消息》
详尽地拍摄了纽约地铁的各
种空间

图 2-52 《来自故乡的消息》
片尾愈行愈远的曼哈顿

❶（美）詹妮弗·范茜秋.电影化叙事 [M]. 王旭锋，译.桂林：广西师范大学出版社，2015：15.
❷（美）路易斯·吉奈堤.认识电影 [M].焦雄屏，译.台北：远流出版公司，2005：139.
❸（德）乌利希·格雷戈尔.世界电影史（1960年以来）：第三卷（上）[M].郑再新，译.北京：中国电影出版社，1987：290.

的时间和空间。"电影空间（Film Space）是指电影画格内的动态空间。一个电影画格既是静止的快照，又是活动画面的一部分。当与运动结合起来，银幕方向就成了一个强大的故事元素"。❶电影中的镜头包含了静态镜头和运动镜头。"静态镜头代表的是稳定、秩序，除非景框内有很大幅的动作。摄影机的运动则象征活力、流动和混乱状态"。❷

"纽约空间三部曲"所追求的是通过观察使日常生活本身变成一种戏剧性事件，观察性的镜头运动的目的与各种空间表现的主题紧密结合（表2-6）。因此，各种镜头运动不仅达成了"现象学上的准确的细节描写，一言不发而强烈的感情"。❸也完成了对纽约这座城市空间的感知与表现（图2-53）。

表 2-6　"纽约空间三部曲"运动镜头特征表

镜头类型	拍摄地点	镜头特征	表现目的
横摇（Pans）	房间内、汽车、地铁、船上	摄影机架在三脚架上，主轴不动，仅镜头水平移动	强调空间的整合以及人与物的连接性
上下直摇（Tilts）	旅馆电梯	原则与横摇相近，只是水平运动换成垂直运动	使主体移动时仍留在画面中心
推轨镜头（Dolly shots）	旅馆走廊纽约街道	将摄影机架在小推车或铺设的轨道上前后移动，或在被摄物的侧面移动	推轨镜头是一种主观（观察）镜头的代表

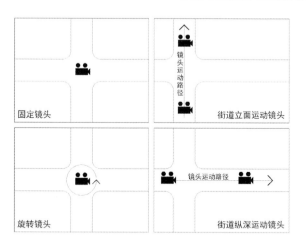

图 2-53 "纽约空间三部曲"的主要镜头类型

2.4.6　时间与空间

时间和空间这两个电影的基本元素在阿克曼的镜头中得到了一种个人化的表达：用连续展示时间，用重复表现空间。按照德勒兹的观点，"在时间—影像中，时间的流逝是凭其自身呈现的，它提供了时间的直接影像"。❹仔细推敲阿克曼的手法，可以发现她的电影中的行动不再以任何方式进行压缩，耐心的观众可以按时间真实流逝的样子"实时"地体验时间的流逝。

❹（英）戴米安·萨顿.大卫·马丁—琼斯.德勒兹眼中的艺术 [M]. 林何，译.重庆：重庆大学出版社，2016：133.

在"纽约空间三部曲"中，城市空间被阿克曼划分为封闭空间、过渡空间和开放空间三种类型，阻滞的时间成为人物和事件发生的河流，因此可以说时间和空间是阿克曼电影真正的主角（表 2-7）。"时间与空间的界限在她的作品中被打破，又以'结构电影'的形式重新组织起来，这是阿克曼的敏锐与才华，她把人物放置在线性无限延长的时间和空间中，又赋予时间和空间以凝固的形式。当时间和空间在被放大中涨潮的同时，人物的姿态与行为、影片的叙事与戏剧冲突都呈现出退化的姿态。她在电影中还原了时间的长度，让观众对时间产生敬畏与震撼。时间不仅存在于场景之中，还存在于银幕对面看着它的观众之中"。❶

❶ 闵思嘉．时间与空间：香特尔·阿克曼的真正主角 [J]．看电影（午夜场），2016（3）：82．

表 2-7 "纽约空间三部曲"空间类型与特征

空间类型	拍摄地点	空间特征	心理特征
封闭空间	公寓、旅馆内	静态空间	客观写实空间
过渡空间	汽车、地铁	动态空间	主观象征性空间
开放空间	马路、街道	动、静态空间	主观象征性空间

在表现时间和空间的过程中，摄影机的运动呈现出一种与时间、空间紧密相关的多元化。在《蒙特利旅馆》中，阿克曼先后两次拍摄了旅馆走廊的影像来展现运动与空间：第一次为夜晚拍摄，第二次为白天拍摄，两次拍摄之间的变量正是"时间"。《来自故乡的消息》中也以白天和夜晚的街景对比达成了对时间的感知（图 2-54）。

图 2-54 《来自故乡的消息》"白天—夜晚"之间的时间变量

2.4.7　城市与影像

在人类的现代文化中，观看既是一种行为，也是重要的知识来源，而制造观看之物就意味着生产知识。20世纪上半叶，现代城市不断扩张，电影作为一种再现知识的技术也在大众文化战场上蓬勃兴起，成为城市文化研究的重要领域。年轻的阿克曼来到纽约，开始在城市中接触实验电影、极少主义艺术、新美国舞蹈和表演艺术。《无事发生：香特尔·阿克曼的日常超现实主义》（*Nothing Happens：Chantel Akerman's Superrealist Everyday*）一书的作者伊冯·马格里斯（Ivone Margulies）将20世纪70年代的纽约概括为"极少、超现实和结构性（Minimal、Hyperreal and Structural）"[1]。模糊现实和表现之间的界限是20世纪70年代中期各种艺术的共同背景和发展动力，"纽约空间三部曲"对电影语言和城市空间元素的独特运用不仅让观众意识到自身在城市中的存在，也使纽约的城市特性被忠实记录在实验性影像中。

虽然"纽约空间三部曲"都不是传统意义上的剧情片，但是依然结构完整、意义明确。正如德勒兹所言："不仅可以将电影大师们比作画家、建筑家、音乐家，还可以将他们比作思想家。他们不用概念而用运动—影像和时间—影像进行思考。"[2] "纽约空间三部曲"分别在房间、建筑和城市三个尺度中呈现了空间、时间的日常特征，这种探索与建筑学研究不谋而合：同一时期建筑界的丹尼尔·里布斯金（Daniel Libeskind）的《曼哈顿手稿》、雷姆·库哈斯的《癫狂的纽约》和约翰·海杜克（John Hejduk）在库珀联盟的教学都是这种探索的建筑学呼应——它们都不是传统意义上的建筑实践，而是和阿克曼的影像如出一辙的练习、实验和探索。

2.4.8　结语

2008年，休斯敦大学布拉菲画廊（Blaffer Gallery）举办了以"香特尔·阿克曼：时空中的运动"为主题的展览，画廊主席特雷·苏尔坦（Terrier Sultan）在展览序言中评价说："阿克曼充满魅力的镜头构成了饱含细节的视觉美学，而她的电影的独特叙事方式则形成了一种意识流风格。"[3] 艺术史学家斯蒂文·雅各布斯（Steven Jacobs）认为："阿克曼的作品显示了对物质性和建筑性完整空间的尊重。"[4] 可以说，与诸多以纽约为主题的艺术和影像作品不同，阿克曼在意的并不是纽约城市本身，纽约只是她探索电影语言与空间表达的"实验室"。

阿克曼在拍完这三部电影后返回欧洲，随后她导演了震惊影坛的多部作品，如《让娜·迪尔曼》《安娜的旅程》等，这些电影的主题已转变为对女性和生命的探讨，但空间的设置和时间的阻滞依然是她电影的语言特征。她的电影让我们再一次理解：无论是电影、建筑和城市，最杰出的艺术作品总是能引起无限的联想，而不是受制于某种狭隘的目的。

[1] Ivone Margulies. Nothing Happens：Chantel Akerman's Superrealist Everyday [M]. Durham：Duke University Press，1996：48.

[2] （法）吉尔·德勒兹. 电影1：运动—影像 [M]. 谢强，马月，译. 长沙：湖南美术出版社，2016：2.

[3] Sultan T.Chantal Akerman：Moving Through Time and Space [M]. Houston：Blaffer Gallery，The Art Museum of the University of Houston，2008：7.

[4] Dieter Roelstraete. Chantal Akerman：Too Far, Too Close [M]. Amsterdam：Ludion，2012：73.

第 3 章
Chapter 3

空间之道：雕塑、装置与空间生成

The Doctrine of Space: Sculpture,
Installation and Emerging of Space

3.1　光之形：丹·弗拉文装置艺术中的图像构筑
3.1　Form of Light：The Image Construction in Dan Flavin's Installation Art

艺术于我谓何？

在过去，我所理解的艺术基本上是一系列将建筑中绘画与雕塑的传统与电子光源所构成的空间相结合的下意识决定。

——丹·弗拉文❶

❶Dan Flavin：The Architec-
ture of Light[M]. New
York：Guggenheim Museum
Publications，2000：11.

光无处不在。

文艺复兴时期的艺术家利用光形成象征来加强构图中的自然主义，17

世纪的科学家牛顿定义了色彩基于光谱、光的波长的科学理论，18 世纪歌德认为光感是一种基于观察与体验而感受到的现象，1854 年美国人亨利·戈培尔（Heinrich Gobel）发明了最早的白炽灯，20 世纪初，约瑟夫·阿尔伯斯（Josef Albers）在包豪斯的教学中论证了光的体积感、光的色彩……光给人类带来各种体验。

　　1839 年摄影术的发明使艺术家面临着双重任务：既要放弃传统绘画的再现功能，又要重塑艺术的原创性。美国艺术家丹·弗拉文（Dan Flavin，1933—1996 年）作为发源于 20 世纪 60 年代的极少主义艺术（Minimalism Art）❶ 的先驱，与唐纳德·贾德（Donald Judd）、卡尔·安德烈（Carl Andre）、索尔·里维特（Sol LeWitt）等艺术家一起广泛采用新的创作材料和形式，追求客观的、无幻觉的作品，以求从传统的主观主义艺术中得到解放。弗拉文以其个性化的创作挖掘了现代工业中现成物灯管（Fluorescent Light）的图像潜力，将荧光灯管散发出的电气之光融于建筑之中，打破了传统艺术作品与空间的关系。"依赖于它的精神层面，弗拉文的作品长期以来和建筑学问题重叠在一起。他的'艺术—历史'贡献在于将荧光灯管的图像功能置于建筑与环境之中"。❷ 现代艺术图像由此开始进入空间（表 3-1）。

❶ 在现代艺术史中，一般认为丹·弗拉文的是极少主义艺术家的代表，但也有艺术史学家如安妮·罗丽梅（Anne Rorimer）在《丹·弗拉文：概念艺术之浪尖》一文中认为他的作品兼有极少主义和概念艺术的特征。

❷ Dan Flavin：The Architecture of Light[M]. New York：Guggenheim Museum Publications，2000：34.

表 3-1　弗拉文灯光装置作品简表

类型	主要作品名称	光空间作品特点	作品环境特征
圣像图腾	"圣像"系列（Icons）	在方形纸板箱体上附加荧光灯管和白炽灯泡	传统绘画空间的陈列方式，悬于展墙之上
纪念符号	"对角线"系列（Diagonal）"纪念碑"系列（Monument）	标准长度的荧光灯管单一形式或多重形式组合成的二维图形	置于墙体之上，底部通常接触地板，墙体成为作品底板
建筑元素	"角"系列（Corners）"障"系列（Barriers）"廊"系列（Corridors）	标准长度的荧光灯管单一形式或多重形式组成具有建筑元素特征的空间构成	置于墙上、墙角，悬于天花，放在地上，强调作品放置方式及其在空间中的组合关系
建筑场景	主题展中与建筑紧密结合的展览空间，另有永久作品空间休斯敦里蒙厅	整体性构思，灯管与颜色的多重组合方式，表达历史、文化、记忆与场所	既有与室内展示空间的结合，也有将建筑外部与内部相结合的整体性创作

3.1.1　图像之一：圣像图腾

　　弗拉文 1933 年出生于纽约，幼时听命于父亲的安排就读于布鲁克林神学院。虽然他后来放弃了宗教理想，但这一经历对他影响深远。1956 年后，他先后在纽约社会研究新学院和哥伦比亚大学学习艺术史，现代艺术的召唤使他最终立志成为一位艺术家。

1. 空间构成

1961—1964 年间，弗拉文完成了一组题为《圣像》(Icons) 的 8 件作品，这组作品成为他之后将荧光灯管作为创作材料的发源地：将白炽灯管与荧光灯泡固定于纤维板条箱的边缘，条箱刷成与灯光相近或相悖的颜色（图 3-1）。"我使用《圣像》来描述我的作品，并不是指严格意义上的宗教之物。而是方形结构的绘画之光与其之上、之外的电光之间的等级与关系之物"。[1] 在此，弗拉文试图消除任何宗教定义而将"圣像"之构思作为方形结构与电光结合的图像联想。以《圣像七》(全名为《圣像七：十字交叉的方式》) 为例，2 英寸（约 0.051m）长的白色荧光灯管斜向固定于经过几何操作斜切的黑色底板之上，线型的白色光闪亮于黑色几何方体背景中，这件作品的背后清晰可见精心设计的木箱结构和电路，显示了一种超出传统绘画概念的现代制成品的"结构——形式"关系（图 3-2）。曾经拥有过这件作品的评论家、艺术史学家芭芭拉·罗斯 (Barbara Rose) 说："这件作品表明了弗拉文对俄罗斯前卫艺术家马列维奇、塔特林的崇敬。但弗拉文的作品从来就非如此简单，他是一位善于思考的神秘主义者。"[2]

尽管底板板箱的存在表明了弗拉文对传统绘画材料的抛弃立场，但它的形式与内容还是无情地出卖了这个系列作品与传统绘画和雕塑的联系，说明了此时的弗拉文仍然需要与传统的艺术语境与绘画图像建立联系。但这个系列最大的价值在于几何切割的板箱与附加灯泡的组合，透露了弗拉文将作品视为物件进行空间操作的企图。

❶ Corinna Thierolf and Johannes Vogt. Dan Flavin: Icons[M]. Schirmer/Mosel, 2009: 22.

❷ Dan Flavin: Corners, Barriers and Corridors[M]. New York: David Zwirner Books, 2016: 7.

图 3-1 《圣像》一、二、三、四（由左至右）

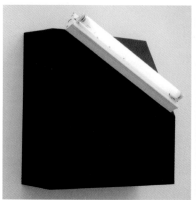

图 3-2 《圣像七》的正面与背面

2.图像寓意

对"图像"（Image）的理解是文艺复兴以来西方艺术理论的一部分。1435年意大利建筑师、人文学家莱昂·巴蒂斯塔·阿尔贝蒂（Leon Battista Alberti）使用类比分析法提出了绘画图像功能的最早界定，认为平面图像是认识现实的一个"窗口"："西方传统绘画图像中的灭点使观者认为他观看不是二维表面，而是一个画框限定的自然景观，犹如透过窗户向外观看。"[1] 由此，绘画中的自然再现图像也就成为西方古典艺术和文化的传统。同时，由于圣像在创造有形实体图像的同时也建立了一种崇高的神学现实，"圣像"一词在20世纪艺术中依然有着重要的历史意义。1915年马列维奇（Kasimir Malevich）以绝对的抽象绘画向传统的文化和宗教图像发出挑战，宣称他的至上主义绘画"黑色方块"就是"时代圣像"，这种大胆革新的艺术观念既启蒙了抽象艺术，也成为20世纪下半叶极少主义艺术和概念艺术的重要入口（图3-3）。

[1]Corinna Thierolf, Johannes Vogt. Dan Flavin：Icons[M]. Schirmer/Mosel，2009：8.

图3-3　马列维奇的至上主义绘画作品

"在开始和经过一段时日之后，我几乎无一例外地认为荧光就是图像"。[2]《圣像》是弗拉文试图超越传统绘画寻求新的艺术表现形式的结果，也是他试图建立空间中的图像的最早探索。尽管随后他抛弃了作为结构元素的条箱而专心于灯管这一材料元素，圣像系列依然奠定了他的艺术的两个重要特征：一是正面性（Frontal）与宗教神秘性结合而成的图像化特征；二是固定于结构边缘的光管显示了将光与空间相联系置于建筑环境之中的三维特征。"在传统圣像之下酝酿的创新观念，以及对传统透视法和再现手法的拒绝贯穿于弗拉文的整个艺术生涯，并使他的作品脱离展墙而走入空间"。[3]

[2]（澳大利亚）罗伯特·史密斯森，等.白立方内外：ARTFORM当代艺术评论50年[M].安静，主编.北京：三联书店，2017：28.

[3]同本页[1]：28-29.

3.1.2　图像之二：纪念符号

在完成了"圣像"系列作品后，弗拉文以单一的灯管作为创作材料继续拓展装置作品的图像特征：既有对几何特征空间内涵的挖掘，也有穿越时空的城市、建筑乌托邦的形象再现。

❶ 弗拉文的作品均为无题（Untitled），"无题"之后会加上朋友、艺术家或者批评家的名字，在表达敬意的同时也暗示了作品在题材、概念、历史、空间上与致敬者的关联性。

❷ Michael Govan, Tiffany Bell. Dan Flavin: A Retrospective [M]. Wash-ington: Dia Art Foundation and National Gallery of Art, 2005: 34.

1. 对角线

1963 年 6 月 25 日，弗拉文完成了"个人狂喜的对角线：向康斯坦丁·布朗库西致敬"（*The diagonal of personal ecstasy: to Constantin Brancusi*）❶ 的构思草图：斜向 45° 置于墙上的标准黄色灯管。这件创作源于他对罗马尼亚雕塑大师布朗库西的纪念与联想："我将'对角线'与布朗库西的杰作'无穷之柱'进行对比：人造之柱由木块切割后堆砌而成垂直的雕塑；对角线是一种蓄意的简化，一根标准长度的荧光灯管表明了可以减少的艺术处理。但两件作品都有着基本的视觉属性：人造之柱犹如古代的神话图腾直冲云霄；'对角线'在普通的日常用品之下却有着成为一个现代性的技术恋物之潜力。"❷ 按照弗拉文的理解，陈列于小的、半暗空间中的这件作品可视为他对教堂门厅中真实圣像的一首挽歌——荧光装置作为一件虔诚之物置于一种阴暗的工业氛围之中，发亮的灯光在黑暗的底色之中，犹如嵌入历史与文化的一把利剑。由此，弗拉文将装置作品从"圣像"系列的画框中解放出来，直接呈现于空白墙体之上，让我们同时了解光色与空间。发光的"对角线"再一次让人联想起天主教传统中的图像——一种联系上天与凡地的象征（图 3-4）。

从几何分析的角度看，对角线是长方形中最长的直线段，并隐藏着一个空间特性：对角线并不是单独呈现，必须与其无形、未描绘的矩形同时联想。可以看出，在弗拉文的这种线型符号之外，还有"之外的图像""联想的图像"与作品呈现的具体图像共存。

2. 纪念碑

1964 年，弗拉文提出了光的塑性（Plastical）特征："整个房间、室内均成为空间容器和它的组成部分：墙面、地面、天花，都可以容纳光但不

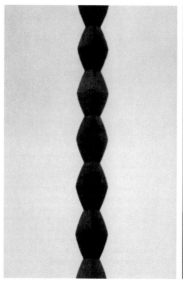
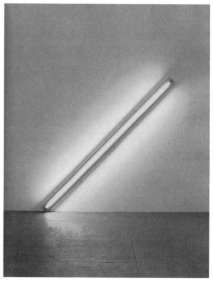

图 3-4　布朗库西的"无穷之柱"（左）与弗拉文的"对角线"（右）

能限制光除非包围光。意识到了这一点，我明白了可以通过真实的光来形成幻觉，从而打破一个真正的空间。"❶

英国艺术史学家卡米拉·格瑞（Camilla Gray）出版于1962年的著作《伟大的实验：1863—1922年苏俄艺术》对美国极少主义艺术家产生了极大的影响。弗拉文接受了前卫艺术家弗拉基米尔·塔特林（Vladimir Tatlin）的构成主义信念"真实空间中的真实材料"，将荧光灯管的基本物理属性作为空间中之物，先将之称为"图像—物体"（Image-objects），最后又简化为"装置"（Installation）。"纪念碑"（全称："献给塔特林"，Monuments for V.Tatlin）是1964—1990年间弗拉文完成的献给以塔特林为代表的俄罗斯艺术乌托邦时代（尤其是塔特林未能实现的第三国际纪念碑）的装置作品，"我将静态的灯管组合，点与点、线与线，在空间中呈现，这种戏剧化的装饰可以追溯到40年前的俄罗斯前卫艺术，我的乐趣在于从其'不完整性'的体验中创作作品"。❷从弗拉文的草图中可以发现一系列线型（灯管）图形和图像的组合尝试，其平面化的图像特征塑造了灯管之间的空间组合可能性，光装置作品也随之将绘画和雕塑变形为第三种媒体，既是侵入的也是超越的（图3-5）。

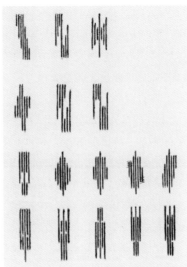

作为一种空间中的物体，"纪念碑"系列既是平面图形，也是空间构成。弗拉文向布尔什维克梦想家致敬的灯管图像作品一如光辉的坟墓，以闪闪发光的墓志铭来呼应梦想的破灭：塔特林的革命纪念碑由惊人的三维空间沦为艺术史中的抽象图像；弗拉文的"纪念碑"纪念但却失重，它们只是日常之光，现代、优美、虚幻、易逝。同时，这组作品的建筑符号也表明了它们既是乌托邦图像的挽歌，也是现时美国城市、摩天大楼描绘的新拜物教，既有对过去时光的留恋也有对明日世界的好奇幻想（图3-6、图3-7）。

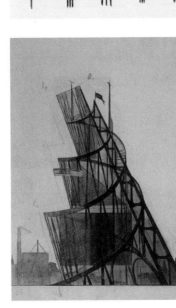

❶ Dan Flavin: Corners, Barriers and Corridors[M]. New York: David Zwirner Books, 2016: 10.

❷ Corinna Thierolf, Johannes Vogt. Dan Flavin: Icons[M]. chirmer/Mosel, 2009: 26.

图3-5　弗拉文"纪念碑"系列构思草图

图3-6　塔特林未建成的作品"第三国际纪念碑"

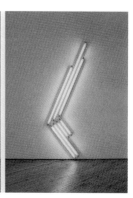

图 3-7　弗拉文"纪念碑"系列作品表达了对塔特林及其作品的致敬

3.1.3　图像之三：建筑元素

路易斯·康说："建筑始于房间，房间是思想之地。房间的尺度、结构、光线构成了它的特征与精神氛围，让我们意识到人类的思想改变的生活。"[1] 作为艺术家的弗拉文充分意识到房间在艺术创作中的重要性，1965 年后，弗拉文化身为建筑师系统地考察了作为展厅的画廊空间，思考将其装置彻底走出墙面、进入空间。丹·格雷厄姆（Dan Graham）在《艺术与建筑／建筑与艺术》一文中将与弗拉文的作品发生关系的建筑元素总结为："墙面的垂直、水平和对角线位置；房间的角落；地面；相对的外部光源（窗户附近、打开的门）；半可见／半不可见的部分，柱子后面，建筑支撑结构，或者壁龛；观众走进画廊之前经过的门厅，因而在观众走进来观看作品时改变了观众的知觉；进入画廊或美术馆的通道或前厅的外部空间。"[2]

❶ Louis Kahn. The Room, the Street, and Human Agreement[M]//Robert Twomby. Louis Kahn: Essential Texts [M]. New York: W.W. Norton, 2002: 253.

❷（澳大利亚）罗伯特·史密斯森，等.白立方内外：ARTFORM 当代艺术评论 50 年 [M].安静,主编.北京：三联书店，2017：190.

在这些建筑空间之中，弗拉文的装置作品解读了画廊的建筑性并使用作品与建筑的关系形成了图像化的建筑语汇：荧光灯管置于墙上、偏于墙隅、位于入口、置于地面……弗拉文不仅熟练地测量和安放灯管，还将建筑元素作为单一的构思进行创作，挖掘将光、空间、图像、建筑相混合的可能性（图 3-8）。1973 年在圣路易斯艺术博物馆举行的弗拉文作品展中，策展人艾米丽·普利策（Emily Pulitzer）最早发现了这些建筑元素并将之归类为角、障和廊。

图 3-8　弗拉文的灯管装置在展厅中占据空间并组合成新的图像

1. 角（Corners）

建筑意义上的墙角本是展厅中易忽视的消极空间，因为墙角带来的视觉效果犹如旋涡会分散我们的观察。在传统的东正教教义下，墙角是摆放圣像和虔诚之物的常见位置，弗拉文所崇敬的马列维奇的"黑色方块"最早就陈列于未来主义展览中的展厅墙角。弗拉文发扬了俄罗斯前卫派的空间理念，将传统绘画的正面性抛弃，

反向地巧妙利用墙角的空间特征来将光色混合形成建筑图像。

美国抽象表现主义艺术家巴内特·纽曼是弗拉文公开承认的精神导师，1970 年纽曼去世后，弗拉文创作了一系列与纽曼的空间理念息息相关的"角"来纪念纽曼（图 3-9）。"纽曼的作品创造了一种远离'图像制造'而占据真实空间的平面深度，弗拉文的作品以空间构成的三维图像显示了与纽曼的作品在艺术史和批评史上的关联性"。❶ 通过"角"之系列的草图也可以发现，弗拉文在草图中将三维的空间透视直接表现于二维坐标纸之上，传统绘画的正面性旋转 45°后，墙角的透视性与灯管构成的正面性同时存在于一个立体空间之中（图 3-10）。

图 3-9 巴内特·纽曼的抽象绘画"沙特尔教堂"（Chartres，1969）

❶Michael Govan，Tiffany Bell. Dan Flavin: A Retrospective [M]. Wash-ington：Dia Art Foundation and National Gallery of Art，2005：11.

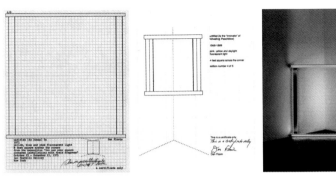

图 3-10 弗拉文的"角"作品的草图与展厅照片

2. 障（Barriers）

"障"在建筑学的定义上是不同功能空间的分隔，但在弗拉文的"障"模式中，空间中线型布置的发光灯管时而分隔空间、时而引导空间、时而暗示空间，本是建筑元素的构成之物因为灯管的材料性而化身为一种空间中的建筑元素图像。"垂直的竖条缝成为空间可交换性与复制性的逻辑暗示：我们的感知与流动的体验不可分割，犹如杜尚创作的可逆性结构体，弗拉文既让我们逗留于传统的图像空间，又将我们带领到一个新的物质化世界之中"。❷

❷Dan Flavin：The Architecture of Light[M]. New York：Guggenheim Museum Publications，2000：35.

创作于 1966 年的"穿过绿之绿：向缺少绿色的蒙德里安致敬"（*Greens Crossing Green：to Piet Mondrain Who Lacked Green*）是弗拉文"绘画＋雕塑＋建筑"的第一件重要作品。这件作品包含了两片由绿色灯管组成的高度不同的"障"之片段，其发散之光相互干扰，构架的长度取决于空间边缘的距离。在此，弗拉文首先通过标题表达了与蒙德里安抽象绘画内在的二维联系，其次通过有节奏的灯管组成的空间构建强调了作品的雕塑和建筑属性，半密闭的空间融化了空间中的绿光（图 3-11）。

3. 廊（Corridors）

走廊空间是建筑中的交通空间，一种不属于房间的空间。弗拉文的"廊"将廊的空间导向性进一步强化，有效地建立了一种依赖于直角空间的三维

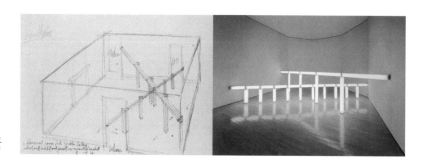

图 3-11　"障"作品："穿过绿之绿：向缺少绿色的蒙德里安致敬"

立方体空间，这种围合空间的"线"最早被文艺复兴时期的画家、建筑师所察觉，相交于一个假想中的连接点"视点"的线使观者理解空间的延伸，阿尔贝蒂将这种透视现象称为"视锥"（Visual Cone）。

　　弗拉文的"廊"事实上大多数是不能穿越的竖向空间分割（垂直灯管向两个方向照射），因此可以视为视线穿越和空间渗透的廊、障和房间之混合，"照明与空间之旅被鲜明的光色打断，光与空间同时控制住我们"。[1]廊中之障使廊被中断为两个不同的空间，呈现出两个不同混合色的空间连接及其差异。廊也在色彩与空间之间建立了直接的、接近的亲密关系，并将传统建筑中运动性的走廊空间转化为相对静态的光色图像，被定格的廊之图像使我们进一步理解弗拉文作品中的空间演变过程（图 3-12、图 3-13）。

[1] Dan Flavin: Corners, Barriers and Corridors[M]. New York: David Zwirner Books, 2016: 17.

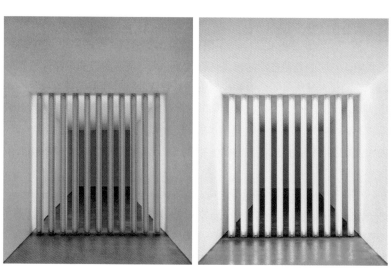

图 3-12　不同光色构成的"廊"之效果

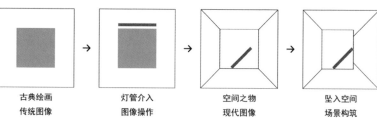

图 3-13　弗拉文空间中的图像构筑演化图

古典绘画　　　　灯管介入　　　　空间之物　　　　坠入空间
传统图像　　　　图像操作　　　　现代图像　　　　场景构筑

3.1.4 场景之构

现代艺术的"物"（绘画、雕塑、装置）基本都处于真实的三维空间之中，物与空间的关系是一种明确的概念。极少主义艺术家卡尔·安德烈提出了"场地"（Site）的概念：当作品与具体的场地结合时，空间才具有实际意义，并将传统雕塑到现代雕塑的空间发展过程概括为"作为形状的雕塑——作为结构的雕塑——作为地点的雕塑"[1]三个阶段。弗拉文将作品与空间的混合定义为兼具触觉感与运动感的"场景"（Situation），"观者感受的不再是物、雕塑抑或建筑，而是一种非物质的、半透明的力量——发光的骨骼将我们包裹，我们成为这种身体/构造的一部分"[2]。如果说安德烈的场地概念建立了之后在大地艺术（Land Art）中广为人知的"特定场地"（Site-specfic）的话，弗拉文的场景概念则进一步附加了必要的文脉特征（Context-specific）。或如梅洛·庞蒂（Maurice Merleau-Ponty）所言："我不是观者，我被牵涉其中。"[3]

1. 场景—空间

在弗拉文精心创作的"场景"中，荧光图像成为空间的一部分，时而明显、直观，时而隐喻、含蓄（图3-14）。场景中的图像功能主要有。

1）丰富空间：理解建筑空间，与特定的建筑空间紧密结合。

2）文化述求：将图像视为历史与文化的一部分在空间中呈现。

3）思考源泉：光色图像成为一种艺术、社会与文化思考的发源地。

在1996年弗拉文为米兰切萨罗萨教堂（Chiesa Rossa）室内设计的装置作品中，光线以四种不同的色调辐射，每一种色调代表教堂的一个隔间。"只有在弗拉文的灯光亮着的时候，玫瑰教堂才会唱歌。仿佛他给了我们一副神奇的眼镜，使我们进入一种恍惚的状态，这种现象总是无处不在，但很少有特定的性质"[4]。这一作品证明弗拉文可以唤起彩色灯光与神圣建筑之间的炼金术般的亲密关系，使光成为一种能够改变其他空间元素的元素。

[1] James Meyer. Minimalism-art and Polemics in the Sixties[M].New Heaven：Yale University Press，2001：131.

[2] Dan Flavin：Corners，Barriers and Corridors[M]. New York：David Zwirner Books，2016：17.

[3] Maurice Merleau-Ponty. Phenomenology of Perception[M]. Colin Smith（trans），London：Routledge and Kegan Paul，1962：304.

[4] Tiffany Bell. Light in Architecture and Art：The Work of Dan Flavin [M]. Marfa：The Chinati Fountain，2002：9.

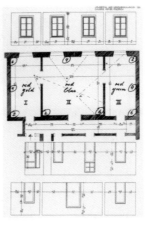

图3-14 弗拉文的作品基于对建筑空间的详细考察

❶ 弗拉文与纽约古根海姆博物馆结缘颇深，1959 年博物馆建设期间，他曾短暂工作于博物馆，在这段时期内他对展览空间的体验与观察也影响了后来他的作品与空间的关系。1992 年 6 月，他在纽约古根海姆博物馆大厅中举行了和崔西·哈莉丝（Tracy Harris）的婚礼。1996 年弗拉文去世后，他的展览主要由美国 Dia 艺术基金会（Dia Art Fountaion）旗下的丹·弗拉文艺术研究所（Dan Flavin Art Institute）及弗拉文的儿子斯蒂芬·弗拉文（Stephen Flavin）等负责完成。

1971 年至今，弗拉文先后多次为纽约古根海姆博物馆创作装置作品，古根海姆博物馆见证了弗拉文将艺术作品与建筑空间彻底结合的多次实验。❶ 在 1999 年题为"光之建筑"的主题展中，弗拉文的作品从赖特设计的这座著名建筑的空间特点出发，充分利用盘旋而上的展览空间和圆形玻璃顶的中庭空间，将光色与建筑空间融为一体（图 3-15）。在 1989 年德国巴登州立美术馆举行的"荧光与图解之光"个展中，弗拉文将一面端墙设计成由点光源（红）与线光源（白、兰）构成的红白蓝三色图像，向法国大革命胜利 200 周年致敬，作为符号的法国国旗以一种全新的光色图像得以呈现（图 3-16）。

2. 场景—建筑

弗拉文职业生涯的早期装置作品大多均处于展厅室内封闭空间中，20 世纪 80 年代后，他努力将作品渐渐延伸至建筑庭院和室外场所，使建筑的室内外空间均参与构成光色场景。

图 3-15　纽约古根海姆博物馆中的弗拉文作品

图 3-16　弗拉文用光效构成的法国国旗

1996 年休斯敦梅尼尔基金会（Menil Collection）邀请弗拉文将里蒙大街北侧一座建于 1930 年的仓库建筑改造成为他的永久作品陈列空间，在这之前梅尼尔基金会和抽象表现主义画家马克·罗斯科合作建成的罗斯科教堂已经成为现代绘画与宗教空间结合的重要建筑，因此很难想象弗拉文在构思这一空间时没有意识到仅仅几百米距离之外的罗斯科教堂的存在：在八边形的建筑中，罗斯科绘制了 14 幅巨大的包围着观者的黑色绘画，空间由自然光点亮。❶ 最终在这座长 35m、宽 15m 的被称为 "里蒙厅"（Richmond Hall）的建筑中，弗拉文表达了与罗斯科截然相反的艺术构思。"罗斯科教堂的空间是沉重、阴沉的，深紫、黑色、暗红和灰色构成的虚空色域；弗拉文则制造了一种光色电气之心醉神迷"。❷ 在罗斯科教堂中观者必须片刻之后才能适应其幽暗，在里蒙厅中，观者也得片刻之后才能感受到色彩之溶解，弗拉文将所有的现成品灯管垂直地置于房间的两面侧墙之上，色彩溶解后混合于空间中，天窗混入的自然光与上下错动、密集垂直布置的光柱构成盘旋而上的幻影，让人联想起教堂中常见的彩色玻璃窗（图 3-17）。

❶ 有关罗斯科教堂，可参见本书第 1 章第 1.2 节。

❷❸Dan Flavin：Corners，Barriers and Corridors[M]. New York：David Zwirner Books，2016：20.

图 3-17 弗拉文创作的休斯敦里蒙厅

作曲家莫塔·费德曼（Morton Feldman）认为："罗斯科深受华盛顿菲利普画廊中的一组作品的影响，置于小房间四周的绘画创造了一个类似教堂的空间环境。罗斯科称之为'小天主教堂中合唱团之和音'。"❸ 从这一点来看，罗斯科教堂可谓阴郁之安魂曲，而里蒙厅则是一首狂想与喜悦的欢乐颂。

3.1.5 图像之筑

与弗拉文同时代的美国现代艺术家唐纳德·贾德曾经撰文总结出弗拉文灯管装置艺术的三个特征❹：①荧光灯管作为光源，②灯光在周围环境

❹Paula Feldman，Karsten Schubert. It is What it is：Writings on Dan Flavin[M]. London：Thames &Hudson，2004：56.

或附近的实体表面散发；③灯管在实体表面或空间中的组合和构成。这三个特征组合在一起形成了弗拉文艺术中的图像之筑。

1. 材料

1857 年，法国物理学家亚历山大·贝克洛（Alexandre Becquerel）发明了荧光灯管，1938 年美国通用电气公司将之生产应用使其成为现代生活的常用品。弗拉文并不是第一位将电光作为材料应用于创作审美之物的艺术家。1919 年，丹麦音乐家、艺术家托马斯·维尔福瑞德（Thomas Wilfred）首先将光与音乐分离并提出"光晕"（Lumia）的艺术概念，随后阿根廷艺术家格于拉·克西斯（Gyula Kosice）和意大利艺术家卢西奥·丰塔纳（Lucio Fontana）在 20 世纪 40 年代都创作了霓虹空间装置。在这些艺术先驱的作品基础上，弗拉文充分发挥了 20 世纪 60 年代之后全球技术现代化的优势，验证了作为创作材料的荧光灯管的二元性：物之本性和图像的特性，"材料—空间—图像"的相互联系也就随之诞生。[1] "荧光灯管不仅将工业和消费社会的物体具体化，而且成为一种功能性的昼夜运作的动力（电气化）的象征"。[2] 或者说，弗拉文的灯管装置不仅仅作为一种低成本现成物（Ready Made Objects）组装而成的构成主义，还推动了一种由日常物品制成的新型甘美——一种来自廉价物品的庄严美了。

评论家常常将弗拉文的荧光灯管与马歇尔·杜尚（Marcel Duchamp）的现成物联系在一起，认为弗拉文是连接杜尚与 20 世纪 60 年代极少主义的一座桥梁。"它们都试图将艺术由传统的纯净手工和唯美主义带进一种新的视觉实践"。[3] 但客观地看，两者对现成物的使用是有别的：杜尚的手法侧重于新的艺术观念和哲学思想；弗拉文使用荧光灯管犹如其他艺术家使用油画颜料一样，是源于美学计算的创作材料与媒介的选择。

2. 空间

1920 年，风格派建筑师格利特·里特维德（Gerrit Rietveld）在荷兰马尔森医院的房间设计中用 4 根飞利普牌灯管组合而成空间构成成为建筑界光空间构成的先锋作品。随后，格罗皮乌斯在包豪斯办公室的室内设计中将空间原理与光效结合，勒·柯布西耶在罗许住宅、新精神亭的设计中都有相似的构思。这些现代建筑先驱设计中的光效元素更多的是一种建筑空间中的图像之物（Pictorial Object），而非弗拉文所追求的空间现象（Spatial Phenomena）。

在从 19 世纪末开始的视觉艺术发展之路上，弗拉文继承了乔治·修拉（George Seurat）新印象派的光色。修拉在将点彩技法合理化的创作过程中，迈出了艺术史上重要的一步而将传统绘画带至光色斑斓之体验。弗拉文重现了修拉将艺术转变为光源的这一过程：空间不再是艺术陈列的背景和中立，观者与其所处环境开始互动，坠入发光的、共振性的空间。"弗

[1] 弗拉文采用的荧光灯管具有单一的模数特征：长度（四种）——2、4、6、8 英尺（约 0.61、1.22、1.83、2.44m）；色彩（九种）——兰、绿、粉、红、黄、白（4 种不同的白）。

[2] Rainer Fuchs, Karola Kraus. Dan Flavin Lights[M]. Ostfildern：Hatje Cantz Verlag，2013：22.

[3] David Zwirner. Dan Flavin Series and Progressions[M]. Gottingen：Steidl，2010：86.

拉文在画廊空间中对灯光的设置，其意义在语境上取决于画廊的空间功能和电力照明被社会规定的建筑用途……这些灯管在与其他作品或与一个展览空间的特殊建筑特色发生关系时才具有意义"。[1]

3. 图像

客观地看，弗拉文20世纪60年代的作品扩大了人类植根于自然、历史、艺术、科技的感受，这种感受在与建筑空间结合后得到进一步放大。弗拉文意识到了这一点并认为："尽管我一直强调荧光与色的创作范畴，但依旧未能彻底地将观者从传统艺术（绘画、雕塑）的观看体验中解放出来。我依然认为杜撰的这个术语'作为物体的形象'（Image-object）能够最好地描述我对媒介的应用。"[2]

艺术史学家汉斯·贝尔亭（Hans Belting）在1990年出版的《图像与崇拜》中提出了"图像人类学"（Bild-Anthropologie）的概念，"图像人类学坚持把图像视为身体的替代物以及把身体与实质图像视为实体，让想象的图像可以盖印或投射于其上"。[3]弗拉文的装置与贝尔亭的定义不谋而合，灯管之电光图像与人类文化的想象图像在此重合，"1961年当弗拉文第一次展示他的荧光灯管作品时，荧光灯管一如安迪·沃霍尔1962年开始频繁使用的坎贝尔锡罐头图像一样，已成为一种寻常之物"。[4]沃霍尔的罐头、可口可乐、玛丽莲·梦露是商品文化的图像和流行文化的新圣像，弗拉文的作品是光电的空间影像。弗拉文的"光"不仅创作了戏剧化的形式来衍生极少主义之后的现代艺术发展，而且也是关于作为物的"艺术品"的图像之自然属性和边界的讨论，以及这种艺术图像在建筑学上的关系和影响。

4. 文化

丰富多元的现代艺术图像、空间表象的背后是人类浩瀚的历史与文化。美国的文化融外来文化与本土文化、传统文化与流行文化于一体，作为第二次世界大战后消费文化盛行时期诞生的弗拉文的艺术也不例外地成为美国文化的产物。去除灯管作为一种廉价大众之物的象征意义，我们还可以从美国的城市景观中寻找线索，在美国的城市、街道与建筑中，人造灯光随处可见：汽车旅馆的粉色霓虹，加油站屋顶上的醒目灯箱、电影院前的光色海报、商场中闪亮的金色灯光……"即使是功能性的灯光，如禁止、警告标示等也都散发出一种现代化的电光魅力。美国创造了一种地球上的新鲜奇观，一个拒绝黑暗的人造天堂"。[5]在《20世纪美国艺术》一书中，艾瑞克·多斯（Erika Doss）将这一现象概括为一种图像中的"美国事物"（American Things）。[6]弗拉文的电光图像融合了哥特怀恋、乌托邦破灭、太空计划、物质欲望等隐喻，这种隐喻已经成为美国文化和人类文化中或隐或现的一种符号，一种将极少主义的精确与流行文化人文相结合的符号。

[1]（澳大利亚）罗伯特·史密斯森，等.白立方内外：ARTFORM当代艺术评论50年[M].安静，主编.北京：三联书店，2017：189-190.

[2] 同本页[1]：28.

[3]（英）理查·雄恩，约翰·保罗·史多纳.艺术史学的世界观：从宫布利希与葛林柏格到阿尔帕斯及克劳斯[M].王圣智，译.台北：典藏艺术家庭，2017：290.

[4]Jeffrey Weiss. Dan Flavin：New Light[M]. New Haven& London：Yale University Press，2006：82.

[5]Paula Feldman, Kar-sten Schubert. It is What it is：Writings on Dan Flavin[M]. London：Thames &Hudson，2004：281.

[6]Erika Doss. Twentieth-Century American Art[M]. Oxford：Oxford University Press，2002：80.

3.1.6　结语

有一天，所有的艺术都会走向光。

——亨利·马蒂斯 ❶

❶ Paula Feldman，Karsten Schubert . It is What it is：Writings on Dan Flavin[M]. London：Thames &Hudson，2004：35.

1967 年，环境肖像摄影家阿诺德·纽曼（Arnold Newman）为弗拉文拍摄制作了一张特别的照片：弗拉文手持红白色灯管，被四面发光的墙壁所包围。这张照片几乎成为弗拉文作品的说明书，完整地呈现了弗拉文图像构筑的三个重要元素：作品、环境和观者，空间将三者联系在一起并居于核心地位（图 3-18）。

图 3-18　阿诺德·纽曼拍摄的展厅中的弗拉文

❷ 同本页 ❶：282.

20 世纪艺术的重要特征是创新，现代艺术家不满足于从 19 世纪之前的历史与传统中表达观念而自主地创造了新的视觉语言。"弗拉文对色彩的喜爱源自绘画，早期的他曾向马蒂斯致敬；他对空间形式着迷，一如雕塑家在空间之中'作画'；他还是建筑师，将空间变形：光激进地改变了空间感受，证明光是建筑的一部分而不仅仅是一种装饰"。❷ 以科学和技术革命为背景，弗拉文改变了观众对绘画与图像的传统观念。光既是题材又是媒介，在对艺术的界限进行再定义的同时也构筑了现代建筑空间中的图像史。

1. 坠入空间的艺术图像

现代艺术从再现（Re-presentation）走向图像（Image），融入建筑、坠入空间。植根于历史与文化、日常生活的艺术图像的构筑过程也见证了艺术家和现代艺术自律性的自我进化。

2. 作为中介之建筑场景

作为物质材料与视觉感受的终结者，以弗拉文的装置为代表的现代艺术作品刺激了"空间——场所——场景"的发展过程，建筑场景建立了艺术作品与空间感知相互对立又相互调和的双重关系。

3.2　光之幻：詹姆斯·特瑞尔艺术中的建筑进化史
3.2　Illusion of Light：The Evolution of Architecture in James Turrell's Art

　　我的作品与建筑空间相关。在某种程度上，为了控制光，我必须寻求到一种让光成形的方法。我运用建筑形式正如绘画中的画框，这是我运用建筑形式的真相：我对空间形式、边界形式以及我们如何在空间中居住和感知感兴趣。

——詹姆斯·特瑞尔 ❶

❶Michael Govan，Chri-stine Y. Kim. James Turrell：A Retrospective[M]. Los Angeles：Los Angeles County Museum of Art，2013：131.

❶❷Meredith Etherington-Smith. JamesTurrell: A Life in Light[M]. Paris: Somogy Publishers，2006: 2.

❸Michael Govan, Chri-stine Y. Kim. James Turrell: A Retrospective[M]. Los Angeles: Los Angeles County Museum of Art, 2013: 131.

❹同本页❶:7.

光是一种物质吗？

在人类伟大的诗篇、小说和绘画中，光是永恒的主题。白居易词云："草色烟光残照里，无言谁会凭阑意。"法国存在主义小说家阿尔贝·加缪（Albert Camus）说："光是一种燃烧的快乐，一种使人发狂的虚无。"❶美国现代诗人艾米丽·迪金森（Emily Dickinson）写到："光是一种无法忍受的真理之光辉。"❷在现代艺术中，从马列维奇到亨利·马蒂斯，从马克·罗斯科到丹·弗拉文，均使用抽象形式来描绘神圣之光、电气之光。但是没有一位艺术家像詹姆斯·特瑞尔（James Turrell，1943至今）所做的那样，以表现光的"物性"（Thing-ness）来探究光的体验并映射人类奇妙又复杂的感知天性，正如他所言："光无需去揭示什么，光本身就是启示。"❸

特瑞尔是美国南加州光与空间运动（Light and Space Movement）的先驱艺术家，他善于使用建筑空间作为媒介来表现与探索人类对于感知、感官、空间转换的视觉和心理反应。"人类需要描述和描绘，因此特瑞尔的作品可以通过建筑和技术的词汇得到呈现"。❹特瑞尔的作品种类众多，但均围绕着人类对光的认识、感知甚至幻觉展开，而空间、构筑和建筑是他的作品的基本构成之物与恒久中介之物（表 3-2）。

表 3-2　特瑞尔作品简表

类型	主要作品名称	光空间特点与环境特征
空间现象	投射空间、浅空间、契形空间、空间分割	建筑空间的透视原理与视觉原理，片段化的光效体验，一般采用单色人工电光；作品基本位于室内，尺度较小
建筑装置	黑暗空间、天空空间、光之建筑、自治构筑	较为完整的室内空间设计或室外构筑物设计，有完整的路径、开口、边缘、序列等建筑元素；室内采用人工电光，室外观察自然天光，后期作品室内连通室外
大地艺术	罗登火山口（美国）、天空花园（爱尔兰）、天顶（荷兰）	嵌入自然环境的建筑物，放大的天文观测器；观测对象为日、月、星辰；大地尺度，与自然地形、环境紧密相连

3.2.1　视觉之光——空间现象

我们对世界的观看与理解源于视觉，光与空间的关联首先以视觉方式呈现。1966—1974 年间，特瑞尔将加州海洋公园附近的门多塔旅馆（Mendota Hotel）租下并将之改建成"光与空间"实验室，创作了大量室内空间来呈现光的视觉性。"门多塔时期"奠定了特瑞尔艺术创作的基本手法和素材，也构成了他随后几乎所有艺术作品的原型。

1. 投射空间（Projection Space）

"投射空间"基于空间的精确计算，将单方向强照度光源投射于墙面或墙角，形成一种兼有二维与三维特征的光之影像，建筑墙面上的光照平面依赖于人眼的观察和空间认知形成三维体积图像，特瑞尔将之分为两种

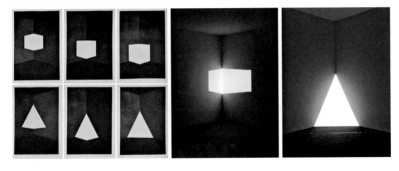

图 3-19 "直墙角投射"设计图
及展厅效果

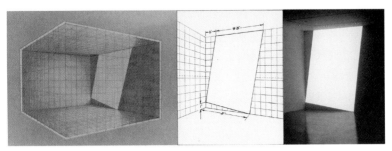

图 3-20 "单墙面投射"设计图
及展厅效果

类型：直墙角投射与单墙面投射。直墙角投影中，观众会看到一个发光的长方体或三角锥悬浮于地面之上；而在单墙面投射中，观众则会对被照射区域周围墙体的深度产生感知错觉（图 3-19、图 3-20）。

投影系列利用了人的视觉错觉并和同时期的绘画和雕塑密切相关，可以视为一种超越绘画尺度的艺术创作。艺术史学家安德鲁·狄克松（Andrew Granhan-Dixon）认为特瑞尔的早期投影作品还与好莱坞电影场景的虚构性有关。"他的作品可以视为一种持续的不确定的，去除角色、动作和故事的一种迷之纯净的低电影"。❶

2. 浅空间（Shallow Space）

特瑞尔以投射装置为基础，进一步创作了"浅空间"系列作品。在一个典型的"浅空间"中，他将一面新设的墙设置于已有的墙体之前，增设之墙的建造目的是分隔光。"我运用绘画中的设想空间（Hypothetical Space）来设置空间中的墙体作为光投影的平面，光的投影距离距墙 2 ~ 3 英尺（约 0.61 ~ 0.91m），犹如墙上开设的洞口，随后墙的开口边缘呈现为无厚度，光可以从墙的后方照出，至此，'浅空间'诞生——一种与墙体同样平整的光空间：三维空间获得二维化效果"。❷和之前在墙面或转角呈现的投射光不同，"浅空间"更专注于光效的建筑性，犹如一个由墙构成的"盛"光的容器，在这个系列作品中，观众是从墙的背面来观看的（图 3-21）。特瑞尔认为该系列是承前启后的创作，"洞中之光投射而出，物质性的建筑空间将之呈现。浅空间既是对投射空间的尺度翻转，也提供了一种之后作品形式的可能性"。❸

❶ Meredith Etherington-Smith. James Turrell: A Life in Light[M]. Paris: Somogy Publishers, 2006: 30.

❷ Michael Govan, Christine Y. Kim. James Turrell: A Retrospective[M]. Los Angeles: Los Angeles County Museum of Art, 2013: 47.

❸ 同本页 ❷: 76.

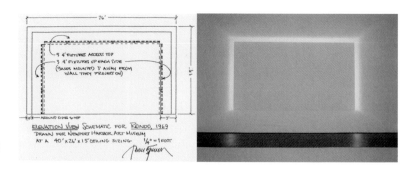

图 3-21 "浅空间"设计图及展厅效果

❶Craig Adcock，James Turrell[M]. Tallahasse：Florida State University Gallery and Museum, 1989：21.

"在所有的浅空间中，对空间的片段化观看是特殊的和回避形式的，光的闪耀能量冲淡了由房间的流线组合形成的维度线索"。❶ 与"投射空间"相比，"浅空间"不需要高强度的人造光，只需要标准照度的光线即可。同时，"投射空间"之光表现为一种二维光面形成的三维错觉，而"浅空间"却将真实的三维空间之光显现为二维图像。

3. 契形空间（Wedgework）

1969 年开始，基于建筑学的透视原理，特瑞尔将浅空间装置与墙角装置进一步发展：平面上呈契形角度的墙体斜向分割空间，墙体及其背后隐藏的光源在黑暗的室内形成多重透明的"光幕"，契形空间有着各种色彩、照度与尺度的差异，从奶白色到亮绿，从小空间到整个房间，产生了一种透视学的空间进入感。"契形"这一名称既来自该空间的平面和透视形式也源自特瑞尔在飞行中对自然现象的观察：契形产生于冷空气（浅空间产生于暖空气）。"当你飞行时，不同的视觉随着天气和水蒸气而产生，'契形'中不同程度的模糊、半透明、透明都由空间中光的存在形式而形成"。❷

❷Mark Holborn. Air Mass：James Turrell[M]. London：South Bank Centre, 1993：34.
❸Michael Govan, Chri-stine Y. Kim. James Turrell：A Retrospective[M]. Los Angeles：Los Angeles County Museum of Art, 2013：89.

从特瑞尔的设计图中可以发现：在契形空间中，荧光光源藏于隔墙之后，组合成分散的空间来创造一种透明的光屏效果，观者或坐或立于其间，沉浸于光的迷雾之中（图 3-22）。"观者在其中的时间越久，他的注意力就越集中，每个观者都会基于感知形成各自关于光的逻辑的理解"。❸

4. 空间分割（Space Division）

"空间分割"由两个大小类似的相邻空间构成，分割两者的墙中间有一个长方形开口。较亮空间的光线沿着内壁渗入观者所处的较暗空间，使空间整体达到微妙的平衡（图 3-23）。特瑞尔声称："通过控制光的不透明度与视线的穿透，观察者所在空间的光与被观察空间之光建立了一种平衡。"❹ 通过"空间分割"，他以视觉的巧妙穿透，突破传统形式制造了"空间中的空间"。"我从平面图像走向边缘的切割：空间呈现为模糊的平整空间，期待观者有意识地进入和感受"。❺

❹Richard Andrews. Inter-view with James Turrell [M]// James Turrell. Sensing Space. Seattle：Henry Art Gallery, 1992：32.
❺ 同本页 ❸：47.

虽然原理差异较大，但展厅中的"浅空间"与"空间分割"是极易混淆的。笔者在现场考察与分析特瑞尔构造设计图纸后，总结出一条简明的辨别之道："浅空间"之光类似于"光框"（Frame），而"分割空间"则是一个

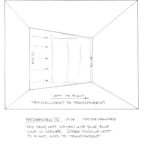

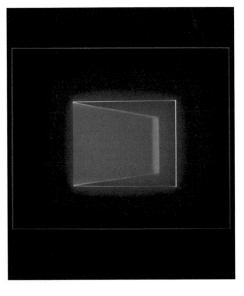

图 3-22 "契形空间"设计图及
展厅效果

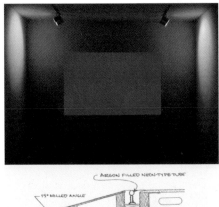

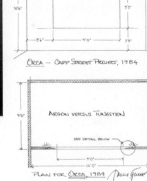

图 3-23 "空间分割"设计图及
展厅效果

没有"画框"之"光面"（Surface）。此外，"'投射空间'中的亮光是墙面消失，造成一种切口的错觉；'空间分割'却正相反，以一个真实的切口创造了视觉上的封闭"。[1] 或者说，"投射空间"通过光建立形体是一种"从表面到孔穴"关系，"空间分割"通过光的错觉消除空间，是"从孔穴到表面"。

上述四种空间光效分别源自特瑞尔设计并建造的四种"空间——视觉"关联方式，建筑空间的科学与严谨作为光效的基础，但人的视觉特性是其核心，视觉的错觉、联想和幻想功能与空间紧密结合。他的后期作品常常将多种空间效果相混合成为一种综合性的空间体验，如 1976 年后开始创作的"全域装置"（Ganzfeld）系列。同时，特瑞尔将自己的早期作品视为一种以光为材料的绘画也显示了这一时期作品与战后抽象表现主义绘画的密切联系。

[1] Craig Adcock. James Turrell：The Art of Light and Space[M]. Berkeley：University of California Press, 1990：145.

3.2.2 感觉之光——建筑装置

1974 年后，特瑞尔撤离门多塔旅馆，走向展厅、画廊、美术馆和室外场地，以直接的建筑性创作拓展"光与空间"艺术的可能性。

1. 黑暗空间——寻找光明

特瑞尔注意到与人类视网膜细胞结构相关的视觉感知的多元性：在幽暗中，红色花朵较为黑暗，绿色花朵较为明亮。基于这个视觉特性，特瑞尔先后创作了"盲视"（Blind Sight）和"黑暗空间"（Dark Space）：一个全黑的空间，随着眼睛对黑暗的适应，微弱的光之影像犹如教堂中的烛光慢慢呈现在对面的墙上（图 3-24）。

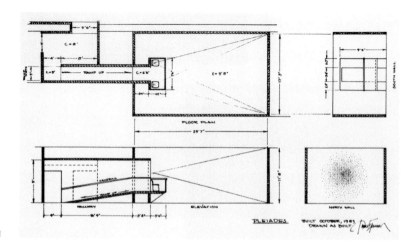

图 3-24 "黑暗空间"设计图

❶Kenneth Baker.Meg Webster and James Turrell at Mattress Factory[J]. Art in American, May 1985: 179.

"寻位坐下，你被黑暗与宁静包围，只有一些光的浅雾在你眼前，过于暗淡并难以定义的空间，人类在空间之中寻求自己的位置"。❶ 为了达成从黑暗中寻求光明的视觉感受，特瑞尔从空间序列与体验的角度精心设计了"路径——空间——感知"，平面上持续的折线使观者在重复的运动中获得对未知空间的期待，标高设计的抬高使这种进入空间的运动获得了一定的升起暗示。最终的观看平台嵌入矩形的房间之中，形成了一种类似冥想空间的尺度。特瑞尔声称黑暗空间是他最喜爱的作品之一，是具有里程碑意义的关键性作品。"与冥想空间相关，但在此眼睛却是睁开的，触觉和知觉亦是开放的"。❷

❷Michael Govan, Christine Y. Kim.James Turrell: A Retrospective[M]. Los Angeles: Los Angeles County Museum of Art, 2013: 97.
❸Gernot Böhme. The Phenomenology of Light[M]// James Turrell: Geometry of Light[M].Ursula Sinnreich, Ostifildern: Hatje Cantz, 2009: 72.

现象学家赫尔诺特·博默（Gernot Böhme）在评论特瑞尔"黑暗空间"系列作品时说："光并不是可视的唯一前提。光与黑暗是平衡的，光虽是观看的根本条件，但黑暗可以使我们看见某些事物。"❸ 这一概念与 1954—1967 年间美国艺术家阿德·莱因哈特（Ad Reinhardt）的黑色绘画概念相似：伴随着微妙的红色线条、蓝绿水平或垂直线条，观者可从其巨幅的方形黑色绘画中感受到绘画中的几何形体。20 世纪 60 年代中期特瑞尔在参加了莱因哈特演讲后，感慨于莱因哈特从黑色中提取色彩的能力，以及黑色系列对观者身体行为的关系，并将之与马克·罗斯科的单色绘画进行了对比："我认为罗斯科对光有着非常深刻的感情并以一种非常严格的方式来呈现崇高，而莱因哈特从黑暗中提取色彩，在我看来是现象学的。"❶

2. 天空空间——坐井观天

"在'浅空间'后，我开始切割结构、提高视平线，直至'天空空间'（Skyspaces）。因此，在我的作品类型学中有着一种绘画平面的进化，在穴墙中，你面对它、走近它、穿越它，最终来到图像产生的空间之中"。❷特瑞尔的"天空空间"是他最广为人知的场所艺术作品，合计有35座建成：一个封闭的房间，沿墙设置长凳，屋顶开口（方形或圆形），透过开口观者观察天空、阳光。尤其在黄昏或黎明时分，一小时左右可以观察到天空和天光的色彩与浓度变化（图3-25、图3-26）。"通过将对天空的观察降至屋顶的洞口，这些构筑将室内空间与外部空间联系在一起，创造了一种既完全向天空开放又看上去自我封闭的空间"。❸

❶❷Michael Govan，Christine Y. Kim.James Turrell：A Retrospective[M]. Los Angeles：Los Angeles County Museum of Art，2013：47.

❸Barbara Haskell，Melinda Wortz. James Turrell：Light and Space[M]. New York：Whitney Museum of American Art，1980：33.

图3-25 "天空空间"中屋顶的方形和圆形开口

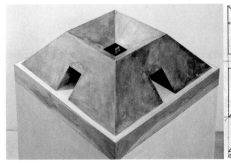
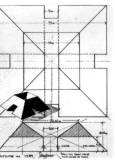

图3-26 1989年设计的"外与内"（Outside in）方案

"天空空间"在将帕提农神庙顶部开口的神圣之光转换为感觉之光的同时，也与"空间分割"直接相关：洞口的位置从"空间分割"中的墙面升至"天空空间"中的屋面，观察的对象由人造光变为自然光，对"光与空间"主题的关注也由"制造光"向"感受光"转变。"特瑞尔最有特色的作品是关于空间观察的，锋利的墙体边缘不再是勾勒出一个空旷的房间而是指向开阔的天空"。[1] 这些有着屋面开口的向天空开放的房间，提供了直接的色与光消除了形象、影像的干扰，使我们对现代艺术个性化的感知达成了一种戏剧化的效果：在人类的传统认知中，天空是一种远离我们的物理空间，特瑞尔却将遥远的真相直接在我们面前呈现，从而填补了感知与被感知之间的鸿沟（图 3-27）。

❶Kirk Vannedoe. Pictures of Nothing: Abstract Art since Pollack[M]. Princeton and Oxford: Princeton University Press，2006: 121.

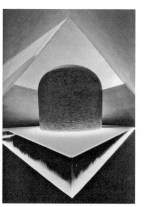

图 3-27　2010 年建成的"有或无"（Within Without）

3. 光之建筑——自治之构

1984 年，特瑞尔与建筑师罗伯特·曼古里安（Robert Mangurian）合作完成了加州克劳斯·派加斯葡萄园酒厂（Domaine Clos Pegase Winery）设计竞赛方案，由天空空间、天光井与连廊构成的厂区设计成为艺术家与建筑师合作设计的典型案例（图 3-28）。[2] 建筑师克雷格·霍德盖兹（Craig Hodgetts）在评论这一方案时说："正如马列维奇寻求超越形象的边界，曼古里安和特瑞尔在此创造了一种纯净、几何、简洁的建筑。通过消除符号特征，以技术手段获得了几何纯净。他们这种消除图像性的建筑构成了沉默但和谐的空间语汇。"[3]

❷ 该竞赛的获奖方案为建筑师迈克尔·格雷夫斯（Michael Graves）与艺术家爱德华·苏梅特（Edward Schmidt）合作完成。
❸Craig Adcock.James Turrell: The Art of Light and Space[M]. Berkeley: University of California Press, 1990: 133.

20 世纪 80 年代开始，特瑞尔创作了大量的非功能性的建筑空间来作为光与环境中介的体验空间，或者说是一种转换之物来探求物之建筑的边界

图 3-28　加州克劳斯·派加斯葡萄园酒厂方案模型

和意味的双重性。"在建筑学中，通常更多地制造形式而非创作空间。我做的艺术是反建筑的"。[1]特瑞尔将这些建筑性作品命名为"自治构筑"（Autonomous Structures），当谈及自治构筑与建筑的关系时，他说："它们与窣堵坡（Stupa）类似，如果你观察窣堵坡，你会发现一种宇宙的象征——静态的高台建筑。我让光从上照进构筑，使人产生一种海底的感觉，不是与天空相遇的感觉，而是天空本身。我了解如何设置构筑与外部空间来形成这种类似的宇宙象征。"[2]

从建筑分析的角度看，特瑞尔的"天空空间"和"自治构筑"有以下三个特征（图 3-29 ～图 3-31）。

1）几何性：哥白尼的天体理论基于亚里士多德的完美设想：宇宙可以通过完美几何图形得到体验。18 世纪末以列杜（Claude-Nicolas Ledoux）、布雷（Etienne-Louis Boullee）为代表的欧洲建筑师设计的圆形、方形建

[1] Peter Noever. James Turrell: The Other Horizon [M]. n-Ruit Ostfildern: Hatje Cantz Verlag, 2001: 195.

[2] Richard Andrews. James Turrell: Sensing Space[M]. Seattle: Henry Art Gallery, 1992: 48.

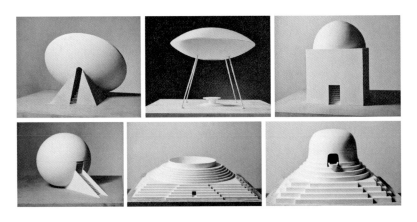

图 3-29　具有明显的几何性特征的"自治构筑"

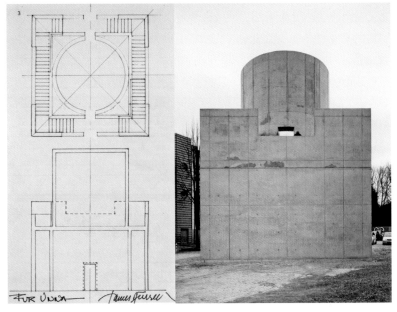

图 3-30　"第三次呼吸"（The Third Breath，2005 年）

图 3-31　自治构筑的多种建筑材料

筑已成为几何性建筑的基本原型。特瑞尔巧妙地将天体象征与建筑原型相结合，几何形式也就成为天与地的中介形式。

2）封闭与开放：进入室内、观察天空构成了人在其中的基本行为，因此构筑的室内较为封闭，唯一的开口位于屋顶，整体上形成一种由封闭向开放转换的"坐井观天"的视觉感受。特瑞尔通过特别的构造设计，使开口边缘视觉上无厚度，在消解建筑性的同时也造成了一种纯粹开口的含义。

3）环境特征：特瑞尔设计的光之构筑往往独立于场地呈现几何形或嵌入自然环境来加强与环境的呼应，建筑材料往往取自周围环境，石材、木材、金属、混凝土都是他用来取得环境协调的常见材料。

3.2.3　知觉之光——天与地

今天的人类早已明白知识源于感知，而人类的感知又源自可变的环境。"特瑞尔的艺术始于以光为主题的空间创造。尽管人类总是努力寻求明确的建筑性物理边界，但他通过光的控制去除了建筑空间的物质形态而成为一处无穷无尽的知觉空间"。[1]

❶Richard Andrews. James Turrell: Sensing Space[M]. Seattle: Henry Art Gallery, 1992: 48.

1974 年，来自古根海姆基金会和 Dia 基金会的资助使特瑞尔有机会实施他最伟大的艺术构想。经过数月长达 500 多小时的空中飞行考察，并听取了美国宇航局（NASA）科学家爱德华·沃兹（Edword Wortz）及 SOM 建筑事务所的意见，他几经周折购买了亚利桑那州北部的佩恩蒂德沙漠的一处死火山遗址，以此为基地开始创作其史诗性的作品"罗登火山"（Roden Crater）：既是大地艺术的极致纪念碑，也是功能性的巨型裸眼天文观测台。[2]

❷在整个罗登火山项目的规划和建造过程中，为了测算火山口隧道和孔径的开挖和定位，特瑞尔咨询了一些著名的天文学家，包括洛杉矶格里菲斯天文台（Griffith Observatory）站长克鲁普（E.K. krupp）和美国弗拉格斯塔夫罗威尔天文台（Lowell Observatory, Flagstaff）的天文学家理查德·沃克（Richard Walker）。

❸Michael Webb[J].A+U，2002，7：16.

1. 自然——日月星辰

罗登火山以对光的不同体验为组织，在火山的内部设计建造了一系列房间、路径、隧道，以及火山口表面向天空的开口来形成对罗登火山自然环境的介入。由 21 个观测室和 6 条隧道构成的该项目持续建造了 40 余年，计划于 2020 年后全部完工（图 3-32、图 3-33）。"犹如古代爱尔兰的纽格莱奇墓（Newgrange）和古埃及阿布辛贝勒神庙（Abu Simbal）中的裸眼观测台，罗登火山中的房间使我们通过观察星辰的运行来感受时间的流逝"。[3]

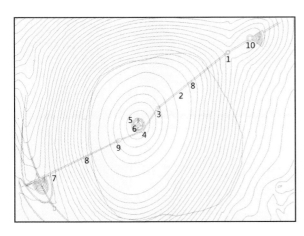

1. 日月空间

2. α隧道

3. 东入口空间

4. 前厅

5. 螺旋形通道

6. 火山口观测空间

7. 露天剧场

8. 大门

9. 西入口空间

10. 火山喷气孔空间

图 3-32　罗登火山项目总平面图

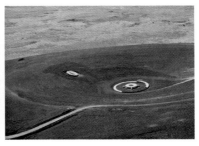

图 3-33　罗登火山 1974 年、2005 年对比照

特瑞尔在此运用了各种天体现象的原理，如月运周期和夏至、冬至的二至点原理等。并依此设计隧道和观测空间，这种设计和建造在人类建筑的尺度上是罕见的。其中的大多数现象每日可发生一次，但亦有一处观测月运周期的空间每 18.6 年才能发生一次。罗登火山是一个多重象征性建筑的混合物，兼具现世性和神圣性：它不是任何传统意义上的纪念碑，外部形式也不凸显于所处的自然环境中。但它在营造光、风景和天体之梦幻的同时，干扰并唤醒了我们对自然与宇宙的主观认识。"这个空间将揭示人类与时间、空间、光的关系的主观性——从日出到日落，作为物质之光的感动"。❶

2. 大地——山川沙海

20 世纪 60 年代，受地震文化与政治变革的影响，欧美艺术家纷纷走出封闭的画室，迈入广阔的大自然，英国以安迪·高兹沃斯（Andy Goldsworthy）、安东尼·格雷姆（Antony Gormley）为代表的艺术家以雕塑、表演、摄影等形式颠覆了几近没落的景观艺术的陈旧观念，展现了追求景观与自然的大地艺术运动（Land Art），而在大西洋东侧的南加州地区涌现了以特瑞尔为代表的大量光效艺术家，如布鲁斯·瑙曼（Bruce Nauman）、拉里·贝尔（Larry Bell）等。"光与空间运动"将光的物性发挥到极致：光既是一种物质，亦成为视觉感知之中介。

罗登火山可谓特瑞尔将光与空间艺术与大地艺术相结合的野心之作，

❶Michael Webb. [J].A+U，2002，7：16.

❶ Meredith Etherington-Smith. JamesTurrell: A Life in Light[M]. Paris: Somogy Publishers, 2006: 41.

也是人类知觉重回穴居时代的一种体验性建造。在过去的 40 多年中，他移除了超过 130 万 m³ 的岩石和土来改变火山的形状，凿出了隧道和"感光空间"，建造了蜂巢状的房间来割裂、引导日、月、星辰之光。"尽管改变了土地的形状，他仍坚信艺术的目的不是创造'物'，而是建造一种体验的中介之物——打开新的感知，鼓励人类重新认识世界"。❶ 正如伟大的英国风景画家威廉·特纳（William Turner）让我们领略到从未意识到的壮丽夕阳，特瑞尔鼓励我们更多地观察一直围绕着我们的光、空气。他的作品时而壮美，时而炫目，时而神秘，但这一切都是作品的开始——这些作品如何被观看和感知，如何改变人类的观看行为，才是最重要的（图 3-34、图 3-35）。

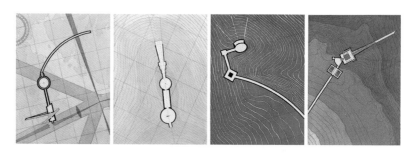

图 3-34　罗登火山项目设计图

图 3-35　罗登火山室外与室内场景

罗登火山项目中的建筑虽然围绕着"隐入大地"这一主题，但其具备完整的流线、功能、空间和造型，因此也引起了建筑界的广泛关注。2002—2007 年，由威尼斯建筑大学（IUAV）建筑规划系和数字建筑实验室组成的研究团队与特瑞尔深入合作，完成了该项目的数字化建模及空间模拟，使更多的人可以通过现代化的建筑设计手段分析和理解这一尺度巨大之作。迈克尔·韦伯（Michael Webb）在《风景建筑与亚利桑那沙漠之光》一文中将特瑞尔与亚利桑那州建筑师威尔·布鲁德（Will Bruder）、瑞克·乔（Rick Joy）等联系在一起，认为他们的作品共同延续了由赖特设计的西塔里埃森奠定的沙漠建筑风格，构成了亚利桑那州的整体建筑风貌。

3.2.4　个人背景

特瑞尔 1943 年出生于洛杉矶一个中产阶级的震教家庭，1965 年在波莫纳学院获得了知觉心理学（Perceptual Psychology）学士文凭，这个专业使他广泛地接触到物理、化学、天文学和地理学。❶后来他又就读于加州大学欧文分校，学习艺术理论和艺术史。特瑞尔经历丰富，受到诸多来自家庭、社会、历史和人文因素的影响，其中震教和飞行构成了他个人背景中的最重要两点。

1. 震教：冥想的内在之光

震教又称震教教友会（Shakers），是安妮·李（Ann Lee）创建的源属英国贵格会（Quaker）的美国教派分支。震教在今天广为所知的是它在艺术上的贡献，尤其是音乐和室内设计风格方面，它的"美乃是寄居于实用性之中"的观念与极少主义设计及禅宗思想都有一定的关联。在日本南寺、地中美术馆等项目中与特瑞尔多次合作的建筑师安藤忠雄也深受震教的影响，他在 1978 年参观了位于波士顿的震教中心汉考克（Hancock）村落后感慨道："（震教建筑）空间被谨慎地赋予秩序。我认为那可以说是，从人类欲望的最低限度所削落的碎片中创造出来的终极形态。"❷特瑞尔承认谷崎润一郎所著《阴翳礼赞》中对光的描述是他灵感来源之一，与东方文化中的光的认识类似，震教认为每个人都拥有"内在之光"（The Light Inside）：即使我们闭上双眼，我们依然拥有知觉与幻觉。20 世纪 60 年代，特瑞尔参加了约翰·凯奇（John Cage）著名的抽象音乐演奏"4′33″"，"我对凯奇的表演印象深刻，虽然我当时并不理解，但我意识到了它的重要性。在那个时刻，我体会到凯奇的表演挑战了我们对物的理解"。❸凯奇的无声音乐既使特瑞尔感受到与震教教义的共鸣，也开启了他"无中生有"的艺术创作灵感。

1999 年，特瑞尔与建筑师勒斯列·埃尔金斯（Leslie K.Elkins）合作，设计、创作了休斯敦橡树之友震教会客厅。特瑞尔在一个位于住宅区的中型公共空间的屋顶中央开设了方形弧面的洞口，方形洞口使震教的冥想活动与天空感知结合在一起，弧面则加强了洞口的向心性。这一作品在继承震教传统的同时引入现代建筑空间概念，成就了对震教的致敬（图 3-36）。

❶20 世纪 80 年代开始关注特瑞尔的艺术史学家克雷格·艾德科克（Craig Adcock）认为特瑞尔艺术兴趣的出发点直接源于实验心理学而非任何绘画、雕塑和建筑中传统的使用光的方式。

❷（日）安藤忠雄.安藤忠雄都市彷徨 [M]. 谢宗哲，译.宁波：宁波出版社，2006: 37.

❸Craig Adcock.James Turrell：The Art of Light and Space[M]. Berkeley: University of California Press，1990: 4.

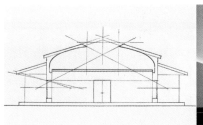 

图 3-36　特瑞尔设计的震教会客空间

2. 飞行：视幻之自然现象

特瑞尔的父亲是一名航空工程师，这一点对他影响巨大。特瑞尔16岁时获得了飞行执照并多年以飞行员作为职业，飞行的体验构成了他的作品的重要基础。他幼时阅读了大量法国传奇作家、飞机家圣埃克苏佩里（Antoine de Saint-Exupery）的作品，圣埃克苏佩里的小说《夜航》《风沙星辰》中有大量从空中观察自然的描绘。尽管特瑞尔在作品中呈现的空间效果、天空效果与圣埃克苏佩里的文学描绘不尽相同，但作家对特瑞尔的精神追求影响巨大。圣埃克苏佩里坚信飞行是治愈城市生活疏远症的一剂良药，飞行展现了一种对大自然的敬畏，这两点同样呈现在特瑞尔的作品中。

在长时间的飞行后，或者在云雾天气飞行时，我们会获得一种新的体验，特瑞尔认为这是一种无上下、左右区别的想象的虚拟空间。"我的一些绘画正是如此，没有上下、倒置的区别，因为根本就没有水平面，我称之为'新风景'。"[1] 可见，飞行中的特瑞尔体验天空、观察大地并获得视幻的创作灵感：既有室内空间的雾霭，亦产生了罗登火山中融于大地的观测空间。

[1] Michael Govan, Christine Y. Kim. James Turrell: A Retrospective[M]. Los Angeles: Los Angeles County Museum of Art, 2013: 47.

3.2.5 时代背景

1. 光与空间运动 vs. 极少主义

20世纪60—70年代，美国的文化和科技经历了巨变，在一个推崇感受和心理学实验的年代，加州的"光与空间艺术"与以纽约为基地的"极少主义艺术"形成了鲜明的对比。"极少主义艺术"最早由理查德·沃尔海姆（Richard Wollheim）用来描述最少涉指的艺术作品，丹·弗拉文的现成物、罗伯特·劳森博格（Robert Rauschenberg）的结合物、莱因哈特的无涉指绘画均是极少主义艺术的代表。在建筑中，从12世纪法国的西多会教堂（Cistercian Churches）到密斯·凡·德·罗营造的"虚无"空间都体现出极少主义概念对建筑本质探求的影响，当代建筑师如安藤忠雄、约翰·鲍森（John Pawson）等都受其影响。

纽约极少主义艺术材料主要为金属、木、混合物，整体呈现为一种结构性的硬核几何形特征；加州艺术家一般从自然中发掘创作灵感，打破艺术之间的界限。空气、光、空间、感受是他们作品的主要题材，视觉性是他们的主要创作题材。

2. 詹姆斯·特瑞尔 vs. 丹·弗拉文

在此，有必要将特瑞尔与弗拉文的光效艺术作必要的对比。首先，两者分属"光与空间运动"与极少主义阵营，有着上文所述的整体艺术风格上的差异；其次，作为同时运用光效创作的艺术家，弗拉文的艺术显现为一种植根于西方文化的图像特征，空间中的形象联想和图像象征是其作品的主要特征。而特瑞尔从人类对光与空间的感知出发，他所追求的是一种基于建筑性的视幻。或者说，弗拉文的艺术植根于历史与文化，而特瑞尔的艺术源自自然与科学。

在谈到与弗拉文的作品的区别时，特瑞尔说："我对光源的观察不感兴趣，而只对空间中的光感兴趣，即光到哪里去——光的物性，而不是光本身。弗拉文对光的组合感兴趣，我的艺术则是光的感知。"❶ 弗拉文的装置表现为严肃的可视化，特瑞尔的作品呈现为现象的无形；弗拉文艺术中的建筑性在于室内空间的内涵性，特瑞尔则将建筑作为观察与感知的中介，体现了由内至外的空间的外延。

❶Michael Govan，Christine Y. Kim. James Turrell：A Retrospective[M]. Los Angeles：Los Angeles County Museum of Art，2013：42.

3.2.6　空间：物质之幻觉

1998 年，美国建筑师特伦斯·赖利（Terence Riley）在《詹姆斯·特瑞尔：一个建筑师的视点》中认为："特瑞尔建筑作品中的建筑性是显而易见的，他的作品有着脱离建筑本体的可以重构的独特元素。"❷ 从建筑学的角度来理解，特瑞尔的艺术首先包含了高明度投射而成的硬边几何图像和建筑房间中弥散的光的微妙氛围：前者带来光充满空间的精确辐射，后者形成光占满空间的光色迷雾。随后两者混合成为感知天与地、日月星辰之体验场所。

❷Terence Riley. James Turrell：Spirit and Light[M]. Houston：Contemporary Arts Museum，1998：53.

1. 光：空间中之物

自古以来，光就是艺术家创作的主题。达·芬奇撰写过数篇文字论述光在自然中的重要性，罗马风画家热衷于描绘光的崇高。克劳德·莫奈（Claude Monet）的绘画始于对教堂空间的描绘：教堂中的光及物体表面上的光，但从著名的"干草堆"系列绘画开始，他开始将物去除：遗忘干草堆，但光的形式一直呈现。特瑞尔对此自有见解，"印象主义者一直在凝视光和描绘光。在这一点上，我很难理解我们为什么不使用光（Use Light）来替代描绘光（Painting Light）"。❸

❸ 同本页 ❶：89.

在建筑历史中，从黑暗洞穴诞生之光犹如亚瑟王传奇中的圣杯，神圣、神秘并与空间不可分割。从阿尔罕布拉宫到哥特教堂再到 20 世纪表现主义的水晶城市，光一直被视为一种能量，路易斯·康、阿尔贝托·坎波·巴埃萨（Alberto Campo Baeza）、斯蒂文·霍尔（Steven Holl）等也被认为是现代建筑师中运用光的大师。特瑞尔通过精心设计的建筑空间，将光作为一种独立的、有触觉的物质，让人类在空间中体验。在此，光作为一种基本的物质存在胜过作为一种感受、体会其他现象的工具，"光—空间—建筑—城市"的联系也得到建立（图 3-37、图 3-38）。

2. 幻：观看与感知

1956 年，艺术史学家 E. H. 贡布里希（E.H.Gombrich）以《可见世界和艺术语言》为题进行了七次系列讲演，在讲演中他提出了幻觉艺术

图 3-37　特瑞尔著作《浮雕》
(Emblemata, 2000)中的概念图

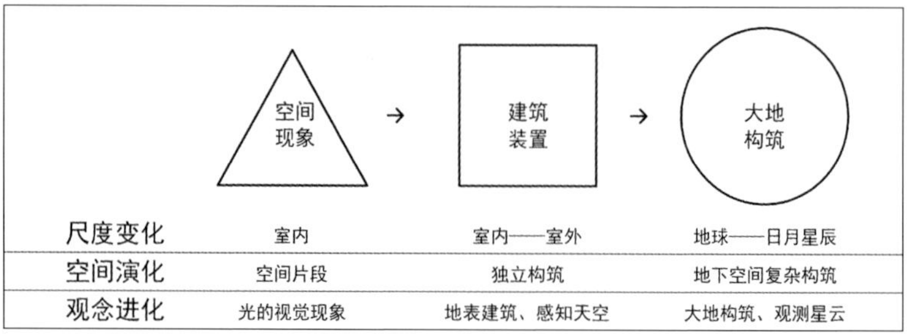

图 3-38　特瑞尔艺术中的建筑
演化示意图

❶ 这个系列讲座随后以
Art and Illusion 为题出版,
中文版翻译为《艺术与错
觉——图画再现的心理学
研究》。笔者认为贡布里希
定义的 illusion 一词本意似
乎译为"幻觉"更为适合。
❷（澳大利亚）罗伯特·休
斯. 绝对批评: 关于艺术和
艺术家的评论 [M]. 欧阳昱,
译. 南京: 南京大学出版社,
2016: 360.
❸ Kirk Vannedoe. Pictures of
Nothing: Abstract art since
Pollack[M]. Princeton and
Oxford: Princeton University
Press, 2006: 120.
❹ Ana Maria Torres. James
Turrell[M]. Valencia: IVAM
Institut Valencia d'Art
Modern, 2004: 9.

（Illusionism）是西方文明的重要成就, 视觉的幻觉性也是现代艺术着力
表现的对象。❶ 罗伯特·修斯（Robert Hughes）则认为:"幻觉问题一直
是我们文化感的中心问题: 本来并没有的东西, 如何使之呈现真身？"❷
从这个角度理解, 特瑞尔的系列光空间作品犹如"柏拉图的洞穴", 是一
个当代的视觉寓言, 说明人类以为真实的事物事实上却是幻觉。"接近真
理的方法是理解幻觉的能量, 告诫我们所看到的并不是真相"。❸ 或者说,
艺术不在你的眼前, 而在你的眼睛之后。

　　特瑞尔使用无梁的室内空间来消解空间的建筑信息, 使观者的目光时
而聚焦某处, 时而又无处可寻。"首先, 我的作品中没有物体, 知觉就是物;
其次, 我的作品和图像无关, 因为我避免联想的象征; 最后, 我的作品没
有中心和特别观察之处。无物、无图像、无中心, 那你在观看什么？你在
观看你的观看行为"。❹ 特瑞尔将光视为一种材料, 但不想强调它的物质性,
只想去感受光对空间的占据。正如佛教禅语所言: 进入旅程, 才能感受和
体验。

3.2.7　结语

　　我们以光为食物, 切肤饮下。多一些光, 你就会多一份切身感受。我
自然喜欢光与空间的力量, 因为这种喜爱也赋予你支配这种力量的能力。

　　　　　　　　　　　　　　　　　　　　　　　——詹姆斯·特瑞尔❺

❺ Michael Govan, Christine
Y. Kim. James Turrell: A
Retrospective[M]. Los Ange-
les: Los Angeles County
Museum of Art, 2013: 13.

　　作为最具国际影响力的当代艺术家之一, 特瑞尔不断追求超乎想象的
视幻体验, 拓展人类的感知边界。1967 年以来, 他已在全球范围内举办
了超过 160 场个展。从很多方面看, 特瑞尔可谓是一位穿越时空的文艺复

兴巨匠：他广泛涉猎艺术、科学、心理学和建筑，让人想起达·芬奇，而其作品、建筑尺度的巨大则让人联想到米开朗琪罗。

光与知觉：特瑞尔的作品映射了他试图引导观者同时在物质和心理层面理解空间的目的。他的艺术以光的感知、幻象作为表达对象，事实上也提出了一个疑问：人类的知觉究竟是一种进化还是一种退化？

光与建筑：特瑞尔的艺术不仅是光的艺术，还是空间的艺术和建筑的艺术。空间不仅是绘画空间，还是观者与光产生互动的建筑空间。光作为一种物质成为"形式—功能"的中介，亦赋予功能性的建筑以精神性。

建筑进化：人类从穴居走向大地、天空，从房间走向自然，从室内光、人造光到天光、日月星辰之光，特瑞尔作品中的建筑进化呼应了他对光的认知变化，是人类知觉的进化过程，也是现代建筑走向自然、进入大地的最好方式。

3.3　空间浮现：弗兰克·斯特拉的建筑之路
3.3　Emerging of Space: Frank Stella's Road to Architecture

> 斯特拉让他的画作漂浮在空间中，这当然是一项伟大的成就，却也是永远无法满足的成就。事物有其边界——离散的作品对空间永不餍足，必须不断变大，才能把它们的主题表现出来，变成空间。❶
>
> ——大卫·萨利（David Salle）

❶（美）大卫·萨利.当代艺术如何看？[M].吴莉君，译.台北：原点出版，2018：187.

　　艺术和建筑紧密相连。在 20 世纪以来的众多建筑杰作中，现代艺术的渗透清晰可见。但面对现代建筑，如何分辨其与艺术的逻辑起点与形式交点？现代艺术与建筑的究竟在何处相逢？或者说，是否存在一条始于绘画和艺术而能够抵达建筑的独特之路？

美国艺术家弗兰克·斯特拉（Frank Stella，1936 年至今）的创作生涯或许能够给这些问题提供一些答案。

3.3.1 艺术家斯特拉

1956 年，随着杰克逊·波洛克（Jackson Pollock，1912—1956 年）的意外去世，抽象表现主义突然从高潮跌落，波普艺术（Pop Art）的高峰尚未来临，美国艺术界大有英雄气短之感慨，于是艺术家、评论家纷纷开始寻找出路。谁能想到，出路竟然在斯特拉的绘画之中。

1. 始于绘画的空间意识

在 1983—1984 年的哈佛大学诺顿演讲中，斯特拉提出了一个典型问题："我们能不能找到一种绘画表达模式，它既能表达现在的抽象意义又能诠释卡拉瓦乔对 16 世纪自然主义及其广大追随者的探索。"[1]这个问题为他走出抽象绘画的困境找到了一把钥匙。斯特拉盛赞卡拉瓦乔（Michelangelo Caravaggio，1571—1610 年）发明的与运动和倾斜相关的"球形绘画空间"理论并认为："卡拉瓦乔的发明依然适用于 20 世纪的绘画：既为传统的现实主义也为具有传统绘画性的创作提供了空间。"[2]事实上，他对这一问题的探索可以追溯到更早的 20 世纪 60 年代中期。当时，为了避免评论家对自己的作品过多解读，斯特拉创作了一些相对"复杂"的作品，连画框也开始摆脱传统的矩形，而呈现为几何的组合：在绘画中将主题彻底去除，以简单的几何构图使抽象向极少主义方向发展。斯特拉将之称为"成形画幅"（Shaped Canvas），条状图形彼此不是由彩色线条分开，而是把画布剪空，或者不着彩，露出空白。"这样的分割使我们从画面上绝对看不出某种实物的形象，但是其结构、画幅以及画框却构成了一个完整的物"。[3]

这种由画布构成的平面之物和形状之物的背后正是斯特拉挖掘和呈现的现代绘画的空间意识：如何尽可能地把建筑或雕塑中的造型艺术融入绘画之中？在保留传统绘画的构图原则和叙事方式的前提下创作一种新的抽象艺术？对斯特拉而言，重点从来不是图像透视技巧，而在于画布是一个真实存在于空间中的物体，有着真实的形状。他在画布上扩展他的艺术，首先是设置在不同平面上一系列不规则的多边形，直至转向了 20 世纪 80 年代以来他一直创作的色彩丰富的巴洛克式的华丽表演。在每一个阶段，他都在创作尺度极大的作品，要求占据真实的空间，而不仅仅是概念上的空间（图 3-39）。

2. 浮雕中的空间呈现

斯特拉在他的早期作品中就已经对创造和建构空间产生了兴趣，随着时间的推移，他从镂空画框走向直到今天还在创作的下一个舞台——越来

❶❷ 克劳斯·奥特曼. 空间衔接与动态——对话弗兰克·斯特拉 [J]. 刘巍巍，译. 美苑，2013（3）：115.

❸（法）雅克·马赛勒，纳戴依·拉内里·拉贡. 世界艺术史图集 [M]. 王文融，等，译. 上海：上海文艺出版社，1999：311.

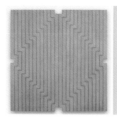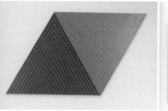

图 3-39 斯特拉的"成形画幅"绘画

❶ 艺术史学家罗莎琳·克劳斯（Rosalind Krauss）在《现代雕塑的变迁》中将斯特拉的这种雕塑称为"铝合金绘画"（Aluminium Painting）。

越深入到空间中的浮雕（Reliefs）。❶ 这场新的空间冒险始于 1970 年斯特拉对玛丽亚与卡齐米·皮耶霍特卡（Maria and Kazimierz Piechotka）合著的《木制犹太教堂》一书的阅读，这本著作整理汇编了 71 座犹太教会堂（Synagogues）的照片和线稿。斯特拉从这本著作中获得灵感，首先创作了 41 幅关于教堂建筑结构的手绘，然后完成了"波兰村庄"（*The Polish Village*）系列浮雕作品。这些作品轮廓清晰、色彩丰富，将建筑平面布局的图像性与打破了传统画框的现代绘画结合在一起，呈现了绘画与建筑共享的空间特征。1972 年后，该系列继续以越来越沉重的形状、可怕的颜色与无法定义的轮廓呈现，如 1989 年之后的浮雕"大舰队"。他从 20 世纪 90 年代开始创作的"白鲸记"系列雕塑则直接成为空间中的静止物体，通常是巨大的金属结构，可以很容易地在室外展示（图 3-40、图 3-41）。

斯特拉的浮雕建立了一种混乱表象下的秩序，成为抽象表现主义绘画的立体化与空间化。由此，斯特拉从他的极少主义开创性作品"黑色绘画"中抽身而出，转向精心组合的空间形式构成。浮雕引入了三维的概念，成为二维绘画在空间中的投射，让·戈林（Jean Gorin）是最早从事

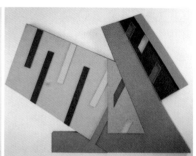

图 3-40 "波兰村庄"系列浮雕融合了建筑的平面图设计

图 3-41 斯特拉的雕塑作品（右）与康定斯基抽象绘画（左）具有空间相似性

这一艺术形式的艺术家之一，他在 20 世纪 30 年代早期的作品代表了浮雕向建筑的发展。达达主义艺术家库尔特·施威特（Kurt Schwitters）著名的"Merzbau"浮雕则是由拼贴走向建筑的一种实践。在这些空间呈现前辈的影响下，斯特拉很自然接受了来自建筑的诱惑。

3.3.2 建筑师斯特拉

斯特拉认为："在文艺复兴时期，艺术家将自己视为画家、雕塑家，也被理解为像建筑师那样工作。"[1] 斯特拉年轻时就对建筑问题感兴趣，他的头脑中不仅有空间的生成，而且存在"建筑角色"，[2] 但直到 20 世纪 80 年代后期，他才有机会转向具体的建筑设计项目。作为建筑师的斯特拉在设计过程中完成了"发现空间——建立空间原型——创造空间"的全过程。

1. 发现空间

斯特拉从绘画向构筑物的转变始于 1988 年他设计的一座桥梁：这座临近巴黎新国家图书馆、横跨塞纳河的桥看起来更像一个从它的"纪念浮雕"时期创作延伸而出的雕塑作品（图 3-42）。在探索明亮色彩的同时使用圆柱体作为桥塔，将它与两个延伸的圆锥形式连接起来，并在河中央设置了一个色彩绚丽的爆破形曲线。"明亮的颜色与形状使桥梁看起来就像一场壮观的烟花表演被冻结在瞬间成为一件功能性的雕塑"。[3] 随着斯特拉对建筑设计的逐步介入，他慢慢建立了两个空间原型。

1）叶子：叶子作为一种形式概念一直伴随着斯特拉，并成为他在建筑项目中继续探索的主题之一。叶子不仅以自然的形状吸引人，还提供了优美曲线的视觉吸引力和可见结构系统的工程逻辑。1990 年，特斯拉为荷兰格罗宁格博物馆（Groninger Museum）设计了屋顶扩建展厅：平面基于两片不对称的叶子和一个起伏的屋顶。叶子可以弯曲，可以以多种方式结合，可以漂浮在水面上，甚至可以被弯曲形成一种结构笼子（图 3-43）。

2）沙滩帽：在里约热内卢的海边，斯特拉看到的一顶由弯曲的橡胶平面扭曲而成沙滩帽，分裂和分散的形式构成帽子拉长的螺旋。这顶沙滩帽在弯曲的片段中回应了整体性特殊材料产生的形式可能，激发了斯特拉对可变结构与灵活形式的兴趣。1994 年他首次将沙滩帽的空间原型运用

[1] Alexandre Devals. Frank Stella Chapel[M]. Bernard Chauveau Edition，2016：15.
[2] 斯特拉对建筑的兴趣源自他的家乡马萨诸塞州梅登（Malden）由亨利·理查德森（Henry Richardson）设计的康弗斯图书馆（Converse Library，1885）。参见参考文献 [4]。

[3] Paul Goldberger. Frank Stella：Painting into Architecture[M]. New Haven and London：Yale University Press，2007：16.

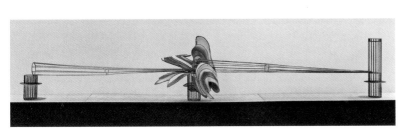

图 3-42 斯特拉设计的桥梁模型

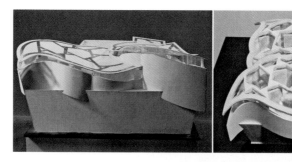

图 3-43　荷兰格罗宁格博物馆
屋顶扩建模型

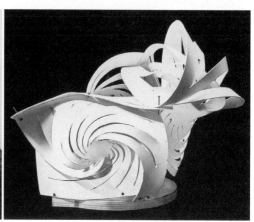

图 3-44　头戴沙滩帽的斯特拉
（左）与克利夫兰接待厅模型
（右）

在克利夫兰设计的接待厅项目中：一个简单的方盒子形体，立面由交叉和重叠的线条组成，弯曲的条带被添加到盒子的顶部和侧面，模糊了的几何形盒子赋予这个构筑纪念性尺度和表现主义特征（图 3-44）。

2. 创造空间

1991 年，斯特拉为德累斯顿当代艺术研究机构（Kunsthalle Dresden）设计了沿着弯曲路径排列的七个建筑物，由画廊和人行道连接，辅以倒影池。建筑物都由多个方向弯曲的墙体构成，弯曲的、向下俯冲的墙体既不垂直于地面，平面上也不直交，地板与屋顶的平面，与他一直着迷的树叶形状有些相似。1999 年，斯特拉继续发挥这一构思到在布宜诺斯艾利斯设计的康斯坦提尼博物馆（Constantini Museum）中。这些项目的总平面，以及体量可以视为是斯特拉浮雕创作在建筑尺度上的空间投影，采用空间螺旋形结构和木材建造的名为"碎罐"（The Broken Jug，2007 年）的实验性亭子成为这一系列实验性构筑的代表作（图 3-45～图 3-47）。

虽然斯特拉很少谈论建筑，但建筑一直位于他的意识前沿。在普林斯顿大学主修艺术史时，建筑学就对他产生了微妙的影响。建筑评论家保罗·戈登博格（Paul Goldberger）认为："斯特拉的真正激情来源，或者至少对他影响最大的是德国表现主义及其高度情绪化的强烈形式。他的偶像是布鲁洛·陶特（Bruno Taut）、艾瑞克·门德尔松（Erich Mendelsohn）、

图 3-45 德累斯顿当代艺术研究机构设计模型

图 3-46 康斯坦提尼博物馆模型

图 3-47 木构建造的"碎罐"

图 3-48　菲利普·约翰逊设计的玻璃之家接待室（左）与盖里设计的费舍表演艺术中心（右）

❶ Paul Goldberger. Frank Stella: Painting into Architecture[M]. New Haven and London: Yale University Press, 2007: 24.

赫曼·菲斯特林（Herman Finsterlin）和奥拓·巴特宁（Otto Bartning），以及美国古怪的建筑师布鲁斯·高夫（Bruce Goff），他的引人注目的异质的建筑植根于赖特与德国表现主义。"❶ 从解构主义到流线性造型，斯特拉未建成的建筑设计作品对 20 世纪末期的美国建筑师也产生了一定的影响。1995 年，曾经将斯特拉德累斯顿方案的模型捐赠给纽约现代艺术博物馆的菲利普·约翰逊（Philip Johnson）在他的新迦南的私人公园中建了一个与斯特拉的新巴洛克风格相似的接待室 "Da Monsta"。斯特拉的朋友弗兰克·盖里（Frank Gehry）的建筑造型也与斯特拉的艺术有着某种形式关联，从巴德学院费舍表演艺术中心（Richard B. Fisher Center for the Performing Arts，Bard Collage，2003 年）这样的中小型建筑到大名鼎鼎的洛杉矶迪斯尼音乐厅、毕尔巴鄂古根海姆博物馆等（图 3-48）。

3.3.3　韦奈特基金会教堂

　　对 20 世纪的艺术家而言，建造一个属于自己的教堂是悠久传统的一部分。早在 1992 年斯特拉就运用独特的空间雕塑手法设计了圣灵堂（Chapel of the Holy Ghost）（图 3-49），但 2014 年 7 月在法国勒米伊（Le Muy）落成的韦奈特基金会教堂（The Chapel at Venet Foundation）才是他设计并建成的第一座建筑。

图 3-49　斯特拉设计的圣灵堂模型

1. 缘起与先例

　　2012 年秋，作为斯特拉作品在法国的重要收藏者之一的博纳·韦奈特（Bernar Venet）第一次在斯特拉的纽约工作室中看到了 "近东"（Near East）系列浮雕作品，韦奈特的自然反应是想收藏它们，但必须建造一个容纳这个系列作品的空间，这也是斯特拉欣然答应设计这一建筑的必要条件。为了这些大型作品，斯特拉设计了一个沉浸式的环境：向四面开放，同时给周围场地提供大量的景象，在一个看起来像教堂的独立的建筑中单独展示它们。

斯特拉为展示他的浮雕而选择的展馆形状，在景观、形式和功能上与18 世纪和浪漫主义时期装饰公园和花园中的景观建筑非常相似，例如德国东部的弗洛拉神庙（Temple of Flora）和法国西部的维斯塔神庙（Temple of Vesta），它们都是圆形的，呈现出翼周柱廊，顶部都有一个圆顶。而在现代建筑史中，1971 年建成的位于美国休斯敦的罗斯科教堂已经成为抽象表现主义画家马克·罗斯科单色绘画构成的艺术空间的典范：这栋建筑的八角形布局、封闭的空间、过滤光的顶部采光、墙面的比例，以及罗斯科为这个场所专门创作的 14 幅绘画使空间成为一个用来沉思和冥想的整体性环境。

2. 结构与空间

在韦奈特基金会教堂中，斯特拉创造了一个与罗斯科教堂类似的空间，将 6 座浮雕置于 6 面相同的墙上，形成一个六边形。建筑采用 10.5m 的直径，六片墙面宽 3.58m，高 4.5m，由 1.8m 宽的开口隔开。混凝土浇筑的面板呈现出与平面一致的平整的内

图 3-50 韦奈特基金会教堂外观

表面与凸出的外表面（图 3-50 ~ 图 3-52）。三根钢柱穿过面板，将它们从经过混凝土处理的地板上抬起，同时也起到了支撑屋面的作用。屋面是一个半透明的、微微凸起的呈悬垂的圆顶旋转形状。六座浮雕在室内成对地呈现，观众有足够的空间观看浮雕的正面以及在移动中感受相邻浮雕的空间关系。这座建筑完全开敞，提供了多种进入的方式和内部的多个视点。"置身于这座建筑中的体验几乎完全是通过站在斯特拉的线条下的感受形成的。它们会在头顶上以一系列夸张的曲线飞行，映衬着天空"。❶

与其说这座建筑是教堂，不如说它是一座艺术作品的城堡，人们会从中受到启发，将建筑形式与建筑空间结合起来。斯特拉既意识到教堂徘徊

❶Paul Goldberger. Frank Stella：Painting into Architecture[M]. New Haven and London：Yale University Press，2007：24.

图 3-51 韦奈特基金会教堂内景与屋顶

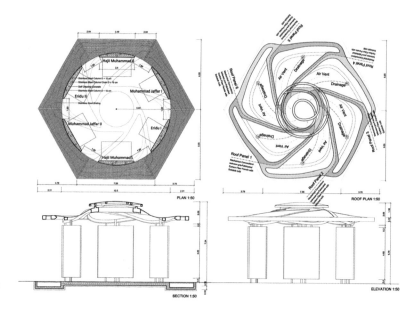

图 3-52　韦奈特基金会教堂设
计图纸

❶❷Paul Goldberger. Frank
Stella：Painting into Archi-
tecture[M]. New Haven and
London：Yale University
Press，2007：24.

在传统建筑定义的边缘，又深信他的设计必须深深扎根于西方艺术史，因此他将设计目标定为："一件雕塑式的建筑，完全由图像的思想和努力构成。" ❶ 他的这一评注引人注目地把设计背后的思维比作图像，当他说："事实上是图像思维，而不是雕塑或建筑思维产生了这种形式。" ❷ 时，他更直白地阐明了这一概念，承认了形式生成与图像生成的相似过程：通过平面的弯曲和扭转，相对简单的形式可以扭曲为新的力量和深度的幻觉空间。这些绘画与建筑共有的图像中的空间性既是斯特拉作为艺术家的兴趣所在，也是他作为建筑师想要创造的空间。

3.3.4　现代艺术中的空间生成

当斯特拉从绘画出发，将绘画带入空间领域时，建筑已成为他艺术创作的终极目标。这一点也形成了现代艺术的重要任务：让空间浮现，空间在绘画与建筑之间自由转换并最终超越绘画与建筑。

1. 空间：从绘画到建筑

从艺术史的角度来看，保罗·塞尚之后的艺术家都面对着同一个挑战：艺术不再局限于对现实世界的模仿，而是要去创造一个新的世界。这是现代艺术深奥神秘的一面，也是空间逐步浮现的重要过程。绘画、雕塑、建筑等艺术形式之间是互为表里的和可以相互转化的，无论是哪种形式的创作，实质上体现的都是对二维本质的把握程度。现代艺术在平面上塑造形象使其具有三维空间的生动感，而如果具有三维特征的雕塑和浮雕满足了可居住的三维尺度，那就成了建筑，它们都是同一本质的不同表象。

以斯特拉为例，他的艺术中的非凡力量均在于对二维色彩、线条和形式的探索，很难离开他的绘画来感受他最缠绕的一贯主题：空间——线条之间的空间、画布构成的空间、观看绘画时想象的空间、绘画与观者之间的真实空间。他不仅想要控制所有这些空间，通过绘画他也实际抵达了空间。"斯特拉对三维空间的把握在建筑设计和浮雕创作上得到了实现，从各个方面给观者提供了视角，这种设置达成了解放空间、走出图像平面的目的"。[1]同时为了更进一步地探索艺术的目的和本质，他又自觉性地从零开始探索空间、创造空间。伴随着空间的生成，斯特拉把绘画发挥到了极致并转向雕塑、装置和建筑。在这个过程中，现代绘画由鲜明的平面性和图像性转化为空间性（图 3-53、图 3-54）。

图 3-53　斯特拉的早期绘画《东百老汇》（1958 年）在平面性中融入了建筑特征

[1] Alexandre Devals. Frank Stella Chapel[M]. Bernard Chauveau Edition，2016：17.

图 3-54　斯特拉的作品从绘画到雕塑实现了空间、材料、色彩的演化

2. 空间：超越绘画和建筑

圣地亚哥·卡拉特瓦（Santiago Calatrava）认为："要了解弗兰克·斯特拉对当代建筑的影响，我想回到过去，回到文艺复兴时期。皮耶罗·德拉·弗朗切斯卡、拉斐尔和佩鲁吉诺（Piero della Francesca，Raphael and Perugino）等艺术家在他们的绘画中引入建筑，作为艺术家们试图描绘的事件被再现的背景。艺术家们构思建筑与城市空间的现代形象，在这些形象中，他们那个时代的理想和建筑形式概念得到进一步的升华。"[1] 卡拉特瓦的这一观点指明了空间从古典艺术延伸到现代艺术中的浮现与发展之路，也表明了空间超越绘画与建筑的可能性。

1992 年，在《建筑批评》一文中斯特拉写道："我相信艺术家把一种有意义的绘画概念延伸到雕塑和建筑领域的能力将有助丰富我们适合居住的风景。"[2] 由此，我们可以发现，与文艺复兴时期的艺术家的作品相似，以斯特拉为代表的现代艺术作品与建筑原则的美学本质有着极大的类同性。或者说，空间性成为现代艺术的本质特征之一。为了使绘画超越画布的矩形边界，现代艺术家首先在绘画中拓展边缘，以寻求抽象几何与建筑实体之间的一致性。随后，绘画、雕塑、装置、建筑，这些现代艺术的全部类型通过空间性特征达到了综合融合。在观者眼中，通过几何、数学、色彩、形式这些所有艺术均含有的元素，再造了当代理想建筑并形成了新的词汇，让我们得以审视当代城市、街道和建筑的基本特征与形式原则。

3.3.5 结语

艺术的目的是创造空间。

——弗兰克·斯特拉[3]

在弗兰克·斯特拉多变的艺术生涯中，他一直努力想要超越二维传统画布框架的限制。因为他深知建筑的首要任务是创造空间，而不是塑造形式——在建筑中，形式本身不是目的，而是形成空间的手段。在 20 世纪下半叶的艺术家中，斯特拉可谓决定性地和持续地影响现代艺术的进程。从绘画到雕塑，从雕塑到建筑，他的艺术之路是现代艺术发展的一个代表性阶段，也是现代艺术与建筑紧密结合的一个重要时刻。从斯特拉的艺术之路中可以发现，在艺术由传统写实绘画走向以抽象绘画为代表的现代艺术的过程中，空间构成了现代艺术的重要主题。以现代艺术中的绘画、雕塑、装置为代表，空间性不仅成为现代艺术与建筑的结合点，也直接构成了现代艺术的本质特征之一。

[1] Markus Bruderlin.Frank Stella: The Retrospective Works 1958—2012[M]. Ostfildern: Hatje Cantz Verlag, 2012: 198.

[2] Philip Jodidio. Architecture: Art[M].Munich: Prestel Verlag, 2005: 188.

[3] 赵箐飞.完美的艺术生涯：弗兰克·斯特拉和他的抽象艺术 [M].上海：上海三联书店，2015: 331.

3.4　自由穿行：托尼·史密斯的艺术生涯
3.4　Free Riding：On Tony Smith's Art Life

雕塑家、画家、建筑师，托尼·史密斯是美国艺术界最好的无名艺术家之一。❶

——塞缪尔·瓦格斯塔夫（Samuel Wagstaff）

1956 年，44 岁的"无名之辈"托尼·史密斯（Tony Smith，1912—1980 年）创作了第一座正式命名的雕塑《王座》（*Throne*），带着复杂的艺术经历和包罗万象的艺术使命来到了他的艺术舞台的中心——几年以后，他开始以几何空间框架结构雕塑而闻名。在这之前，作为建筑师，史密斯曾经一

❶ Sam Hunter. Tony Smith: The Elements and Throwback[M]. New York: The Pace Gallery, 1979: 3.

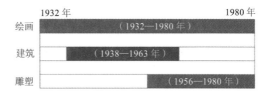

图 3-55　托尼·史密斯的艺术生
涯年表

度先后作为弗兰克·劳埃德·赖特（Frank Lloyd Wright）的助手（1938—1940 年）和独立建筑师，在整个建筑师生涯中完成了 20 多个建筑委托；作为画家，他 20 岁时从纽约艺术学生联盟开始的绘画创作持续到他生命的最后。回顾史密斯的艺术生涯，我们难以否认：如果说雕塑是他雄心壮志的艺术追逐的开花结果，那么这之前的绘画、绘图和理论思辨，以及建成的、未建成的建筑作品就是它们的根和分支（图 3-55）。

3.4.1　建筑：作为预言

尽管史密斯主要以在他生命最后 20 年中创作的雕塑而闻名，但他的想法和创作过程的起源却深深植根于建筑。对史密斯来说，他的建筑与雕塑显然是共生的：建筑经常反映出对雕塑形式的兴趣，雕塑常常借鉴早期的建筑实验。更重要的是，他身兼建筑师和创作者的阶段性实验。

1. 多元的艺术启蒙

1931 年，年轻的史密斯在家乡南奥兰治（South Orange）的纽瓦克（Newark）附近开了一家二手书店，这一经历培养了他对现代文学的爱好，他几乎立刻就被 T.S. 艾略特（T.S.Eliot）、庞德（Ezra Pound），尤其是詹姆斯·乔伊斯（James Joyce）等诗人和文学家所吸引，他可以详细地引用乔伊斯的作品，并在晚年从中获得两尊以乔伊斯小说中的角色命名的重要雕塑《*Gracehoper*》（1962）和《*The Keys to Given!*》（1965）。❶

❶Gracehoper 是詹姆斯·乔伊斯的小说《芬尼根守灵记》中的一个神话生物，史密斯以这个生物命名雕塑代表着活力、变化和进步。

20 世纪 30 年代是纽约取代欧洲成为现代艺术新中心的年代，史密斯在这股风潮中得到了最初的艺术启蒙。1929 年纽约现代艺术博物馆（MoMA）建成开放后的多场展览对史密斯影响深远，首先是 1932 年在举行的"国际式"（International Style）建筑展览培养了他最早的建筑兴趣，❷ 以及 1934 年的"机器艺术"（Machine Art）展览和 1936 年由阿尔弗瑞德·巴尔（Alfred Barr）策展的"立体主义与抽象艺术"（Cubism and Abstract）展览开启了他的现代艺术视野。史密斯 1937 年进入芝加哥新包豪斯学院学习，新包豪斯学院由拉兹洛·莫荷里·纳吉（László Moholy-Nagy）等流亡的魏玛包豪斯成员成立和管理，课程在"美术"和"实用"之间取得平衡。1938 年 1 月，赖特发表在《建筑论坛》（*Architectural Forum*）上的文章吸引了史密斯的注意力，使他开始接触到赖特的建筑理念。1947 年《国家地理》（*National Geographic*）上的另一篇文章使他注

❷1932 年 MoMA"国际式"建筑展的策展人为馆长亨利·罗素·希区柯克（Henry-Russell Hitchcock）和建筑师菲利普·约翰逊（Philip Johnson）。

意到亚历山大·格雷厄姆·贝尔（Alexander Graham Bell）的四面体风筝、塔和滑翔机并启发了他后来的雕塑创作在结构上的创新。史密斯还深受杰·汉比奇（Jay Hambidge）和博物学家达西·汤普森（Darcy Thompson）的影响，汉比奇的理论著作《动态对称》（*Dynamic Symmetry*）被汤普森关于几何的论述《成长与形态学》（*On Growth and Form*）所补充，它们共同构成了史密斯艺术生涯中的一种持续不断的关于科学、生物和几何的灵感。

1945 年，史密斯正式定居纽约。那时的纽约正处在审美风暴的中心：战争结束了大萧条，缓解了创造一种社会参与的艺术的压力，促成了欧洲流亡先锋的暂时涌入，推动了美国艺术的转变。更重要的是，史密斯在纽约定居之时，正是他那一代艺术家压抑已久的思想第一次广为传播之时。很快，史密斯就加入了这个复杂的艺术网络。

2. 从"有机建筑"出发

1938 年，在摄影师朋友劳伦斯·库内奥（Laurence Cuneo）的介绍下，史密斯在前去参观了赖特在费城附近的几个建筑项目后，得到了在威斯康星州塔里艾森（Taliesen，Wisconsin）为赖特工作的机会：先是作为木匠助理和泥瓦匠，然后是负责项目造价的工程文员。史密斯很快意识到，从严格的建筑角度来看，赖特的理论方法与包豪斯的发展理念和"国际式"现代主义趋势相抗衡。"赖特作品的独创性综合了兼收并蓄的影响——主要是亚洲和土著美国，具有空间直觉和对自然场地的敏感性，而不容易像欧洲先锋派那样编码"。❶ 赖特对美国艺术形式的远见卓识令史密斯着迷，如果庞德、艾略特和乔伊斯是史密斯的文学导师，那么通过对赖特建筑的学习，他的创作似乎转向惠特曼（Walt Whitman）式的蜿蜒和劝勉：贯穿于沉思，有时甚至迂腐于"美国有机生活的模式"（**The Pattern of Organic Life in America**）——这是史密斯写作于 1943 年的未出版的建筑宣言。显然"有机"概念源自赖特，同时，史密斯也从赖特那里借鉴了六边形模块，

❶Robert Storr. Tony Smith：Architect·Painter·Sculptor[M]. New York：The Museum of Modern Art，1998：15.

图 3-56　布拉泽住宅平面草图（1944）

赖特认为六边形是一种内在的灵活的基本设计单元并将之称为"通用化模块"（赖特设计的汉娜住宅就使用了蜂巢般的平面图），六边形成为史密斯设计的几座建筑的基础和他后来对立体主义雕塑进行重构的关键概念。史密斯 1944 年完成的布拉泽住宅（Brotherton House）是所有设计中最富戏剧性的赖特风格：建筑以六角形网格为基础，以厨房为轴线分为两个主翼，并带有改良的"草原风格"的屋檐和过道（图 3-56）。

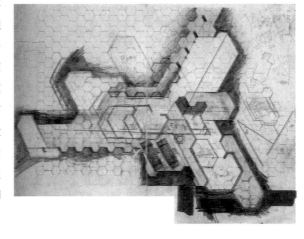

史密斯对赖特的依赖开始渐渐地减弱，而他最初对"国际风格"的忠诚又重新归来。史密斯1954年设计的"玻璃之家"（Glass House）表明了他对欧洲现代主义更加严谨和抽象作品的兴趣。这所住宅基于当时的密斯美学：极少主义的钢和玻璃结构，这是密斯·凡·德·罗（Mies Van der Rohe）设计建成的范斯沃斯住宅（Farnsworth House，1949年）的主题。然而，史密斯改变了密斯的盒子，赋予了它自己独特的语言和理念：他在钢框架系统中加入了棱柱面，从而改变了严格的几何形式。其结果是密斯主义技术和新结构的融合，水晶般的轮廓则预示着史密斯对纯粹雕塑形式的兴趣（图3-57）。以"玻璃之家"为代表的作品初步表明了史密斯摇摆于赖特的有机主义和欧洲现代主义之间，摇摆于理性主义与表现主义之间，也摇摆于自己作为建筑师和艺术家之间的内心冲突。

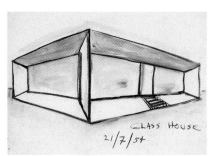

图3-57　史密斯1954年设计的"玻璃之家"（1954年）

3."米尺比例网格"与发现几何

史密斯留下了大约15座建成的建筑——主要是住宅，还有很多未建成的教堂和纪念馆。对于这些不同项目的构思他都以草图、绘画、模型和日志中的数学计算、诗歌和理论著作的形式呈现出来，这一切都显示了他对建筑的终身承诺和热情。对史密斯来说，将想法转化为建筑形式本身并不是目的，而是一种活动，通过这种活动，他渴望实现建筑的结果：建筑的行为将是一个根本上诗意的过程，而不是简单的实用主义的过程。

虽然史密斯不是天生的理论家，但他利用在德国生活的时间（1953—1955年）开发了一个称为"米制比例网格"（Metric Proportional Grid）的模块化系统。就像勒·柯布西耶（Le Corbusier）的"模度"（Modular）一样，史密斯认为基本的几何关系来自"统一的米"的使用，这个定义可以揭示将建筑生产与人类尺度联系起来的基本比例系统。"米制比例网格"和"模度"的主要区别在于其建筑内涵：柯布西耶喜欢完全没有尺度的浇铸混凝土材料，因此他分析了米制本身以找到一些外部的比例来指导他的成型；史密斯喜欢的建筑材料是更传统的砖、石头和木材，每一种材料都与它们的生产和处理方式有着特定的维度关系。因此，史密斯的理论基于建筑行业的标准计量单位和生产需求。"米尺比例网格"融合了欧洲的人

文主义文化观念和美国的实用主义，
用史密斯的话来说，它具有"简单
性和实用性，非常适合未来的建筑
应用"。❶ "米制比例网格"的方形
单元也成为史密斯在六边形之外的
另一个重要几何发现，在他同时期
的绘画和后来的雕塑创作中均有体
现（图3-58）。

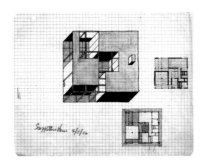

❶Robert Storr. Tony Smith：
Architect·Painter·Sculptor
[M]. New York：The Museum
of Modern Art，1998：43.

图3-58 按照"米制比例网格"
设计的住宅（1952年）

4. 预言性建筑

在题为"建筑"（*An Architecture*，1950年）的文章中，史密斯写道：
"一个建筑不可能没有概念，没有结构而存在……建筑与精神可能居住的
第四维空间的创造有关。一片清澈、宁静的空间；透明的、混凝土的、真
实的空间。"❷ 在探索"第四维度"的过程中，史密斯设计了一座兼具秩
序和神秘的教堂，既是他对汤普森的细胞形态"密集堆积"（Close-packing）
理论的建筑化总结，也是成为随后展开的雕塑生涯的预言。

❷ 同本页 ❶：44.

教堂项目（1951年）由史密斯和画家杰克逊·波洛克（Jackson
Pollock）、阿方索·奥索里奥（Alfonso Ossorio）合作完成，是史密斯职业
生涯中最具有远见卓见的项目。整个建筑由13个嵌套的六角形单元组成
的，其12个单元建立在地面上的直立支架上，第13个单元覆盖着洗礼堂，
并通过走道连接到主建筑。教堂中央是有一个上面点缀着十字架的玻璃屋
架，它的中央放置着圣坛。屋顶的结构系统类似于倒置的雨伞，结构支柱
将屋顶的边缘连接到中央的柱子上，支撑着折叠的屋顶板也增强了水平的
水晶形状。在设计完成数年后的一次访谈中，史密斯承认其空间结构参考
了赖特设计建成的约翰逊制腊公司大楼（Johnson Wax Building，1936—
1939年），这一点在它的剖面图中清晰可见（图3-59）。

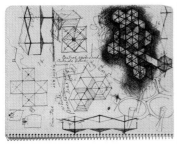
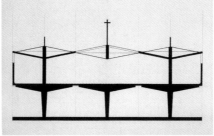

图3-59 教堂项目的草图及剖
面图（1951年）

在史密斯所有的建筑项目中，奥尔森住宅（Olsen House，1951—1953年）
最好地展示了他作为一名建筑师的抱负和潜力。这个住宅项目由四栋建筑
组成，我们可以从中看到史密斯作品的所有元素汇集在一起：一个巧妙、

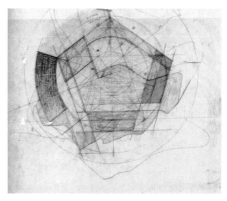

图 3-60　奥尔森住宅平面概念
图及草图（1951 年）

高度敏感、针对特定地点的总体规划，既具有功能性又具有剖面的多样性，以及各种结构和材料的结合，所有这些都统一于一个精心设计的整体之中（图 3-60）。"作为一组建筑，奥尔森项目是纯粹的史密斯风格：形式上复杂，空间上英勇，无所畏惧。建筑的丰碑性——像现代的卫城一样屹立在悬崖峭壁上——代表了史密斯构建他的愿景时的力量和信念"。[1] 然而，这个项目对史密斯来说充满了失望，实际上，这个项目是促使他退出建筑实践的催化剂。最终，他不能仅仅满足于建筑的设计和建造过程，开始憧憬更伟大的创作表达。

[1] Robert Storr. Tony Smith: Architect · Painter · Sculptor [M]. New York: The Museum of Modern Art, 1998: 46.

3.4.2　绘画：成为预演

虽然史密斯的大部分艺术创作专注于三维，但他一生都在绘画，因此绘画是他全部作品中不可分割的一部分。对史密斯来说，绘画开始只是一种艺术手段，但随着职业生涯的发展，成为他的多方面创作中的一个关键支点。

1. 模块化绘画

史密斯在 1932 年参加纽约艺术学生联盟时受到立体主义的影响，之后他进一步转向至上主义和风格派的绘画风格。20 世纪 30 年代史密斯以黑白灰的方体作为绘画元素进行了多种抽象构图尝试：图底关系和正负空间在这些构图中同时出现，有些构图是缺乏中心感的随机组合，有的构图则具有严格的逻辑含义。这种带有"可能性练习"的绘画可以视为他同期建筑实践的一种平面化实验，即三维的建筑和二维的绘画在空间语言上的转换性和相似性的研究（图 3-61）。

1953—1955 年史密斯经常同时创作不同风格的作品，其中最重要的则非"路易森伯格"（Louisenberg）系列绘画莫属。[2] 在这个系列中，从最小的素描到最大的油画，每一种几何元素都被排列在一个网格上，每个正方形外接一个圆形。史密斯在这个系列中开始基于一种规则的圆形模块系统探索一种新的整体构图，像链条上的珠子一起连接在一起，形成一系

[2] Louisenberg 是史密斯旅德期间居住地附近的一个地名，他以此命名系列画作有一种与绘画内容无关的抽象意义。

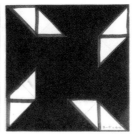

图 3-61 "无题"系列绘画（1964）

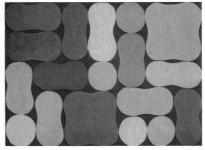

图 3-62 "路 易 森 伯 格"
（Louisenberg）绘画及其草图（左）

列从不接触或重叠的不规则形状，均匀地分散在构图中；或者是切向的圆盘被结合成一个通过颜色叠加的花生状形式。"这些画作代表了史密斯的第一次成熟——他将从新包豪斯和他多年的建筑创作中所了解到的模块化原则，与他对城市规划的兴趣以及调和他在自己和世界中所看到的阿波罗和酒神力量的愿望结合起来"。[1] 同时，尽管这些形状是在抽象的网格上形成的，但它们很容易让人联想起显微镜下可见的丰富世界，表明了与建筑对应的有机世界（图 3-62）。

[1] Robert Storr. Tony Smith：Architect · Painter · Sculptor [M]. New York：The Museum of Modern Art，1998：72.

2. 二维绘画：平面与硬边

20 世纪 60 年代史密斯创作了大量的有机和几何形式的绘画，这些系列绘画基于正负空间系统，揭示了他直觉的工作方法：一个图像立即产生另一个图像，粗犷、生动的水墨绘画则表明了对建筑意象的自然倾向。这些清晰但不硬边的图像中的波浪状的手绘轮廓给它们一种活泼的动感。当这些作品挂在墙上时，会让人想起门窗等建筑元素。"在这些系列的绘画中，他以空间体验的情感作为介入物来实现由一幅绘画生成另一幅同样主题绘画的可能"。[2] 这些画作之间的相互作用表明，史密斯正在处理积极与消极形式之间的各种关系，探索画布上建筑暗示形状与平面图像之间的模糊性（图 3-63）。

[2] 张燕来 . 现代建筑与抽象 [M]. 北京：中国建筑工业出版社，2016：59.

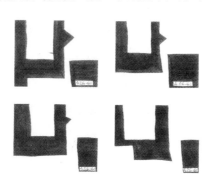

图 3-63 "无题"系列水墨绘画
（1961 年）

图 3-64 "无题"系列硬边绘画
（1962—1963 年）

20 世纪 60 年代史密斯还和他的艺术家朋友巴略特·纽曼（Barnett Newman）、莱因哈德（Ad Reinhard）一起短暂地加入了"硬边抽象"（Hard-edge Abstract）绘画的潮流。他的带有矩形单元的绘画可以与他的直线型建筑和雕塑相媲美。其中一些绘画是纯黑或纯白的，而另一些则采用饱和的色调，通常是红色、黄赭色、皇家蓝和黑色。史密斯经常在画的三个边缘画上彩色的形状，右边的一根色带通常在画面底部之前的一定距离结束；创造的白色负空间是显而易见的，但在形式上却难以捉摸：它是门还是窗？是开着的还是关闭的？所有这些难以捉摸的色彩和形式都是史密斯在绘画平面中对空间和造型的实验（图 3-64）。

3. 三维绘画：空间立体化

史密斯从 1962 年开始在绘画中进一步探索立体形式的可能性。在这个时期，他完成了大量介于建筑体量和雕塑构思之间的绘画作品，这些绘画大多以轴测图的形式反映形体的构成关系。可以说史密斯开始在绘画中创作建筑性雕塑，这些作品可以被称为"绘画性建筑雕塑"（Painted Architectural Sculpture）。在题为《广场》（The Piazza，1964 年）的绘画中，史密斯将一个正立方体变成了一个由两部分组成的空间谜题：为了适应后面部分的轮廓，人们必须在脑海中旋转前面部分。然后，他重新构想了这个 8 英尺（约 2.438m）的立方体投影，将其分割成巨大的公寓楼，坐落在一个矩形广场的两端，这幅绘画显示了与他在 20 世纪 50 年代完成的大尺度建筑设计的关联性。同年完成的绘画《噩梦后的早晨》（The Morning After a Nightmare）也采用了同样的空间概念，这些空间概念进一步模糊了建筑图纸和绘画的界限，在史密斯从建筑师过渡到雕塑家的过程中发挥了重要作用（图 3-65）。

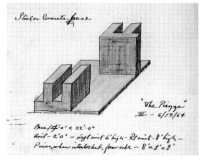
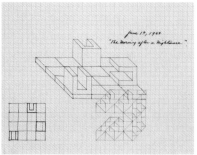

图 3-65 《广场》（左）与《噩梦后的早晨》（右）

史密斯创作的许多画作都是基于图形矩形单元的组合，似乎是放大了的建筑平面图的细节。这些组合表面上植根于杜伊斯堡（van Doesburg）和蒙德里安的风格派传统，但实际上也植根于 20 世纪 60 年代美国艺术的简化几何。史密斯承认建筑、绘画和雕塑的问题是相同的，所以他在绘画中解决的美学问题与他在建筑设计中发现的问题保持一致也就不足为奇。

3.4.3 雕塑：空间与结构逻辑

史密斯在生命的最后 20 年中创作雕塑，他的雕塑作品一如既往地延续了他的建筑与绘画的主题：抽象几何体与空间体验。正如他自己所言："我的雕塑是连续性空间坐标的组成部分，在这空间坐标中，虚体与实体由同样的成分构成。因此雕塑可以看作是原来连绵不绝空间的中断，你如果把空间看作是实体，雕塑就是实体中的虚空部分。"❶

1. 连续空间体

作为一名建筑师，史密斯对形式系统的把握本质上是几何实体的相互作用，他的数学结构和计算方法既简单又复杂，这使他的形式与任何其他同时代雕塑都不同。此外，史密斯对公共艺术的持续兴趣也使他对作品在周围连续空间中的需求特别敏感。

史密斯最早的雕塑作品几乎都来自四面体的扭转和变形，《香烟》（*Cigarette*，1961 年）是他完成的第一个环境雕塑，它以开放的、扭曲的直线形式构成，人可以穿越或者环绕这个雕塑从而获得如同建筑般的体验。在其他四面体"线形"雕塑，如《婚姻》（*Marriage*，1961 年）、《游乐场》（*Playground*，1962 年）的基础上，史密斯再次发现了立方体所具有的形式潜力，完成了大量以立方体为操作原型的雕塑作品。在此，立方体不仅仅是一个完美的几何原型，还是一个可以产生无数空间的源泉。以六边形空间结构为母题的《烟》（*Smoke*，1967 年）的晶体结构则是多边对称的，包含了一个两层的柱和拱门自动生成的拱顶系统（图 3-66 ~ 图 3-68）。它在空间体验上具有明晰的目的，但只有经过长时间研究才能在概念上理解。"它既不是一个物体，也不是一个围场，它开放的网格形式允许空间流动，暗示着雕塑的无限，一种迄今为止几何雕塑所不允许的手段自由"。❷

❶Robert Storr. Tony Smith：Architect · Painter · Sculptor [M]. New York：The Museum of Modern Art，1998：46.

❷Lucy R. Lippard. Tony Smith[M]. New York：Harry N. Abrams，1972：17.

图 3-66 最早的环境雕塑《香烟》（1961 年）　　图 3-67 线形雕塑《游乐场》（左，1962 年）和《婚姻》（右，1961 年）

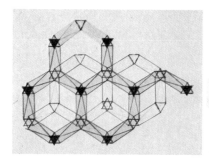

图 3-68 《烟》(1967 年）的平面图及模型

图 3-69 《弧顶菊》(左，1965 年）与《自由穿行》(右，1962 年）

史密斯更为复杂、多面性和构图上的"活跃"雕塑，如《威利》(*Willy*，1962 年)《蛇出来了》(*The Snake Is Out*，1962 年）或《弧顶菊》(*Amaryllis*，1965 年）等，以硬朗的几何形式实现了以前只有在雕刻中才会出现的移动或扭曲体量的效果，形成了一种严格的直线版本的传统曲线对位。史密斯将 1962 年创作的《自由穿行》(*Free Riding*）描述为一个人生活在其中的有生命的立方体：它的大小从各个方向看都是 6 英寸（约 0.152m）× 8 英寸（约 0.203m）的立方体，基于现代建筑典型的门的尺度，不对称的"臂"定义了立方体的三个轴（图 3-69）。[1] 从雕塑的角度来说，这件作品以图形的方式定义了空间，同时又占据了空间，因此同时具有象征意义和动感。用琼·帕奇纳（Joan Pachner）的话来说："史密斯创造了一个不依赖于传统双边对称的作品，而是以一种更有机的方式围绕着一个想象的中心点进行旋转或平衡。我们可以看到汉比奇的《动态对称》的螺旋形特征是如何在自然界的生长和人类形式之间架起一座桥梁的——一种展开的抽象。"[2]

2. 结构组合体

史密斯的结构组合体在形式上更接近于去除楼板、屋面、墙体和装饰的建筑结构物，同时，流体生物学在史密斯的雕塑研究中越来越占据重要地位并和结构体结合在一起。《费米》(*Fermi*，1973 年）和《多洛雷斯》(*Dolores*，1973 年）基于克莱因的表面拓扑学（Topological Klein Surfaces），反映了他不断寻找数学和科学的模式来作为艺术形式和雕塑结构的模型。

[1] 《自由穿行》的标题源自一个新闻：设计创作的同一天，斯科特·卡朋特（Scott Carpenter）成为美国第二个绕地球轨道飞行的宇航员。

[2] Robert Storr. Tony Smith: Architect · Painter · Sculptor [M]. New York: The Museum of Modern Art, 1998: 25.

在史密斯的艺术生涯中，《本宁顿结构》（*Bennington Structure*，1961年）是一个关键的作品——这座与汤普森的《成长与形态学》有着直接联系的抽象构筑更多的是雕塑而不是建筑。《本宁顿结构》预示着后来的《烟》和《蝙蝠洞》，也标志着史密斯在知识和专业上的转变，因为他有意识地倾向于雕塑，远离了他所认为的建筑职业的内在约束"。[1] 1969年夏天史密斯设计的《蝙蝠洞》（*Bat Cave*）由 2500 个单元模块条小瓦楞卡片组成的四面体和八面体的板模粘在一起，三角形形体从倾斜的内墙伸出，离地面大约 7 英尺（约 2.137m），不规则地向上持续 6 英尺（约 1.829m），达到室内空间的 13 英尺（约 3.962m）高。构筑面向内部空间，而不是外部环境。外墙并不与内部相匹配，而是与之形成对比：所有的元素都向内渗透。整个空间形式让人想起史密斯所欣赏的玛雅阶梯式建筑。对史密斯而言，建筑是关于创造非物质的空间，而雕塑是关于塑性体量。因此，尽管《蝙蝠洞》保留了它作为雕塑的身份，但观众与物体的互动使最终空间比史密斯所设想的更接近于建筑（图 3-70、图 3-71）。

[1] Robert Storr. Tony Smith：Architect·Painter·Sculptor [M]. New York：The Museum of Modern Art, 1998：36.

图 3-70　汤布森的结构原型（左）与史密斯的作品《本宁顿结构》（右）

图 3-71　《蝙蝠洞》（1969 年）

3.4.4　无尽之河：建筑·绘画·雕塑

在艺术生涯的初期，史密斯就有远见地阐述了生活和创作的愿景："我可以创造一个充满了多样性和丰富性、简单和复杂、天真和成熟、发明和意义、诗歌和爱的生活。"[2] 他的一生是对物质世界的不断探索，是在概念化和肯定的建造行为之间进行调解。这种探索和调解既挑战了人类固有的古典法则，也成为当代文化的一部分。

[2] 同本页 [1]：46.

1. 几何成就空间

20 世纪现代艺术的发展在很大程度上由对艺术惯例的有意反叛构成，这些惯例很多是建立在古典几何的对称和稳定基础上的。立体主义率先打破了这个模式，随后，构成主义、至上主义、风格派、包豪斯，以及许多其他运动和流派均试图重新塑造它们。但是，当文艺复兴的权威以神圣或科学秩序的名义衡量新的艺术时，这些立体主义和后立体主义的创新留给了理性审美体系的新颖主张却可能令人深感不安。因此，现代几何抽象在延续传统的基础上适时地植入了现代空间观念，迫使人们重新思考理想与自然、无机与有机、心灵与身体之间的经典对立（图 3-72、图 3-73）。

图 3-72　史密斯创作的系列几何形雕塑

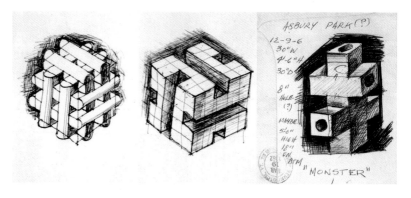

图 3-73　史密斯的草图融合了建筑与雕塑

史密斯将立方体、六面体等几何原型分割成轴向分量，探索其边缘，分解其平面，刺穿其体量。几何不再是简单的抽象形式，而被视为一种营养丰富的形态；几何也使史密斯的设计超越了建筑、绘画和雕塑的藩篱，人们可以一次又一次地回归。史密斯一生的追求就是抓住几何的整体性，他不承认自然形式和人工形式的绝对分离，而是寻求它们之间的生成性联系。在很大程度上正是由于史密斯的作品，我们开始认识到几何不仅仅局限于古典风格。

2. 艺术成为文化

艺术史学家迈克尔·弗雷德（Michael Fried）在《艺术与物性》（*Art*

and Objecthood）中认为所有艺术都是"剧场"（Theatre），都具有"剧场性"（Theatricality），史密斯是当今为数不多的具有美学和技术力量的艺术家之一，他将雕塑形式成功地强加在新的语境中，这些语境可能包含戏剧体验的各个方面，以扩大观众对造型艺术的体验，但又绝不被单一的造型艺术所支配。"史密斯敏锐地意识到他作品中情感内容的问题，并注意到这种雕塑结构引起观众的各种反应"。[1]他经常用用原始主义和万物有灵的术语来描述它的几何形态，或者把它们与早期文化中的建筑遗址和住所相比较——比如他在古代近东的建筑和城镇规划书籍中发现的竖石纪念碑（Menhirs）和土丘。史密斯认为风动结构和生物形态这些自然的形式具有"梦幻般的品质，至少像人们所说的那种美国梦的类型"。[2]他相信模度元素——以整体模式或预制单元的形式出现的模块化元素正是美国艺术和文化的特点。

虽然网格在史密斯的作品中作为一种组织结构对于以建筑为代表的空间艺术来说是必不可少的，但网格还象征着理性社会的秩序，或者说象征着人类的文明。几何和有机抽象之间的整体关系是史密斯艺术创作的核心，他的规则结构源于人类悠久的建筑传统和绘画传统。许多20世纪60年代的新艺术开始挑战与艺术时间相对的实时时间，并从根本上将它们的作用去物质化，史密斯持续以自己的方式挑战时间和空间，它的艺术抛却了单一的建筑、绘画和雕塑身份，以现代文化的一部分来唤醒和撤销过去，等待未来。所以，当我们在1968年看到斯坦利·库布里克（Stanley Kubrick）的电影《2001太空漫游》（*2001: A Space Odyssey*）中呈现的那座永恒的、有着不可思议的非人格化地标——"大黑石"时，当我们在21世纪看到雷姆·库哈斯（Rem Koolhaas）设计的结构夸张的北京中央电视台大楼时，当我们看到伊东丰雄设计的"蜂巢般"的台中歌剧院时，我们会以不可思议的经验发现它似乎是仿照了史密斯的雕塑，这并非偶然（图3-74、图3-75）。

[1] Sam Hunter. Tony Smith: The Elements and Throwback[M]. New York: The Pace Gallery, 1979: 8.

[2]（澳大利亚）罗伯特·史密斯森，等. 白立方内外: ARTFORM当代艺术评论50年[M]. 安静，主编. 北京: 三联书店，2017: 40.

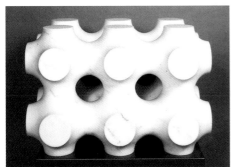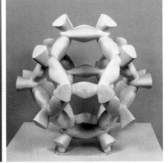

图3-74 具有自然结构形态的《费米》（左，1973年）和《多洛雷斯》（右，1973年）

图 3-75 《月亮狗》（1964年）
的不同角度空间效果与现代建筑
的几何形态息息相关

3.4.5　结语

从古典主义到当代生活，托尼·史密斯汲取了各种来源。他的建筑背景让他对人类尺度和公共空间都有了独特的理解，他的复杂的几何结构源自直觉。他致力于为美国艺术和景观创造一种新的语言。❶

——希顿和琪琪·史密斯（Seton and Kiki Smith）❷

❶Matthew Marks Gallery. Not an Object. Not a Monument: The complete large-scale sculpture of Tony Smith[M]. Steidl, 2006: 7.
❷希顿和琪琪·史密斯（Seton and Kiki Smith）为托尼·史密斯的两位女儿，皆为当代艺术家。

几乎所有的文明都使用建筑、绘画和雕塑来庆祝它们的神。托尼·史密斯反复面对的问题是如何在现代的世俗社会中做到同样的事，而他在所有艺术媒介上的实验反映了这个看似不可能但虔诚的目标。

要充分理解史密斯的全部作品，必须把他的艺术视为一个整体，将之视为一条他可以自由穿行的"建筑·绘画·雕塑"的无尽之河。史密斯的作品混淆了建筑和雕塑、纪念碑和物体之间的界限，门窗、洞穴、迷宫……内部和外部、自然和人造的界限在史密斯创造的空间中不断受到质疑。他的全部作品包含了双重参考：自然和有机，第一个参考是基于自然几何的内部结构；第二个参考是他对于公共艺术所处的环境条件的强烈敏感。建筑、绘画和雕塑，作为人类集体社会象征的历史纪念碑之间的关联，将现在和遥远的过去混为一谈。

第 4 章

建筑之眼：建筑大师与现代艺术

The Eyes of Architects: Masters and
Modern Art

4.1　物·体·筑：勒·柯布西耶的绘画
4.1　Object, Volume and Architecture: The Painting of Le Corbusier

　　勒·柯布西耶（Le Corbusier，1887—1965 年）的艺术生涯紧密围绕着以绘画为主体的艺术创作与建筑实践的互动而展开，他一生留下了超过 8000 幅素描、400 幅油画、44 件雕塑和 27 件挂毯设计。柯布将他的绘画自诩为一种"隐匿的苦力"（Hidden Toil）——在 1948 年出版的《今日建筑》中，他说："绘画是我在居所打开的一扇侧门，它可以让我进行一种耐心的研究。绘画呈现了我的建筑作品的线索，在一个机器时代，我将日常生活奉献给纯粹的客观作品来创造形式、创造关系、创造线条、形体、色彩……我想如果我的建筑作品能够获得赞誉，那一定是和我的这种'隐匿的苦力'有关。"[1]

[1][2] Jean-Louis Cohen, Staffan Ahrenberg. Le Corbusier's Secret Laboratory: From Painting to Architecture[M]. Ostfildern: Hatje Cantz, 2013: 147-148.

　　1935 年柯布西耶在工作室中举行了题为《今日住宅中的原始艺术》的展览，这个展览既展示了他的艺术作品的多元性，又通过具有折中性的召唤性物体显示了他的艺术与建筑之间的混合性。这些展出的物品有：15 世纪的贝宁铜器、前哥伦布时代的罐、柯布亲自上色的小牛铸件、古代的无名雕塑等，这些展览物试图反映一种"现代的感知"（Modern Sensibility）——一种基于历史性的思索和当前异域情调的现代感知。柯布在这个展览中宣称："精神的创造物是永恒的。原始时期的艺术品同样来自它所处的社会、工具、语言、思想和信仰。艺术没有重复，所有的艺术创作都是在发展中的。"[2] 这个言论不仅折射出他对古今之物关系的看法，也反映在他的创作之中（表 4-1）。

表 4-1 勒·柯布西耶的并行性"绘画与建筑"简表

时间（年）	阶段／主题	绘画（雕塑）特征	建筑代表作
1907—1912	艺术启蒙时期	受新艺术运动、印象派、未来派的影响	艺术家工作室 斯图特兹住宅
1913—1924	纯粹主义时期	从立体主义走向纯粹主义，探求抓住物体的"纯粹"本质	多米诺住宅 萨伏伊别墅
1925—1950	超现实主义时期	出现随性自由的弯曲线条、3D立体形体、诗意物体	朗香教堂 苏维埃宫
1928—1960	人体，物体的变形	健壮、肉感的女人体，扭曲的形体	昌迪加尔行政中心 剑桥视觉艺术中心
1930—1965	雕塑，二维向三维的转变	介于曲直之间的形体，介于虚实之间的神秘性形体	模数 张开的手

4.1.1 物：从自然之物走向诗意之物

柯布西耶的建筑和艺术的关联性最早出现于他的纯粹主义时期。虽然柯布西耶受到了立体主义的艺术启蒙，但很快他便摒除了立体派画家的复杂构图，转而提倡一种抓住物体"纯粹"本质的新绘画观念和技巧，将画面简化为简单的几何造型并将此命名为"纯粹主义"（Purism）。威廉·J. R. 柯蒂斯（William J. R. Curtis）在《柯布西耶：观念与形式》一书中认为："纯粹主义认为无论是人类形体还是自然风景都是有着目的性的描绘，而不是蒙德里安式的无客体纯抽象绘画。"❶也就是说，现实物件才是柯布描绘的首要内容，这些物件题材又分为日常之物、诗意之物和静物等三大类型。

1. 日常之物

餐盘、汤匙、叉子、玻璃瓶、玻璃杯，这些都是柯布西耶热衷于描绘的日常之物。在他的眼中这些物体褪去了一般乏味的实用性，显露出真正的身份和独特的造型。柯布将之称为"通往奇迹的大门"：让造型与色彩混乱的表象获得和解与调和，观察不是上天赋予的礼物，而是一门需要去学习的规范，日常之物的构成元素就是一套视觉语言的词汇和文法（图 4-1）。柯布的这种对日常与自然形式的入迷最早可追溯到他在瑞士时期的艺术启蒙：题材既有宏大的阿尔卑斯山风景，也有微观的植物、花草、树木。在整个 20 世纪 20 年代纯粹主义时期，他一直在绘摹这些自然世界。

柯布西耶在 1960 年的一场访谈中，谈到自己 20 世纪 20 年代的绘画风格的转变时说道："1918 到 1927 年间，我的绘画素材只是来自小酒馆和饭店桌子上的瓶瓶罐罐、眼镜等，我将这些日常的物体通过绘画重置与表

❶ William J. R. Curtis. Le Corbusier Ideas and Forms [M].London：Phaidon Press，1986：50.

图 4-1 柯布西耶早期素描《书、茶杯和烟斗》（1917 年）

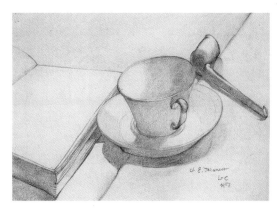

❶Jean-Louis Cohen, Staffan Ahrenberg. Le Cor-busier's Secret Labora-tory: From Painting to Architecture[M]. Ostfildern: Hatje Cantz, 2013: 186.

现。1928 年开始，我想扩大我的绘画'词汇'，从而寻找到了我称之为'唤起诗意的物体'（Objects which Evoke a Poetic Reaction），这些端庄的物体包含和呈现了自然的法则。同时，我开始表现人形与人体。"❶

2. 诗意之物

随着柯布西耶与"纯粹主义兄弟"阿玛迪·欧桑方（Amédée Ozenfant）的背离，柯布进一步扩大自己的艺术词汇。具有空间塑性的贝壳、漂流木、粗糙的绳索、风化的骨头、水磨石块……这些柯布西耶搜集的展现了同样的自然性的"废物"与"弃物"就是被他称为"唤起诗意的物体"（图 4-2）。这些不规则的、具有结构与形式意味的召唤性物体提供了一种可能的灵感来源，柯布说："'唤起诗意的物体'有着自然的形状、大小、材质……断裂的贝壳向我们展示了它惊人的空间构造，所有的这些种子、燧石、晶体、石头、木材的形状都是自然界语言的代言物，他们通过人类手的抚摸、眼的凝视，成为一种召唤性的对象，而介于自然物与我们之间的便是人类的'编织'。"❷

❷同本页 ❶: 187.

图 4-2　柯布西耶收集的"诗意性物体"

因此，这些诗意的物体不仅有着造型的多元性，还展现了自然力量的塑性性以及时间带来的断裂或腐蚀。正如尼克拉·马克（Niklas Maak）在《柯布西耶：沙滩上的建筑师》一文中所言："所谓的'诗意'的概念应该被理解为古希腊的感情，有着'招致'（Begetting）或'产生'（Bring Forth）的意味。"❸ 它们犹如发动机，当柯布将绘画与建筑结合在一起时，这些组织起来的变形、重译策略提供了有关他的形式世界的最重要方法论。

❸Niklas Maak. Le Corbusier: The Architect on the Beach[Z]. Chicago, 2011: 56.

3. 静物——物件在空间中的关系

柯布西耶绘画中物件之间的关系可以看成他在建筑设计中的空间处理手法的实验。在 1920 年的绘画《有红色小提琴的静物》中，他同时呈现了从上往下和从侧面往中央两个观察角度，在将桌上的红色小提琴、瓶子、杯子、烟斗和一本翻开的书化为简单的几何图形的同时，又以不同层次的咖啡红色调将不同物体关系的空间关系凸显出来（图 4-3）。在同年完成的《垂直的吉他》系列绘画中，柯布各画了一组在桌面上的瓶子和杯子，并将吉他垂直地安排在背景中，垂直性和正面性成为这一时期画作中的观察视点的特点，有别于著名的"多米诺结构"的主

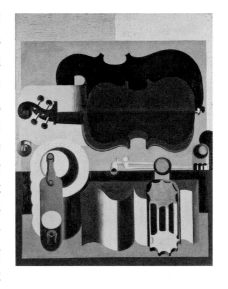

图 4-3 《有红色小提琴的静物》

观人视的透视角度，绘画中宛如建筑正轴测图出现的自然之物、人工之物以一种客观的诗意属性得到了召唤（图 4-4）。

图 4-4 《垂直的吉他》的两个版本

在《有叠盘和书的静物》中，所有的元素都显示出一种空间的相对同质性（Relative Homogeneity）：有活力的物体居于构图的中央，刻意的轴测效果由此而生，平坦的背景成为画面延展的区域。但即使如此，柯布依然热衷于物体的双关性——如果吉他是平放的，为什么它的轮廓与吉他包一样呢？哪一个视点才是垂直性的？那是一个吉他包，还是只是吉他的投影呢？又是什么原因使最上方圆盘正好位于吉他音孔的位置？……所有的这一切，都可以看成他精心设计的"视觉双关语"（图 4-5）。这种视觉双关不禁让人联想起埃舍尔（M.C.Escher）的"不可能的空间"，或者，联

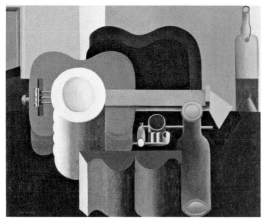

图 4-5 《有叠盘和书的静物》

图 4-6 《两位奇想的女子》

❶Danièle Pauly. Le Corbusier Drawing as Process [M]. New Heaven and London：Yale University Press，2018：178.

❷ 同本页 ❶：279.

想起最早被科佩斯（György Kepes）在 1944 年的著作《视觉语言》中称为"透明性"的空间特征，以及随后被柯林·罗（Colin Rowe）和罗伯特·斯拉茨基（Robert Slutzky）发扬光大的透明性研究。

4.1.2 体：平面与三维

如果说柯布西耶绘画中的物件体现着一种从日常到诗意的意向追求的话，那么，他随后以形体完成的绘画则直接构成了绘画中的形式构成并直接对应着建筑设计中的形体组合。

1. 女人体

柯布西耶最早的裸体绘画可以追溯到 1912 年冬天完成的水彩画《Thebaïde》，1917 年在巴黎的第一年间"柯布西耶的职业令人沮丧，同时他也发现了他所拜访的女人的欲望，她们对他的秘密欲望做出了回应。柯布西耶这一面的性格反映在绘画中，很少用文字表达出来"。❶在柯布西耶的大量女人体绘画中，他探寻了人体的膨胀、扭动和倾斜等变形手段，这些人体绘画为柯布随后展开的视角与形体、前景与背景、直线与曲线、形状和图底关系研究提供了足够的研究素材。在 1937 年完成的《两位奇想的女子》中，高度抽象的人体给观者留下了深刻印象：脸部和身体的形状和颜色都产生了分裂，前景与背景、内部和外部合并在一起，一条浅蓝的蜿蜒曲线将形体联系在一起，不禁让人联想起他早期绘画中的形体组合，只不过重新以超现实主义的表现方式呈现而已（图 4-6）。同时，这些柔性曲线也成为同时期建筑平面设计中曲线元素的形式来源。

2. 公牛体

在柯布西耶职业生涯的后期，他所钟爱的自然元素产生了一个新的主题：公牛。柯布西耶如此解释："视觉元素被收集起来，关键之物是在比利牛斯山脉捡到的一段枯木和一块鹅卵石。耕牛整天从我的窗前经过，牛、卵石和树根经过反复的牵引，变成了公牛。"❷因此，根据柯布西耶的说法，公牛题材在一定的程度上源自有机物体。在第二次世界大战结束后的大约 10 年时间中，柯布西耶完成了约 20 张的以公牛为主题的创作。在这些以公牛为图腾的绘画中，与毕加索同时期绘画中出现的公牛形体有别，柯布西耶几乎没有描绘公牛的真实形态和面貌，而是在似是而非的公牛形象的上方含混地描绘了牛角，在画面中央的两个圆圈则代表了牛的鼻孔。公牛象征着力量和权力，柯布西耶明显地将自己职业低潮期的愿望投射到公牛的意义之中。除了在绘画中描绘公牛的形象，在后期的柯布西耶的建筑作品中，类似公牛头上强劲的牛角线条造型也经常出现（图4-7）。

3. 雕塑体

1946年前后，柯布西耶认识了布列塔尼的木匠乔瑟夫·萨维纳（Joseph Savina），在萨维纳的建议下，柯布西耶开始创作雕塑。**❶**
在随后的时间里，柯布西耶开始探讨如何将建筑、雕塑和绘画相结合，并逐渐将创作的重心从"机械性的美"转向"无法言语的空间之美"。柯布西耶的雕塑可以被视为是符号的立体化——手、图腾、偶像，都是从他的绘画转换而来，这种从平面转换成立体的过程，与建筑设计与建造的过程极其相似。"对他来说，雕塑师一种必不可少的表达方式。表面和体块、实体虚空的相互作用代表了与建筑中同样的力量和张力；就像一座建筑或一组建筑，一座雕塑'辐射'到它周围的空间……不受建筑所承受的场地、时间尺度、客户、经济的约束，雕塑提供了另一种居住和塑造空间的方式"。**❷**

"有一天我在画布上发现了一个人形，已经画了四年有余却从未察觉，我将它命名为'乌布'（Ubu）。'乌布'是法国现代戏剧怪才亚佛·贾利（Alfred Jarry）所创作出来的一个荒谬生物，他无视一切规范，但也充满了能量"。**❸** 在柯布西耶眼中，"乌布"是一个多彩的雕塑，其中暗含着风景、泻湖、海滩或是一个悬浮在未来天空的世界各地的城市。柯布西耶将"乌布"延伸为两项最重要的作品：一是马赛公寓，"我认为这座建筑是一个能够达到平衡的有机物，而不是随便在都市遗落的三角地所兴建、组织松散的水泥大楼"。**❹** 另一个则是著名的以黄金分割比例设计的"模度"（Modular）概念（图4-8）。在此，"乌布"同时满足了柯布对物体的双重渴望：既是一个具象的幻象之体，也是一种抽象的幻想之意。

4.1.3 筑：物体之形到空间之构

柯布西耶的绘画提供了一种与他的建筑奇境相关的个人化细节，他将绘画语言转译为建筑语言，从而得到了"反透视"和"形式模糊"这两个建筑空间的重要特征，"形式模糊"也被柯布描述为"物体的嫁接"。

1. 反透视

柯布西耶最早的纯粹主义绘画《红色的碗》（1919年）可以视为理解

图4-7 《公牛》

❶ 柯布西耶在设计雕塑时通常打好草稿并决定雕塑的大小，萨维纳根据草稿雕刻和组装，最后再由柯布负责上色。

❷ Jean Jenger. Le Corbusier：Architect，Painter，Poet[M]. New York：Harry N. Abrams，Inc.，1996：92.

❸ 吴礽喻. 柯比意[M]. 何政广，主编. 台北：艺术家出版社，2011：175-176.

❹ 同本页**❷**：184.

图 4-8　柯布西耶创作的雕塑

他提出的"反透视"的入口。整个画面明确地表明了同时存在的两个透视点：一个倾斜的视点控制着碗、立方体、烟斗、纸卷；另一个水平的视点控制着白纸以及它的明显基线。这种反透视造成的"不自然"却增加了一种"隐匿"的空间效果——物体以一种内在几何规划的复杂体系而呈现：纸卷、烟斗、碗的投影形成斜向平行线；桌子的轴线与正方体的垂直边一致；碗的切线与白色矩形的右直边形成一条直线；碗的圆心轴线与立方体的右边缘形成一条直线（图 4-9）。

　　回到"建筑与绘画"这个主题，柯布西耶纯粹主义时期的形体组合就不是通过单一视点而构成。以此为出发点，在建筑设计中，柯布西耶提出了多视角、多路径的空间阅读方式，或者说柯布西耶在他的建筑中安置了一种"反透视"的装置，水平长窗正是反透视的要点：为了避免单一的视觉中心，水平长窗形成了与传统窗户异样的观景方式，条窗与景观的关系是割裂的，只有通过人与窗的远近移动才能获得，这种移动也使得空间的中心从室内向室外转移，对建筑的感知也就随着时间、空间而展开。这一点其实也就是柯布西耶提出的"建筑漫游"概念。正如柯布西耶在分析罗许住宅（Maison La Roche）时所言："人一旦进入建筑，建筑景观便随着目光的运动而产生。"❶

❶Willi Boesiger. Le Corbusier und Pierre Jeanneret：Ihr Gesamtes Werk von 1910—1929（Zurich，1930）：60.

2. 由静至动、曲直结合

　　即使在 20 世纪 20 年代末柯布西耶的艺术观念、绘画风格发生巨大转变后，绘画与建筑之间的对话依然存在。当柯布西耶开始从纯粹主义时期基于物体的静物写实转向多元的、动态的、视觉性的绘画语

图 4-9　《红色的碗》

言时——他的绘画从简单、单纯、透明走向复杂的形象组合。绘画素材中开始出现的人，尤其是女人体开始成为绘画的主题，这种新的实验与尝试对应着建筑设计中的两个变化：一是新尺度的形体组合的出现；一是自然与人工材料的关系、室内与室外的关系开始变得更多关联性。这种关联表现为形体与元素中的"由静至动，曲直结合"。

可以说，在这个阶段柯布西耶不断探索绘画语言来为他的建筑创作提供形式和空间语言反馈，试图将他的绘画中不断增强的"神人同形同性论"（Anthropomorphism）转译为大尺度的建筑与城市，这个过程也体现了二维绘画与三维建筑的聚合与转移。

3. 形式的嫁接

通过研究可以发现，柯布西耶的绘画和建筑经历了一个相似的风格变化过程：在绘画中，从一种相对匀质的物体空间走向一种压缩的、多中心的模糊构图；在建筑设计上，则是从"如画"（Picturesque）的、"曲折"（Meandring）的漫游走向压缩的体量与空间。斯坦恩住宅（Villa Stein-De Monzie）便是将各种功能压缩到一个纯净外壳中的设计，从柯布西耶一系列关于斯坦恩住宅设计的过程草图中也可以发现：该设计不断演进的平面设计与"新建筑五点"中的自由平面密切相关——每一个空间、每一个功能、每一个设备都具有其存在的价值。这一点与《许多物体的静物》纯粹主义绘画中所描绘的空间关系如出一辙：建筑平面唤起的体量，既是背景，也形成了构图的框架（图4-10）。

这种空间与形式的关联性就是柯布西耶在 1924 年的《构成》（*Composition*）一文中明确提出的"共享轮廓的物体嫁接"（Marriage of Objects in Sharing an Outline）概念。"纯粹主义形成了对物体构成属性的保存，只有通过绘画，不同的物体才可以建立关联性构成来创造一种新的物体"。[1] 这种形式的嫁接无处不在：在绘画中这种策略是一种客观的不带感情的练习，是对物体的操作、排列和并置；在建筑中，这种"嫁接"的前提条件就是"自由平面"，一种既关联建造特性又和空间构成密切相关的设计方法。

[1]Jean-Louis Cohen with Staffan Ahrenberg. Le Corbusier's Secret Laboratory：From Painting to Architecture[M]. Ostfildern：Hatje Cantz，2013：168.

图4-10　斯坦恩住宅的不同阶段设计图

4.1.4 结语

正如柯布西耶在《纯粹主义》（*The Purism*）一文中所写："纯粹主义绘画中的物体不是再现，而是对物体普遍性（Generality）和不变性（Invariability）的一种创造。"❶总体来看，他的绘画与建筑延续了文艺复兴建筑大师阿尔贝蒂（Leon Battista Alberti）一直强调的观点"通过绘画的设计"（Design by Drawing），也就是绘画和建筑具有形式语言的相通性。

❶ 同上页 ❶: 151.

柯布西耶一方面坚持认为自己的艺术是一个整体，同时也承认绘画在其中居于最重要的核心地位。本文所探讨的柯布西耶绘画中的物件、形体可以在绘画和建筑的双重意义上理解为。

物一意：无论是柯布西耶早期关注的自然之物，还是随后重点表现的人工之物，均是他追求的"诗意性之物"。这种物体的诗意体现的是柯布西耶对于"绘画—建筑"这一互动过程中的一种现代意识。

体一形：柯布西耶绘画中不断出现的形体（女人体、公牛体等）直接对应着柯布西耶的形体操作：形体既是绘画的形式来源，也是建筑体量组织的基本技法。当然，从绘画到建筑，自然经历了一个从二维到三维、平面到空间的转换过程。

绘画—建筑：柯布西耶绘画与建筑之间的转型（Transformation）、转译（Translation）和转移（Transferal）涉及两类艺术的尺度和形式，但都是和整个艺术世界相关的一种探求。在这个探求过程中，绘画提供了一个理想的形式实验场，给建筑设计提供了自然／人工、几何／有机、内／外的探究可能。

4.2　影·像·城：勒·柯布西耶的影像世界
4.2　Photography，Image and City：The Visual World of Le Corbusier

　　以摄影和电影为代表的视觉艺术对 20 世纪以来的城市规划和建筑设计影响深远。摄影与影像的创作是勒·柯布西耶艺术生涯中相对私人化的行为，因此一般很少被研究者提及。近年来，受益于欧洲学者的深入挖掘、整理与研究，柯布西耶亲自完成与参与的大量影像资料得以出版问世。本节将通过回顾柯布西耶私人化的摄影与影像活动来探索他的影像历程及其与城市规划、建筑设计之间的关系。

4.2.1　影像时代

　　摄影作为一种新型机器美学的代表，在第一次世界大战后成为众多艺术家的应用工具。这个时期的画家、建筑师、摄影师相互滋养，罗德琴科（Alexander Rodchenko）、纳吉（Moholy-Nagy）和尤姆博（Otto Umbehr）都认为摄影是具有与诗歌同样功能的现代生活描述工具，艺术创作的目标就是要结合机器时代与工业社会。李西茨基（El Lissitzky）则宣称："没有比摄影更好的能让大众接受的表现形式。"[1] 20 世纪初兴起于德国和瑞士的"风土文物保护运动"（Heimatschutz）恰如英国的工艺美术运动，也引导了一股对旧城镇描绘和拍摄的热潮。

　　许多前卫艺术家纷纷将摄影应用于艺术创作之中：1919 年包豪斯的学生保罗·雪铁龙（Paul Citroën）拍摄了他的第一张城市照片，并在 1923 年完

[1] Nathalie Herschdorfer & Lada Umstätter. Le Corbusier and the Power of Photography [M]. London：Thames and Hudson，2012：18.

成了城市组照《大都会》；德国表现主义建筑师门德尔松（Erich Mendelsohn）在1928年出版了记录美国城市与建筑的摄影集《美国》；在电影界，华尔特·路特曼（Walter Ruttmann）和弗里兹·朗（Fritz Lang）在各自的电影《柏林，都市节奏》（1927年）和《大都会》（1926年）中利用摄影分别歌颂和幻想了现代都市空间。在这个时代背景之下，摄影既是一种可视化的媒介，也是一种可视化的交流方式，对新时代充满赞美之情的柯布西耶利用影像为他的创作做记录和宣传也是自然的选择。

4.2.2　影像生涯

柯布西耶青年时离开家乡瑞士拉绍德封（la Chaux-de-Fonds）去发现世界：巴黎、慕尼黑、维也纳、柏林、伊斯坦布尔、罗马……他的思想随着视野的开阔而渐渐深刻。在利用速写来记录他的旅程和思想的同时，相机的镜头也是他观察世界、阅读世界的重要工具。

总体上看，柯布西耶的摄影可以归类到第一次世界大战之后以德国、俄罗斯、法国为代表的前卫艺术活动：一种对机器时代无所不在的狂热，并将这种机器特性表现在作品中。根据2013年出版的《勒·柯布西耶的私人摄影》一书作者蒂姆·本顿（Tim Benton）的研究，柯布西耶的摄影生涯并不是一个持续的过程，而是由两个独立的时间段构成，分别是1907—1921年和1936—1938年（表4-2）。[❶]

❶Tim Benton.Le Corbusier Secret Photographer[M]. Zurich：Lars Muller Publishers，2013.

表4-2　勒·柯布西耶摄影简表

时间（年）	主要摄影地点	主要摄影题材	影像观念
1907—1921	"东方之旅" 意大利 德国 奥地利	城市风景 历史建筑 街区空间	对建筑群体与城市尺度的关注胜过建筑单体； 由业余型记录摄影转为半专业型解译性摄影
1936—1938	巴西里约热内卢 法国阿尔雄湾 意大利海边 巴黎寓所 母亲住宅	齐柏林飞船 横跨太平洋的游轮 海边风景、人物、物体 母亲、妻子、爱犬	对飞船、轮船的技术崇拜； 从对海边物体的微观观察中感知自然和宇宙； 认为宣传和艺术介入是影像的两大功能

1. 1907—1921年

柯布西耶这个阶段的摄影又分为两个时期：一是1911年前为他的导师查尔斯·勒普拉廷（Charles L'Eplattenier）完成《城市美学》讲座与《城市建筑》专著所拍摄的照片，这些照片主要为城市公共空间的影像。在这个过程中，柯布西耶仔细阅读了奥地利建筑师卡米罗·希特（Camillo Sitte）的著作《城市建筑艺术》，并受其影响开始关注都市公共空间。按照安德烈兹·皮奥特维斯基（Andrzej Piotrowski）对此阶段柯布西耶摄

影作品的研究，他的摄影风格在
1907—1911 年间经历了一次转变：
由传统的类型摄影（Conventional
Stereotypes）转型为解译性摄影
（Interpretation Mode），即由"形式"
走向"内容"的影像表现。另一
时期是 1911 年后以"东方之旅"❶
为代表的旅行摄影。在追随当时

图 4-11　柯布西耶在旅行中拍
摄的罗马万神庙（1911 年）

旅行摄影传统的基础上，柯布西耶的影像结合了写实影像与简洁构图。阿
曼多·里贝卡（Armando Rabaca）在《勒·柯布西耶摄影中的文献语言与
抽象》一文中推测沃林格的《抽象与移情》一书对柯布西耶"东方之旅"
影响重大，并以柯布西耶拍摄的一张穆斯林建筑的墙体与尖塔及其关系来
说明这一推测。❷ 在旅途中，摄影不仅给他提供了认知信息的来源，也提
供了形式提取和抽象的可能（图 4-11）。

　　这个时期柯布西耶的摄影介于专业摄影和旅行摄影之间。属于一种特
殊摄影的类型——地理学家、考古学家、工程师、建筑师常常采用的摄影
方式。尽管其中的一些照片具有较高的影像素质，但很难将其界定为专业
摄影。同时，摄影并没有给柯布西耶带来长久的兴奋，在"东方之旅"后
不久，他第一次放弃了摄影，转而全身心投入绘画（图 4-12、图 4-13）。

❶ "东方之旅"（Journey to
the East）是勒·柯布西耶
1911 年 5 月至 9 月的一次
城市与建筑认知之旅，由德
累斯顿出发，途径布拉格、
维也纳后沿多瑙河而下，到
达布达佩斯、贝尔格莱德、
布加勒斯特，再到土耳其、
希腊、意大利等国家。"东
方之旅"对柯布西耶的整个
艺术生涯影响重大。
❷ 柯布西耶"东方之旅"
的同行者是时为艺术史学生
的德国人奥古斯特·克李普
斯特恩（August Klipstein），
里贝卡认为柯布西耶在旅行
过程中阅读了克李普斯特
恩所携带的《抽象与移情》
一书。

图 4-12　"东方之旅"同时用摄影和速写来记录建筑　　　　图 4-13　柯布西耶早期设计与摄影关联

2. 1936—1938 年

早在 1926 年，柯布西耶便与一个电影团队合作拍摄了一部记录他设计的皮塞克（Pessac）集合住宅项目的短片，他在 1928 年与俄罗斯先锋导演爱森斯坦（Sergei Eisenstein）的会面也一直被史学家谈论。但真正改变柯布西耶对影像态度转变的则属 1930—1931 年他与法国电影制作人皮埃尔·香瑙（Pierre Chenal）的密切合作，正是在香瑙的建议和鼓励下，柯布西耶在时隔十多年后重新拿起了摄影机，在 1936 年 6 月到 1938 年春的近两年时间里，柯布西耶拍摄了 18 卷 50 英尺的胶片，包括 120 部短片和约 6000 张静态照片。

柯布西耶于 1928—1935 年的绘画充满了他短暂居住的法国小城勒皮盖（Le Piquey）海边的物体和人物：船、绳索、贝壳、生蚝、渔夫、妇女……1936 年开始，柯布西耶重新拿起相机，记录了与绘画中的日常事物并行的拍摄对象。同时柯布西耶还发现了一种微观的拍摄对象：脚印、波纹、潮汐、海浪和风，在这些抽象的构图与黑白影调中，他寻找到了一种象征性关联：通过影像来理解风与潮汐等自然现象，或者说是一种缩微的自然和宇宙。此外，他在这一时期拍摄的阿尔雄湾（Arcachon Bay）也让我们联想起他瑞士家乡的风景绘画——一种充满乡愁的平和景色的摄影，却与他同时期的机器化的、情色特征的绘画相去甚远，这一点可视为柯布西耶对风景产生的多元的、矛盾的反应。

从这个阶段柯布西耶留下的影像档案中既可以看到飞船、轮船这些早期柯布西耶就热衷于表现和宣扬的时代机器，也可以发现日常生活的温馨时刻。也就是说柯布西耶不仅仅继续关注影像与创作的相互激励，还开始记录生活本身，持续的人文特征是这个时期影像的一个重要特征（图 4-14、图 4-15）。

图 4-14　柯布西耶 20 世纪 30 年代拍摄的海边系列照片

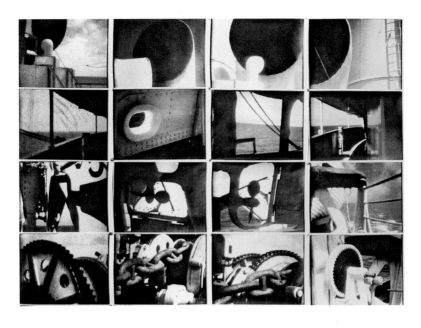

图4-15 柯布西耶拍摄的蒸汽船系列照片

3. 电影时光

宣传（Propaganda）和艺术介入（Artistic Intervention）是柯布西耶战后影像创造与呈现的两个重要功能。这两个功能也体现在柯布西耶参与制作的影像作品之中（表4-3）。

表4-3 勒·柯布西耶参与的城市与建筑主题的电影简表

时间（年）	导演（制作人）	电影	主要内容
1931	皮埃尔·香瑙 （Pierre Chenal）	《今日建筑》 《建造》	记录了柯布西耶早期的以住宅设计为代表的建筑设计及其建造过程
1949	尼古拉·维德热 （Nicole Védrès）	《生活从明天开始》	一部展望未来生活的电影，柯布西耶与萨特、毕加索等一起全方位展望新时代生活
1952	简·萨查 （Jean Sacha）	《光明城市》	详细记录了马赛公寓设计、建造的详细过程，推广了柯布西耶的社会住宅概念
1957	皮埃尔·卡斯特 （Pierre Kast）	《勒·柯布西耶：快乐的建筑师》	记录和推广柯布西耶的城市设计思想是本片的核心

1949年，导演尼古拉·维德热（Nicole Védrès）邀请柯布西耶参演一部访谈式电影《生活从明天开始》，在这部展望未来生活的电影中，柯布西耶与萨特、毕加索等杰出人物一起接受采访，畅谈未来生活，这种让主角叙述取代主观报道的叙事方式是20世纪50年代常见的电视、电影报道方式。柯布西耶在本片中的角色是以介绍、分析马赛公寓的设计和建造来阐述人类未来的居住问题：通过与战后贫民窟的对比来颂扬集合住宅的优点。尽管片中的未来住宅仅仅是通过对马赛公寓施工现场的影像来展现，

图 4-16　电影《生活从明天开始》海报及柯布西耶出现的画面

但新型住宅与城市的概念依然清晰：阳光下的马赛公寓与巴黎的城市风景融合在一起，展现了一种全新的生活方式。这部电影先后在爱丁堡、威尼斯电影节上映，并获得了第 40 届英国电影电视学会提名奖，进一步扩大了马赛公寓的社会影响力（图 4-16）。

由皮埃尔·卡斯特（Pierre Kast）制作完成的纪录片《柯布西耶：快乐的建筑师》（1957 年）是柯布西耶生前参与的最后一部电影。在这部影片中，导演卡斯特并没有将画面中出现的马赛公寓作为主要的讨论中心，而是将柯布西耶广泛的创造力与新型美学思想并置在一起，将他的城市设计思想作为核心。柯布西耶本人对此片极为欣赏，并认为是推广自己城市规划与设计理论的最佳工具之一。

4.2.3　影像加工

在拍摄影像的同时，柯布西耶从青年时代便开始收集明信片、杂志上的照片来为他的研究建立视觉资料库。从大量的影像出发，柯布西耶将建筑师的理解力和画家的创造力结合在一起发现了影像加工的表现力。

1. 照片并置

19 世纪中叶摄影发明后不久，城市与建筑就成为影像表现的常见主题之一。影像不仅用来记录建筑遗产，还被应用于记录现代城市的建设成就。同时，由于影像的可复制性也使得 20 世纪初涌现出大量含有图片的建筑期刊，如《Domus》（意大利，1928 年）、《今日建筑》（法国，1930 年）等。对柯布西耶而言，他的大量的著作中出现的摄影则可视为他的视觉影像探索的一部分。摄影和图片是柯布西耶著作的核心，柯布西耶充分利用 20 世纪印刷业的新技术亲自设计著作版式，大量使用照片合成技术来构成独特的版面效果。

柯布西耶的著作除了第一本《德国装饰艺术运动》（1912 年）无插图之外，随后的《立体主义之后》（1918 年）、《走向新建筑》（1923 年）等为代表的著作都是具有现代意义的书籍：影像与文字相得益彰，图文同构的信息跃然纸上。柯布西耶采用照片并置的方法来将文化与设计并置，这种文字与影像的结合，以及影像并置的方法形成了一种独特的关于现代城市和建筑的丰饶语义（图 4-17）。

图 4-17 《走向新建筑》一书中并置的帕提农神庙与汽车

2. 照片拼贴

1933 年开始，柯布西耶开始创作照片拼贴（Photomontage）作品，"柯布的照片拼贴是第一次世界大战结束后德国、苏联和法国苏醒后的前卫艺术活动潮流的一部分"。[❶] 他认为照片拼贴可以同时兼有"解释"（Explantion）和"揭示"（Revelation）的双重功能，并且与照片并置相比具有更大的自由度与创造性。

柯布西耶的照片拼贴大画幅影像在 1937 年巴黎世界博览会期间初步扬名。随后，柯布西耶进一步挖掘照片拼贴与建筑设计、空间表现相结合的视觉潜力。影像被精心设计的裁剪来合成多种形状：楼梯、脚手架、多边形、建筑轮廓、建筑总平面图以及建造的各个阶段。1938 年出版的著作《枪械和军火？请不要！给我们栖身之所》（Cannons，Ammunition? No，thanks. Housing Please）的封面是这一时期柯布西耶代表性的照片拼贴作品：与柯布西耶同时期的绘画构图较为相似，整个画面由红、绿、蓝的三原色构成，亮红色构成飞机、大炮和弹药的双重剪影，巴黎的城市地图为透明绿色，河水被描绘成蓝色。这种介于摄影与绘画之间的拼贴与 20 世纪立体主义、达达主义密切相关，可谓波普艺术盛行之前的一种影像实验，结合了摄影与绘画、彩色与黑白、具象与抽象，城市、建筑、室内场景的反复纠缠也加剧了影像的片段化特征（图 4-18、图 4-19）。

3. 影像编辑

1958 年，柯布西耶受飞利浦公司委托设计布鲁塞尔世界博览会的展馆及其室内。从一开始柯布西耶就提出他不想仅仅提供一个"外壳"而缺乏有趣的"内容"，"我不会设计一个仅有外形的馆，我想呈现一个电子诗歌的'容器'"。[❷] 最终柯布西耶与希腊作曲家、建筑师兰尼斯·谢娜奇（Lannis Xenakis）合作了曲线外壳的帐篷状建筑，与音效艺术家艾德加·瓦里斯（Edgard Varese）等合作制作了由影像编辑的短片。

❶ Nathalie Herschdorfer, Lada Umstätter. Le Corbusier and the Power of Photography [M]. London: Thames and Hudson, 2012: 18.

❷ 同本页 ❶：103.

图 4-18 《改革，美术之光》
（1933 年）封面及内页混合了绘
画、摄影的拼贴

图 4-19 《枪械和军火？请不
要！给我们栖身之所》封面

柯布西耶亲自撰写了由 7 个章节构成的 "电子之诗"（Electronic
Poem），从史前至 20 世纪 50 年代并展望了人类的未来。这 7 个章节是：
创世纪；土地与精神；从海洋到黎明；上帝创造人类；时间的锻造；和
谐世界；众人的共享。这部 8 分钟的短片以类似于今天的多媒体形式制作
而成，结合了大量光效与音效。柯布西耶的城市规划作品阿尔及利亚规划
和昌迪加尔规划等作为未来城市的影像在最后一章出现（图 4-20）。

多年以后重新审视这部柯布西耶主创的影像作品，我们可以发现柯布
西耶化身为影像编辑的时代先锋精确地把握和描绘了 20 世纪 50 年代冷战
时期人类的精神面貌：一方面是技术革命带来的物质化欢愉；另一方面是
冷战带来的无所不在的不安全感。

图 4-20 1937 年布鲁塞尔世界博览会展馆外观及《电子之诗》片段

4.2.4 建筑师之眼

"看"和"观察"是柯布西耶经常提及的词，就像"发明"（Inventing）和"创造"（Creating）一样，只有同时在"观察"和"视觉创作"的双重层面，才能全面认识他的视觉探索和建筑研究的一致性。

1. 宏观与微观

1928 年至 1936 年，柯布西耶展开的一系列深邃的旅行：西班牙、巴西、阿根廷、摩洛哥，尤其是阿尔及利亚之旅给他的空间意识带来了深远的转变。柯布西耶乘坐轮船、飞船和飞机横渡大西洋、穿越南美洲和北非。在旅行中，他努力抓住每一处地方的宏观与微观尺度的影响来创造自己的艺术与设计。在巴西的一场空中探险使他得以有机会鸟瞰大地，柯布西耶将之称为"水煮蛋"（Poached Egg）和"宇宙奇观"（Cosmic Spectacle）；在南美洲飞行之旅中，柯布西耶带着他的"漫游法则"看到了乌拉圭、巴拿马，以及亚马逊河流，他将这些河流的流动与流向与人类的创造力联系在一起。将观察与转译相结合，这些新的漫游体验直接影响了随后在里约热内卢和阿尔及利亚的都市规划设计。

20 世纪 30 年代柯布西耶的影像展示了另一种神秘性：影像使他重新发现了自然的"隐匿之美"——日、月、宇宙的能量；风、雨、潮汐，以及这些自然现象中的情感。这些影像巧妙地将人类世界的宏观与微观结合在一起。

2. 影像作为宣传

对于作为时代先锋的柯布西耶来说，设计出杰出的作品仅仅是第一步，对作品和思想的宣传也是工作的另一个重点。柯布敏锐地把握了影像的时代影响力和宣传力并参与大量的影像制作来达成这个目标。

马赛公寓是柯布西耶最为重要的建筑作品，不仅汇集了柯布西耶建筑师生涯中关于城市、社会、建筑、居住的众多思考，也是柯布西耶利用影像介入设计、建造与宣传的一个重要作品。1949 年底，法国摄影记者卢西安·艾尔维 ❶（Lucien Hervé）拍摄的马赛公寓的照片得到了柯布西耶的极高评价，柯布西耶认为艾尔维"有着建筑师的灵魂，懂得如何审视建筑"。❷ 随后两人长期合作直至 1965 年柯布西耶去世。在《柯布西耶 & 艾尔维：建筑师和摄影师的对话》一书中，比特莱斯·安德里欧（Béatrice Andrieux）认为："人们常常想，如果没有柯布西耶，艾尔维会变成什么样。但不可否认的是，艾尔维的风格与柯布西耶的现代主义视野相辅相成。最重要的是两个现代性天才的相遇与对话"。❸ 随着马赛公寓项目的不断推进，柯布西耶意识到除了记录作用之外，影像还有着重要的媒介作用，即影像可以对大众就未来住宅观念的推广起到积极的作用，这个认识使柯布西耶开始不仅控制影像的质量还开始留意影像的发布与流传。这个新观念也体现了柯布西耶影像意识的一个重要转变：在第二次世界大战前，柯布西耶对影像的认识主要限于类型；战后随着摄影与电影的流行化，柯布西耶开始意识到影像的流传性，即影像的媒体化性和复制性。

4.2.5　结语

"毫无疑问，摄影是柯布西耶职业生涯中一个重要而持久的元素：他把摄影融入了他的沟通策略和他的视觉和智力研究之中。从任何意义上来看，摄影对他而言都是一种发展视野和思想的工具"。❹ 当然，严格地说，柯布西耶并不是专业摄影师，或许与他的理想影像相距甚远，柯布西耶本人也很少提及和发表自己的影像作品，但柯布西耶的影像世界提供了有关他的城市规划与建筑设计生涯的重要注脚，也是理解他的想象力与美学思想的特殊视角。

同时，柯布西耶的影像作品告诉我们：艺术家不仅仅描绘他们看到（See）的事物，还描绘他们认识（Know）的和理解（Understand）的世界。这一点对于建筑师来说尤为重要，因为建筑师不仅要设计可视化的形式，更要理解内在性的功能与建造。

❶ 卢西安·艾尔维（Lucien Hervé，1910—2007 年），出生于匈牙利的摄影家、艺术家，原为《法国插画》（France Illustration）杂志摄影记者，与柯布西耶长达 16 年的合作使其成为柯布西耶建筑影像的最重要记录者。
❷ Jacques Sbriglio.Le Corbusier& Lucien Hervé: A Dialogue Between Architect and Photographer [M].Los Angeles: Getty Publications，2011: 19.
❸ 同本页 ❷: 22.

❹ Nathalie Herschdorfer，Lada Umstätter. Le Corbusier and the Power of Photography[M]. London: Thames and Hudson，2012: 22.

4.3 从视觉到空间：密斯·凡·德·罗与拼贴
4.3 From Vision to Space: Mies van der Rohe's Montage and Collage

4.3.1 引子：一个背影

1989 年，在已故德国达达艺术家汉娜·霍希（Hannah Höch，1889—1978 年）的私人资料中发现了一张摄于 1920 年 6 月 30 日首届国际达达艺术展（The First International Dada Fair）的照片，其中一个背影是年轻的密斯·凡·德·罗（Mies van der Rohe，1886—1969 年）。这张照片不但证明了作为建筑师的密斯在 20 世纪初对柏林现代艺术圈的关注与参与，也再一次揭示了密斯的前卫建筑师与视觉艺术家的混合身份（图 4-21）。

"大量研究密斯的学者强调技术和材料作为理解他的现代建筑发展的重要性，但对密斯的艺术观念发展的理解也不能离开他对艺术家、艺术史的长期持续的关注、思考和吸收"。❶现代建筑师中密斯的卓越之处在于以图像形式表达的概念性构思，而在他的建筑表现中，作为现代艺术革命性

❶ Andreas Beitin. Wolf Eiermann. Brigitte Franzen. Mies van der Rohe: Montage and Collage[M]. London: Koenig Books, 2017: 139.

图 4-21 1920 年首届国际达达艺术展中的密斯（手执帽者）

表现手段的拼贴（Montage and Collage）将影像、图像与图画结合形成空间表现。

4.3.2　密斯与现代艺术

20 世纪初是现代艺术诞生的元年时代，巴勃罗·毕加索（Pablo Picasso）和乔治·布拉克（Georges Braque）将各种无关元素如花朵壁纸、报纸标题或乐谱碎片融入创作中，这种最初被称为"混聚"（Mash Up）、后来正式命名为"拼贴"的独特创作方式成为扭转欧洲艺术走向的重要转折点。拼贴鼓励一种跨媒介的创作方式，从艺术界的马歇尔·杜尚（Marcel Duchamp）、巴巴拉·克鲁格（Barbara Kruger）到电影界的谢尔盖·爱森斯坦（Sergei Eisenstein）、让-吕克·戈达尔（Jean-Luc Godard），建筑界的勒·柯布西耶（Le Corbusier）、密斯·凡·德·罗，不同领域的艺术家均以这种创意策略为引导，应用或转用到自己的作品中。

第一次世界大战后，随着德国的战败以及威廉二世时期的到来，德国艺术界弥漫着困惑无奈的情绪，年轻的密斯成为改变这种状况的艺术领导人。1921 年至 1925 年，他担任"十一月学社"（November Group）的领导人，与现代艺术家广泛接触，引发建筑学思考与实践。❶ 现代艺术和现代建筑既开创了各自的前卫方式，又具有共同的城市、空间主题，两者相互提供灵感、素材和创作手段，这一点在密斯的整个职业生涯中清晰可见（图 4-22）。

❶ 密斯向第一次世界大战结束后柏林的第一个建筑展——1919 年 3 月至 4 月的"无名建筑师展"（Exhibition of Unknown Architects）提交了穆勒住宅（Kröller-Müller Villa，1912—1913）设计方案参展，但遭到了组织人格罗皮乌斯（Walter Gropius）的拒绝。默亭斯（Detlef Mertins）认为格罗皮乌斯对密斯的拒绝标志着随后密斯与前卫艺术紧密联系的开启。参见参考文献[5]: 110。

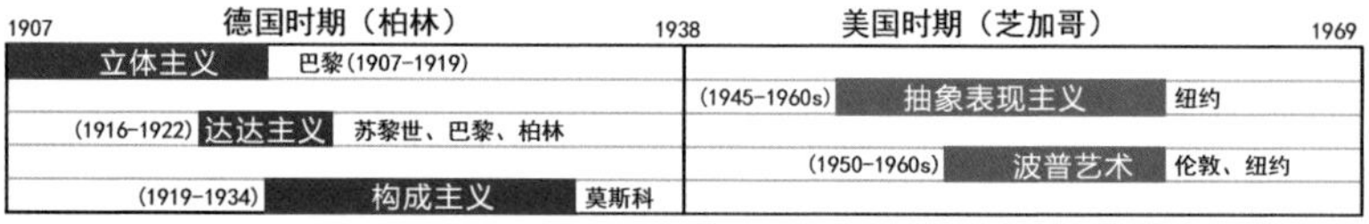

1907	德国时期（柏林）		1938	美国时期（芝加哥）		1969
	立体主义	巴黎（1907-1919）				
				(1945-1960s)	抽象表现主义	纽约
	(1916-1922) 达达主义	苏黎世、巴黎、柏林				
				(1950-1960s)	波普艺术	伦敦、纽约
	(1919-1934)	构成主义		莫斯科		

图 4-22　对密斯产生影响的主要艺术流派简表

1. 拼贴与现代建筑

在《挑战绘画：立体主义、未来主义、拼贴之发明》一书中，克里斯蒂·佩吉（Christine Poggi）认为 1912 年 5 月毕加索创作的"椅藤之静物"是第一件拼贴作品（图 4-23）。1919 年，受立体主义影响的柏林达达艺术家将影像碎片拼贴成为一种挑衅与讽刺的政治艺术形式，这种照片拼贴（Photomontage）成为达达艺术作为"新艺术"最突出和最持久的成就。事实上，尽管拼贴与 20 世纪初期前卫艺术的探索密切相关，但建筑界的照片拼贴在 19 世纪末就已出现。1900 年前

图 4-23　毕加索的拼贴作品"椅藤之静物"（1912 年）

后，以弗里德里希·冯·思瑞希（Friedrich von Thiersch，1852—1921年）为代表的德国建筑师开始在建筑设计竞赛中将绘画与照片相结合形成照片拼贴，与传统透视图相比，照片拼贴具有更高的写实性与可信度。随后，拼贴表现开始在欧洲专业杂志和普通大众中同时流行，亚历山大·罗德琴科（Alexander Rodchenko）、阿尔道夫·路斯（Adolf Loos）等建筑师都是早期拼贴创作的实践者（图4-24）。拼贴的概念性、材料性、技术性等原始特征，深深地影响着20世纪以来的艺术和建筑。

图4-24　罗德琴科的构成主义拼贴（1923年）

2. 抽象表现主义

20世纪40年代艺术和建筑共同经历革命性发展，美国成为世界艺术中心。"在绘画和建筑领域，欧洲悠久历史积淀下繁复、充满规则束缚的形式，美国急于摆脱文化模仿者角色，寻求本土文化标志，并迅速建构新的体系，必然选择新兴艺术潮流中最具革新性、最简洁有力的部分"。❶1938年密斯移居美国后，他不断从美国现代艺术的进程中获得新的灵感，并保留了拼贴作为建筑与艺术的中介。

抽象表现主义（Abstract Expressionism）被认为是第一个具有国际影响的美国本土流派，它出现的一个重要动机是抵制欧洲现代艺术来寻找美国的根。从艺术演化的角度看，它并不是一个完全脱离欧洲艺术而出现的艺术流派，而是在综合第二次世界大战前西方艺术世界重要流派的基础上形成的，尤其受到立体主义和超现实主义（Surrealism）的影响。抽象表现主义画家不仅发展了欧洲现代主义艺术的形式探索，也继承了现代主义艺术的反叛性格和"为艺术而艺术"的观点。密斯深受现代艺术的感染，美国时期的密斯拼贴中经常"引用"瓦西里·康定斯基（Wassily Kandinsky）、马克·罗斯科（Mark Rothko）等抽象艺术家的作品。

❶ 李艾芳，王雅雅.密斯建筑视觉化表象的背后[J].城市建筑.2009,（11）: 120-122.

3. 密斯的拼贴情节

在密斯抵达美国的同一时期，建筑学教育背景的苏联电影导演谢尔盖·爱森斯坦发表了《蒙太奇与建筑》（*Montage and Architecture*，1937—1940年），将电影与建筑进行了联想研究并认为蒙太奇是一种时空拼贴。无论密斯是否留意到爱森斯坦的理论，他在德国时期对保罗·克利（Paul Klee）、汉娜·霍希、汉斯·里希特（Hans Richter）这些现代拼贴艺术大师的熟悉都指引着他在美国继续运用拼贴来表现建筑空间。

密斯在美国期间成为一名艺术收藏者，合计收藏了超过40件艺术

❶ 密斯组织了 1959 年在纽约西德尼·珍妮丝画廊（Sidney Janis Gallery）举办的斯威特斯拼贴展。梅根·R.卢克（Megan R. Luke）在《科特·斯威特斯：空间、图像与放逐》（2014 年）一书中探讨了密斯与斯威特斯创作的关联性。
❷ Li Hiberseimer. Mies van der Rohe[M].Chicago: Paul Theobald and Company，1956：178.

作品，其中包括 22 幅保罗·克利的绘画和 14 幅科特·斯威特斯（Kurt Schwitters）的拼贴。超现实主义画家克利的艺术语言在现实与幻想、听觉与视觉、具象与抽象之间游走；斯威特斯作为德国达达主义领袖，尤以色彩富于幻想的拼贴绘画闻名。从密斯美国时期的拼贴可以看出，他的空间语言与克利艺术的多变性相关，而斯威特斯的艺术观念直接影响了他美国时期的拼贴。❶ "斯威特斯通过拼贴建立了'艺术可以由任何材料构成'的观念，密斯同样证明了建筑可以通过预制的建筑元素创作而成"。❷

4.3.3　视觉之路：德国时期的拼贴表现（1910—1937 年）

"拼贴"一词源自法语的"montage"和"collage"，"montage"原是建筑学上的一个术语，意为构成和装配，在现代艺术中转译为不同图像的结合或剪辑，常和摄影、电影等影像艺术联系在一起；"collage"源自立体主义的艺术实践，主要指将不同印刷品的片段粘贴组织在一起（表 4-4）。

表 4-4　密斯德国时期代表拼贴简表

类型	时间（年）	代表作品	特征
模型＋照片拼贴	1910	俾斯麦纪念馆方案	将建筑模型按照环境照片的角度拍摄照片，然后将二者拼贴，构成真实场景中的建筑表现
	1922	柏林高层玻璃大厦方案	
绘图＋照片拼贴	1922	弗雷特里希大街高层办公楼	按照环境照片的角度绘制建筑设计透视图，将绘图与照片拼贴，表达真实环境中的建筑效果
	1928	斯图加特银行办公大楼	
展览、出版物	1923	包豪斯国际建筑展	出版目的的拼贴将建筑图纸、图形元素与影像元素进行拼贴；展览中的拼贴强调空间的整体构成关系
	1924	G 杂志（第三期）封面	

1. 模型拼贴

俾斯麦纪念馆方案（Bismarck Monument Project，1910 年）是密斯参加的第一个建筑设计竞赛，他首先绘制了传统的彩色透视图，其形式与构图都和卡尔·弗瑞德里希·辛克尔（Karl Friedrich Schinkel）设计的奥瑞安达宫（Orianda Palace，1838 年）较为相似，显示了辛克尔对他的重要影响。随后密斯将模型照片与环境实景照片合成为两张拼贴创作（图 4-25），仔细观察近景拼贴的草图，可以发现一条对角线点划线用来界定照片（环境）与建筑（模型）的连接，照片中葡萄园中的小径显然尺度过小而不能覆盖设想中的画面宽度，因此必须通过拉长葡萄园照片来适应图幅，由此可见密斯拼贴的最初动机是建立一种真实性视觉场景。

图 4-25　俾斯麦纪念馆方案模型拼贴（1910 年）

在柏林高层玻璃大厦（Glass Skyscraper Project，1922 年）设计中，密斯彻底地放弃了传统建筑透视图的绘制方式，将曲线建筑的模型照片直接与环境影像拼贴在一起，让人联想起同时代德国导演汉斯·波尔奇格（Hans Poelzig）的电影《魔像》（Golem，1920 年）中的表现主义风格建筑。该拼贴至少有两个版本：将摩天楼与周围住宅置于树木之前和置于车水马龙的城市街道（图 4-26），由此拼贴成为密斯研究建筑形体与环境关系的一种直观工具。"密斯精心地使用照片拼贴来增强甚至取代他的大画幅彩色表现图，来促进构筑与场所的合成效果，利用摄影的真实性创造一种整体印象"。❶

2. 绘图拼贴

和柯布西耶相似，密斯深知塑造自己作为现代先锋建筑师的公众形象的重要性，为此，他在自己的展览和出版物中精心创造印象深刻的建筑表达。1923 年，密斯成为柏林 G 小组的创始成员之一，与汉斯·里希特、凡·杜伊斯堡（Theo van Doesburg）等共同负责 G 杂志的出版。该小组宣扬对"形式主义"的抵制，并在新客观性（New Objectivity）的旗帜下，

❶ Terence Riley，Barry Bergdoll. Mies in Berlin[M]. New York：The Museum of Modern Art，2001：325.

图 4-26　柏林高层玻璃大厦模型拼贴（1922 年）

❶ Andreas Beitin, Wolf Eiermann, Brigitte Franzen. Mies van der Rohe: Montage and Collage[M].London: Koenig Books, 2017: 87.
❷ Terence Riley, Barry Bergdoll. Mies in Berlin[M]. New York: The Museum of Modern Art, 2001: 326.

图 4-27 《创作》（review G）封面拼贴

支持那些与实用性和建造紧密相关的形式。1924 年密斯资助并编辑了第三期《创作》（ *review G* ），在封面设计中，密斯将建筑立面的炭笔画与斜向动感的红色字母 G 拼贴在一起，几乎看不出绘图与文字的叠加顺序，两者呈现同样的透明质感，里希兹基（El Lissitzky）将之称为："语言与图形之间的动态的、辩证的逻辑性共振"。❶尽管这些表现手段表明密斯在探求一种人视角度的夸张表现，但他又以炭笔画立面抛弃了真实模拟视角，而将建筑视为视觉性的抽象构筑，从周围环境中蜃景般地升腾而起（图 4-27）。"通过拼贴和重新制作的方式，密斯建立了一种个人化的建筑表现媒介。显而易见，他的目的不是照片写实主义的模拟，而是一种风格强烈的设计图像。"❷

3. 图像之困惑

1921 年密斯参加了柏林弗雷特里希大街高层办公楼（The Friedrichstrasse Skyscaper）的设计竞赛，安德列斯·莱皮克（Andres Lepik）认为："密斯为弗雷特里希大街的高层建筑所创作的照片拼贴是 20 世纪初建筑表现的关键性作品。"❸ 这四幅拼贴不仅体现了密斯的拼贴从基本的照片写实主义向夸张的表现主义的转变，也流露了彼时密斯在现代影像与传统图像之间的徘徊。

❸ 同本页 ❷: 523.

首先是一张南向的拼贴透视图：基于一张完美的街景实景照片，清晰对焦的街道建筑与底部模糊的人群表明密斯聘请了专业摄影师拍摄了这张大幅街景照片并使用了三脚架来保证长时间曝光，锋利棱角的玻璃幕墙建筑以垂直炭笔线条构成，线条的粗细变化表达了玻璃的反射，简洁的现代建筑造型与周围的 19 世纪晚期风格建筑形成尺度、材质对比，黑白影调保证了图像的写实性和协调性（图 4-28）。北向的拼贴有三个递进的版本：版本 1 与南向透视图相似，边缘锐利的玻璃摩天楼构成一个透明的、缥缈的视觉体量；版本 2 则将构图稍加裁剪以

图 4-28　柏林弗雷特里希大街高层办公楼南向街景拼贴

图 4-29　柏林弗雷特里希大街高层办公楼北向街景拼贴的递进过程（由左至右）

突出玻璃摩天楼的统领地位，炭笔加黑的环境照片使其更加抽象，同时增加分层楼板等建筑细节；版本 3 将环境建筑进一步裁剪，并将其用炭笔涂成黑色剪影效果。密斯在此递进过程中表达出的对传统绘画透视图的回归不仅将真实街景还原为一种自治图像，也表明了他对现代影像艺术的一丝困惑（图 4-29）。

4.3.4　空间之道：美国时期的拼贴表现（1938—1969 年）

根据威廉·J.R. 柯蒂斯（William J R Curtis）在《20 世纪世界建筑史》一书中的描述，密斯到达美国后不久，弗兰克·劳埃德·赖特（Frank Lloyd Wright）在威斯康星州的塔里埃森接待了他，密斯被赖特的山坡隐居住宅的广阔景观深深地感动，不由自主地赞叹道："噢，多么自由的一片领地！"❶ 自然风景不仅触动了密斯的空间理解，也引发了他随后的空间想象（表 4-5）。

❶（英）威廉·J.R. 柯蒂斯 .20 世纪世界建筑史 [M]. 本书翻译委员会，译 . 北京：中国建筑工业出版社，2011：311.

表 4-5　密斯美国时期代表拼贴简表

空间类型	时间（年）	代表作品	特征
住宅空间	1938	庭院住宅	绘图拼贴：线条透视图为主，早期手绘树木，后期加入风景、雕塑照片
	1937—1939	里瑟住宅	
概念设计空间	1941—1943	小城博物馆	绘画拼贴：简化空间一点透视中叠加材质片墙与绘画片墙，加入雕塑照片
	1942	音乐厅	
大跨公共空间	1954	芝加哥会议中心	摄影拼贴：摄影影像拼贴，加入墙体、绘画、雕塑、人群、国旗等
	1962—1965	柏林美术馆	

1. 风景介入

美国时期的密斯首先将之前应用于城市项目的照片拼贴转变为室内空间研究工具。在伊利诺工学院的教学中，密斯带领学生创作了一系列庭院

图 4-30　密斯庭院住宅和联排住宅室内空间拼贴

图 4-31　斯图尔特·戴维斯"摇摆的风景"

❶ 密斯美国时期的拼贴大多为由他构思，他的学生与事务所员工协助完成。如参与大量密斯拼贴创作的乔治·丹福特（George Danfort）1938—1943 年为密斯的学生，后加入密斯事务所。

住宅（Court House）和带室内庭院的联排住宅（Row House with Interior Court）的空间研究拼贴，使之成为建筑教学的标准化练习。❶ 从这些拼贴中可以看出其由传统绘图向抽象拼贴的转变过程：先是单一绘画或雕塑的加入，随后发展成为混合了木饰墙体、绘画、雕塑、风景这四个元素与铅笔绘制的室内透视图而成的拼贴（图 4-30）。

　　风景介入的拼贴在见证密斯将自然风景转型为审美之物的同时也明确了空间定义：即使空间克制到一无所有，依然强烈地宣告它与自然的关系。在密斯抵达美国的同一年，美国艺术家斯图尔特·戴维斯（Stuart Davis）创作了《摇摆的风景》（Swing Landscape，1938 年），这幅绘画融合了美国摇摆音乐与自然风景元素（图 4-31）。在此，我们无意强行赋予这幅作品和密斯拼贴之间的关联性，但从中可以发现美国现代艺术和建筑风景意识的同时觉醒，由此可以断言密斯对风景的提取绝非偶然。

2. 艺术与自然

　　1938 年，密斯设计了美国时期的第一座建筑：位于怀俄明州庄严的旷野之中的雷瑟住宅（Resor House）。可以视为范斯沃斯住宅（Farnsworth House，1945—1950 年）雏形的雷瑟住宅拼贴经历了一个发展过程：首先是一张基于基地实景照片的室内空间拼贴：没有地面和屋顶，近处的两根钢柱与分隔玻璃的垂直框架构成了透视效果表达了空间的三维属性，同时钢柱将风景分割成类似于文艺复兴时期圣坛三联画的连贯效果（图 4-32）；随后密斯对风景照片做出了大胆的修改，抛弃了之前的实景照片而以一张

图 4-32 雷瑟住宅室内空间拼贴版本（一）

图 4-33 雷瑟住宅室内空间拼贴版本（二）

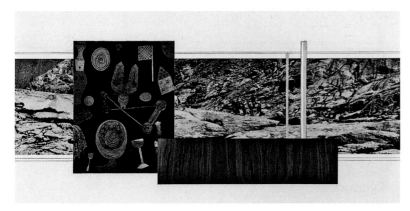

图 4-34 雷瑟住宅室内空间拼贴版本（三）

洛奇山脉的全景照片作为取代，细长的钢框架勾勒出景观，山崖像墙一样包围了室内，由真实场景走向空间意向的这一修改标志着密斯拼贴创作由真实性向空间性的重要转变（图 4-33）。1939 年密斯又将一张保罗·克利的绘画与一片肌理丰富的木质矮墙置于风景之前，形成了空间元素的叠加拼贴❶（图 4-34）。"经过这个过程，密斯严谨而高度凝练的新语言逐渐形成。在形象鲜明并反复出现的密斯风格背后，有着最高层次的意图：将自然、人和建筑融合为一个高度的整体"。❷

1942 年，受《建筑论坛》（Architectural Forum）杂志的委托，密斯完成了小城博物馆（Museum for a Small City）的概念设计，他以一张前所未有的拼贴呈现了想象中的博物馆室内空间：抹去之前的全部建筑绘图

❶ 这幅拼贴中的绘画为克利的"彩色之餐"（Colorful Meal），麦克阿特（Cammie McAtee）认为这幅绘画与周围的构图并不协调而成为一个独立元素，密斯之所以在拼贴中选择这一绘画表示了他对业主雷瑟（Helen Resor）的一种个人姿态：他们都喜欢保罗·克利，而雷瑟之前购买了这幅绘画。参见参考文献 [8]：169.

❷（英）威廉·J.R. 柯蒂斯. 20 世纪世界建筑史 [M]. 本书翻译委员会，译. 北京：中国建筑工业出版社，2011：311.

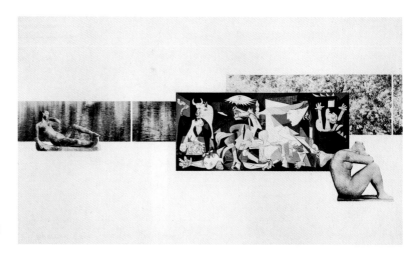

图 4-35　小城博物馆室内空间拼贴

元素，整张拼贴由风景（水面、树林）、毕加索的反战绘画"格尔尼卡"（Guernica）、阿里斯蒂德·马约尔（Aristide Mailllol）的两座雕塑照片构成，风景照片中的白缝暗示着落地玻璃的存在，也暗示着室内与室外的区分。尽管没有任何的建筑构件、地面和天花，但由绘画（艺术）、雕像（人）、风景（自然）构成的空间叠加依然产生了强烈的空间透视感。这张拼贴融合了自然、艺术、空间，将影像艺术的片段构成空间元素之叠加，既混合了抽象表现主义的内涵和斯威特斯拼贴的某些特征，也构成了密斯"通用空间"的早期萌芽（图 4-35）。

3. 图像与人文

20 世纪 50 年代的美国艺术界出现了欧普艺术（Op Art）、波普艺术（Pop Art）等聚焦于社会和时代的艺术流派，它们在对抽象表现主义质疑的同时继承了欧洲达达主义的某些特征，艺术史学家将这些艺术流派统称为"新达达主义"（Neo-Dada）。作为对此时代艺术的回应，密斯在拼贴中进一步拓展空间的人文意味。

"密斯的绘图——拼贴的重要性在于将不同意义应用于挑战象征性的和文脉相关的方案的空间意义的方式"。[1] 他对空间意义的表达首先呈现在"音乐厅方案"（Project for a Concert Hall，1942 年）的拼贴中，这张拼贴隐含着一个历史背景：密斯采用了由阿尔伯特·康（Albert Kahn）设计的巴尔的摩马丁飞机制造车间的室内照片，这个车间是为了在第二次世界大战中制造轰炸纳粹德国的飞机而建，"通过拼贴，密斯实际上将战争自然化和唯美化了"。[2] 密斯将和平面设计与透视角度一致的直线和弧线木板和钢板图片拼贴于照片之中组合而成一个新的室内空间，一片长条的黑色墙体遮盖了原来照片中的一架飞机，右前方的古埃及雕像暗示着时空的转移（图 4-36）。马丁诺·斯蒂尔李（Martino Stierli）认为密斯在此利用了照片拼贴的复制技术特征，"出于这一点，一张温和的、改良的拼贴

[1] Jennifer A. E. Shields. Collage and Architecture[M]. New York and London: Routledge, 2014: 73.

[2] 同本页 [1]: 75.

图 4-36 音乐厅方案室内空间
拼贴

图 4-37 芝加哥会议中心室内
空间拼贴

成为恰当的媒介，作为美国建筑在历史时刻中的确认来表现这种特殊的历史和政治情形"。[1] 由此，我们可以看出密斯的概念：以既有文脉取代自然风景来介入空间设计。

芝加哥会议中心（Convention Hall，1952—1954 年）不仅是密斯设计的最大跨建筑，也是他最具个性的作品，其拼贴由上至下可以分为三个层次：屋顶结构显示了扩张的连续空间；绿色花岗石墙面表明了密斯对这一豪华材料的偏爱；人群作为一种生命的代表。在此，密斯将不同材质表面之物并置在一起，嘈杂的人群对比屋顶的整齐结构，建筑似乎暗示着一种社会的结构和秩序（图 4-37）。"如屋顶一样属于无生命之物的花岗石材质调解了这种配置，但它的不规则呈现与人群的无序得到共鸣，一如墙体得到活力，将建筑以一种抽象的、有距离的物体转化为一种社会的、政治的面貌和力量"。[2] 画面中的第四元素——美国国旗在烘托爱国气氛之外，"既是旗之图像，同时也是真实之物——其本体在物与像之间摇摆，动摇了它仅仅作为拼贴图像的身份"。[3]

[1] Martino Stierli. Montage and the Metropolis[M]. New Haven and London：Yale University Press，2018：158.

[2][3] Andreas Beitin，Wolf Eiermann，Brigitte Franzen. Mies van der Rohe：Montage and Collage[M].London：Koenig Books，2017：129.

4.3.5　空间视觉到视觉空间

在现代建筑师中，密斯没有成为像柯布西耶那样的艺术家，但他通过对现代艺术的参与和运用，发展了建筑与艺术、空间与视觉的实践与实验的第二条思路。"拼贴是我们时代中广受欢迎的艺术表现技法，这种媒介可以通过图像片段的并置来获得一种考古学密度与非线性叙事，拼贴带来触感与时间的体验"。[1] 密斯的拼贴诞生于现代艺术与建筑的形成时期，它的拼贴策略形成了现代意义上的图像与空间。

1. 达达与密斯

密斯参加了柏林首届国际达达展，达达艺术深深影响了密斯。达达主义一方面将人类的艺术疑问"是什么？"（What is?）提升到"能是什么？"（What can be?），另一方面它的"此时此地"（Here and now）信念与构成主义不谋而合，两者混合形成了密斯的建筑理论基础，使"密斯抛弃了纯艺术与应用艺术之间的区别，热衷于摄影、印刷等新技术，打破传统，表达了全新的面向未来的新精神"。[2] 达达主义表现出强烈的观念性：将已有的图像重新组合成新的、混合的图像，因此写实性绘画不再是重要的传统技能。在此基础上密斯也显示了拼贴的技术性：拼贴的力量源于绘画，两者之间有着内在的轴向关系和空间的统一性。

2. 拼贴之功能

"拼贴常常被认为是现代的导向性结构原则，甚至是现代主义的符号形式"。[3] 在很长一段时期内，建筑表现是密斯表达他的建筑与艺术、工业联系的唯一渠道，密斯与同时代的欧洲建筑师保罗·伯恩兹（Paul Bontz）、阿尔福瑞德·费舍尔（Alfred Fischer）等大量创作建筑拼贴，几乎使拼贴成为设计竞赛的必须图纸。詹妮弗·A.E. 希尔兹（Jennifer A. E. Shields）在《拼贴与建筑》中认为建筑学领域的拼贴具有三种功能："作为手工艺品；作为分析和设计的工具；拼贴之建筑。"[4] 密斯的拼贴包含了所有的这三种功能，并慢慢将图像功能转变为空间功能，使绘图、影像与空间完美结合（图4-38）。

[1] Jennifer A. E. Shields. Collage and Architecture[M]. New York and London: Routledge, 2014: 1.

[2] Andreas Beitin, Wolf Eiermann, Brigitte Franzen. Mies van der Rohe: Montage and Collage [M]. London: Koenig Books, 2017: 50.

[3] Nanni Baiter, Martino Stierli. Before Publication: Montage in Art, Architecture, and Book Design[M]. Zurich: Park Books, 2016: 1.

[4] 同本页 [1]: 63.

图4-38　斯图加特银行、百货公司大楼（1928）拼贴及其草图

3. 图像与空间

马修·泰特鲍姆（Matthew Teitelbaum）在《拼贴与现代生活：1919—1942》中认为："拼贴通过将大量视图破坏结合成为单一图像而提供了万花筒般的扩张性视觉，意味着一种开放性的时空体验。"[1] 在现代艺术挑战传统、走向新世界的同时，密斯的拼贴成为一种指向空间的影像术、一种将图像从传统建筑表现功能中解放出来的手段。"观者在其中同时看到了旧的城市轮廓和发亮的新建筑，传统视觉体系的破灭产生了新的实验性认知空间"。[2] 密斯"照片—绘图"拼贴中的材料与图像的混合使建筑设计与既有环境拼贴而成的虚拟影像一起提供了现代艺术背景下的思考与实践，并记录了图像拼贴向空间拼贴的发展过程。

4.3.6 艺术与拼贴：从德国到美国

从柏林到芝加哥，从德国到美国，密斯经历了两个紧密联系又区别明显的时期。德国时期的密斯显性地参与艺术活动，拼贴在这一时期是他保持与艺术世界同步的一种利器；美国时期的密斯将绘画与雕塑转化为空间中的图像片段来形成对空间的思考（表4-6）。

表 4-6 密斯德国、美国时期拼贴特征对比

	德国时期（1910—1937 年）	美国时期（1938—1969 年）
主题	视觉	空间
观念	设计是一种纯净的时代精神	设计是一种创造精神的产物
自然	建筑作为人工之物对自然相对立	将艺术与自然等同于建筑
艺术	前卫艺术形式、激进的前卫派	商品社会中美学体验与生活的分离

密斯对空间问题的思考植根于从图像思考到图像呈现的过程。"密斯早期的拼贴源于前卫的情感，后期的拼贴具有更多个性化的手工艺性，这一转变与时代一致"。[3] 在此，我们不能忽视一个时代背景：1940 年巴黎被纳粹占领后，大批欧洲艺术家逃往美国，如萨尔瓦多·达利（Salvador Dali）、彼埃·蒙德里安（Piet Mondrian）、约瑟夫·阿尔博斯（Josef Albers）等，密斯也是这个逃离群体中的一员。这些艺术家的作品都经历了从欧洲时期向美国时期的转变，因此密斯的转变不仅是一种个体发展，也是一个时代的写照。

1. 艺术：理念与素材

作为一名艺术家，密斯从不认为艺术仅仅是一种装饰，而将绘画和雕塑视为整体性空间中的建筑性元素。现代艺术给密斯既提供了新的理念，也贡献了绘画、雕塑、摄影等素材，随后他将之加工成为与现代艺术相关的空间表现之影像和图像（图4-39、图4-40）。肯尼思·弗兰姆普敦

[1] Matthew Teitelbaum. Montage and Modern Life：1919—1942[M]. Cambridge and London：The MIT Press，1992：8.

[2] Andreas Beitin，Wolf Eiermann. Brigitte Franzen. Mies van der Rohe：Montage and Collage [M].London：Koenig Books，2017：91.

[3] 同本页 [2]：127.

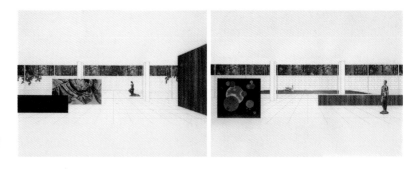

图 4-39　柏林美术馆室内空间
拼贴（1962—1968 年）

图 4-40　柏林美术馆室内空间
拼贴中的黑色屋顶构架

❶（美）肯尼思·弗兰姆
普敦.建构文化研究——
论 19 世纪和 20 世纪建筑
中的建造诗学 [M].王骏阳,
译.北京：中国建筑工业出
版社，2007：205.

（Kenneth Frampton）认为："柏林美术馆屋顶构架用油漆涂成深灰色，几
何接近黑色，它通过面的组合形成不同的空间深度，使屋顶构架钢梁的底
边看上去像是漂浮在黑色屋面下方的轻型网格。在光线的反射之下，它成
为密斯纯黑美学的一次大展现，令人想起阿德·莱因哈特（Ad Reinhardt）
的极少主义绘画。"❶

　　由此，我们可以情不自禁地展开从密斯建筑出发的对现代艺术的诸多
联想，如：20 世纪 50 年代后期开始盛行的极少主义（Minimalism）是否
从密斯的建筑中汲取了灵感？密斯美国时期的建筑创作究竟是对美国艺术
的反应还是对欧洲故土的回望？……

2. 表现：影像到图像

　　照片合成与拼贴是密斯实现空间视觉化的表现方式：在照片合成中，
摄影图像或图像片段与其最初的语境分离，重新组合而成新的合成摄影图
像（Photographic Image）。在拼贴中，不相干的影像元素在单一底色之上
合成新的绘图图像（Pictorial Image）。"这些操作图像清晰地表明了对密
斯而言空间的至高无上，建造居于其次"。❷

　　整体上看，密斯德国时期的拼贴基于摄影影像，通过影像的拼贴产生
一种建筑形体与城市环境的合成影像，而美国时期的拼贴虽然依然建立在
绘画、雕塑等影像的基础之上，但最终却是以片段合成的方式产生的一种
空间表达之图像。"图依旧保持了空间关系，但层次变形了：建筑与风景
并置，前景与背景反转"。❸ 或者说，德国时期的拼贴通过影像技术呈现

❷Phyllis Lambert. Mies
in America[M].New York:
Harry N. Abrams, 2002:
204.

❸Jennifer A. E. Shields.
Collage and Architecture[M].
New York and London:
Routledge, 2014: 73.

图 4-41 芝加哥湖滨公寓室内
空间拼贴（1950 年）

三维城市空间效果，而美国时期的影像本身却是平面化的，平面化的影像
在空间中的关系构成了密斯所要表达的空间图像（图 4-41）。

3. 本质：视觉到空间

2001 年西班牙 AV Monografias 杂志密斯专辑封面设计了一张基于密
斯拼贴的"再拼贴"（图 4-42），在向他的拼贴生涯致敬的同时也体现了罗
莎琳·克劳斯（Rosalind Krauss）定义的拼贴功能："拼贴实现的是一种视
觉的元语言。它无需利用空间就可以探讨空间，它通过对图底的不断叠加
而刻画物象。"[1] 美国时期，密斯坚持使用人视角度的一点透视反映了他
对视觉与空间关系的态度：空间是通过眼睛而非身体得到观察。不再是德
国时期的将新建建筑视觉化地植入外部环境之中，而是一种唤起空间与材
料、观看与氛围相结合的模式样本；不再是欧洲时期都市环境中的"惊人
效果"的建筑，而是从室内出发的空间效果的感知召唤。由此，建筑成为
一种对外部世界的展示盒、感应器，相应的艺术作品作为建筑的构成元素
成为一种纪念性的空间分隔物。

[1] 沈语冰 陶铮. 图像与反
叙事侵入——罗莎琳·克劳
斯的结构主义批评 [J]. 文艺
理论研究，2015（2）: 20.

图 4-42 2001 年 AV Monografias
杂志密斯专辑封面

从立体主义、达达主义的先锋拼贴到混合绘画与雕塑的拼贴空间，从率直的工业化欧洲到抒情化的美国，密斯 20 世纪 20 年代的拼贴预想了他之后描绘的美国城市的都市生活：混沌之中的哲学平静。"尽管密斯在 1950 年谈到发掘'丛林生活'的意味，他早在 1920—1928 年的拼贴中就将城市描绘为混沌、残酷现实主义或肮脏现实主义"。❶ 拼贴作为"空间的荟萃"（Spatial Constellation），发源于现代城市的体验与感知，其拼凑和粘贴的手段本身就是一种空间行为，因此密斯的拼贴本质上可以视为一种影像、图像的空间加工过程。

❶Phyllis Lambert. Mies in America[M].New York：Harry N. Abrams，2002：205.

4.3.7　结语

密斯·凡·德·罗从现代艺术中汲取灵感，伴随着现代艺术的发展，将拼贴创作转化为设计语法。"如同他的许多佳作，密斯的建筑表现表面上是拼贴或拼贴类似物——一种既有整体又有局部的表现方法。但由于设计并非线性叙事，因此它无起点亦无终点，密斯不无惊奇地聚焦于作品的自然进化更甚于对作品的解释或总结"。❷ 密斯的拼贴创作表明了他始于 20 世纪 10 年代的、现代艺术语境下的方法论挑战，这一挑战在今天对于他的图像研究中依然存在。对密斯拼贴创作的研究既是对现代艺术、艺术史的研究，也是对现代建筑思想的研究。当然，探讨现代艺术语境中的密斯拼贴表现，并不意味着机械化地将他的拼贴与具体艺术流派直接对应，但我们可以获得洞察他的视觉逻辑与空间思考的一个独特角度。对密斯而言，无论是德国时期对现代艺术的直接参与，还是美国时期对现代艺术的图像引用，如何创作一种可以与现代艺术分庭抗礼的新建筑始终是他的重要出发点。

❷Terence Riley，Barry Bergdoll. Mies in Berlin[M]. New York：The Museum of Modern Art，2001：15.

1968 年，在接受女儿乔治亚（Georgia van der Rohe）的采访时，密斯说："我的一生都在探求何为建筑，我越来越意识到建筑必须是人类文明核心的表达，而非其边缘的抱负。建筑必须探寻本质，从本质中才能阅读建筑，我通过一步步地表达来走完这条漫长之路。"❸ 从密斯的这个观点来理解，混沌的世界一如各种材料和现象的拼贴，20 世纪以来的现代城市和建筑本质上岂不就是一场拼贴之秀？

❸Jean-Louis Cohen. Ludwig Mies van der Rohe[M]. Basel，Boston，Berlin：Birkhäuser，2007：166.

4.4 物体与物像：密斯·凡·德·罗建筑中的雕塑
4.4 Object and Image：On the Sculpture in Mise van der Rohe's Architecture

2013 年 8 月，我前往"朝圣"密斯·凡·德·罗（Mies van der Rohe）设计的休斯敦美术馆库宁安厅（Cullinan Hall，1958 年），一眼看到了门厅中的巴塞罗那椅和伫立在它之前的阿尔贝托·贾科梅蒂（Alberto Giacometti）的著名雕塑"站立的女人"（Standing Woman，1949 年），于是我随手拍下了这个场景（图 4-43）。

当我决定写本文时，突然回想起这张照片。或许对我而言，那是一个建立"建筑与雕塑"意识的决定性瞬间。

图 4-43 休斯敦美术馆库宁安厅门厅

4.4.1　雕塑：空间之物

作为一名前卫建筑师，密斯对雕塑并不陌生。他的弟弟是一名雕塑家，他还有着多位雕塑家朋友，如威廉·莱姆布鲁克（Wilhelm Lehmbruck）、鲁道夫·贝林（Rudolf Belling）、保罗·亨宁（Paul Henning）等。从一开始，密斯对雕塑的使用就是深思熟虑的，雕塑与建筑的关联对他的影响也是持久的（表 4-7）。

表 4-7　密斯德国时期建筑中的雕塑简表

时间（年）	建筑	雕塑家，雕塑
1916	乌比希住宅	未知《祈祷的男孩》（古典雕塑）
1927	斯特加特住宅展览会	威廉·莱姆布鲁克《向后看的女人》
1928	吐根哈特住宅	威廉·莱姆布鲁克《人体躯干》
1929	巴塞罗那德国馆	格奥尔格·科尔贝《清晨》
1931	柏林建筑展	格奥尔格·科尔贝《石膏》

1. 三座住宅

根据佩内鲁普·柯蒂斯（Penelope Curtis）的研究，密斯对雕塑的使用始于乌比希住宅（Urbig House，1916 年）中的古典雕塑《祈祷的男孩》，"这座雕塑扮演着密斯柏林时期雕塑和建筑关系的核心角色"。**❶❷**18 世纪，费德烈大帝把《祈祷的男孩》面朝窗外，作为波兹坦桑苏西宫藏书室景观的一部分。1830 年，随着卡尔·弗里德里希·辛克尔（Karl Friedrich Schinkel）设计的阿尔特斯博物馆的建设，《祈祷的男孩》从室外移到了室内，再次占据了一个空间中心位置，也从被观察的景观的一部分成为观察者本人（图 4-44）。因此，可以推断这是密斯的柏林视觉记忆中的一座具有重要意义的雕塑，密斯和其他建筑师，包括辛克尔本人都使用过其复制品。

❶ Penelope Curtis. Patio and Pavilion: The Place of Sculpture in Modern Architecture[M]. Los Angeles: The J. Paul Getty Museum, 2008: 19.
❷ "祈祷的男孩"（The Praying Boy）原作高达 1.28m，1503 年发现于希腊罗兹岛（Rhodes）被发现，作者不详。有学者根据在那不勒斯发现的风格近似的雕塑推测它由雕塑家利西浦斯（Lysippus）的孙子和学生制作于公元前 3 世纪。

图 4-44　古典雕塑"祈祷的男孩"

密斯与德国表现主义雕塑家威廉·莱姆布鲁克有着长久的友谊，❶在他的建成作品中使用的第一件现代雕塑便是莱姆布鲁克的《向后看的女人》（*Woman Looking Back*，1914年）。这具躯干（Torso）最早出现于密斯和李莉·雷希（Lily Reich）为斯图加特住宅展览会设计的玻璃房间中，从当年留下的黑白照片中可以发现，它在封闭的门厅中占据了一个重要位置，面朝餐厅但背对前厅。因此，这件雕塑同时位于空间的里面和外面

❶ 威廉·莱姆布鲁克（1881—1919年）主要受自然主义和表现主义的影响，他的雕塑多为人物躯干，以忧郁感和哥特式建筑常见的拉长形式为特征，具有较强的建筑性和抽象性。1919年因抑郁症在柏林自杀。

图 4-45　斯图加特住宅展览会

（图4-45）。在这个最初的"流动空间"中，雕塑成为一个重要的空间元素："在一个完全流动的空间中，它似乎被溶解了，而不是被不同程度的反射玻璃墙所包围，由莱姆布鲁克创作的躯干站在壮丽的隔离中。"❷

❷ Andreas Beitin，Wolf Eiermann，Brigitte Franzen. Mies van der Rohe：Montage and Collage[M].London：Koenig Books，2017：190.

　　1928年，莱姆布鲁克的躯干形体再次出现在吐根哈特住宅（Tugendhat House）中，从吐根哈特住宅的室内草图以及早期照片中，我们可以发现雕塑放在客厅东北角的基座上，位于椅子（巴塞罗那椅）之后，与窗户后面的树叶屏障形成了鲜明对比，既界定了玻璃窗、窗帘和玛瑙墙的交汇，也表明了它位于客厅和"自然"之间，是起居空间中的一个真实元素，而非仅仅是一个概念性物体（图 4-46）。"吐根哈特住宅与斯图加特住宅展览会对雕塑的使用方式完全一样，并且使用了相同的植物、椅子、窗帘、屏风——作为一种支点"。❸仔细观察吐根哈特住宅中的雕塑位置，我们可以直接进入同时代的巴塞罗那馆（Barcelona Pavilion，1929年）：左边的玛瑙墙、右边的椅子摆放在一张大地毯上，室外景色也非常相似。不同的是巴塞罗那馆中的格奥尔格·科尔贝（Georg Kolbe）取代了莱姆布鲁克：不再是躯干，而是暴露在外部空间之中的完整人体。

❸ Penelope Curtis. Patio and Pavilion：The Place of Sculpture in Modern Architecture[M]. Los Angeles：The J. Paul Getty Museum，2008：13.

2. 巴塞罗那之"晨"

　　与巴塞罗那博览会德国馆的经典建筑的地位不同，其室内雕塑——科尔贝创作的《清晨》（*Morning*，1925年）很少被提及，即使被提及，它

图 4-46　吐根哈特住宅中的人体躯干雕塑

也通常被认为不是密斯的本意，因为基于密斯与莱姆布鲁克的友情，自然会设想密斯原本想要的是一件莱姆布鲁克的雕塑。

果真如此吗？从一开始，密斯就希望在德国馆中加入雕塑，他在最早的方案中布置了三座雕塑：两个水池中各一座，第三座位于中央空间。最终，如我们所熟悉的那样，室外的大水池成为没有任何装饰的广阔水面，《清晨》位于建筑内部的庭院小水池中。今天，我们已无法考据密斯具体的三座雕塑构思，只在他的一张草图中发现了室内水池中的倾斜形体（图 4-47）。"由于莱姆布鲁克没有创作过倾斜的女性雕塑，可以推测密斯的脑海中出现的可能是使用阿里斯蒂德·马约尔（Aristide Maillol）的（倾斜）雕塑来作为一座可识别的雕塑"。[1] 值得注意的是，不像莱姆布鲁克和马约尔的作品早于密斯的时代，科尔贝的作品是和密斯的建筑创作同时期的。可以推测在此密斯想要的是一件更"现代"的作品，而"清晨"中女人形体的体态运动感满足了这种现代性。

❶ Penelope Curtis. Patio and Pavilion: The Place of Sculpture in Modern Architecture[M]. Los Angeles: The J. Paul Getty Museum, 2008: 14.

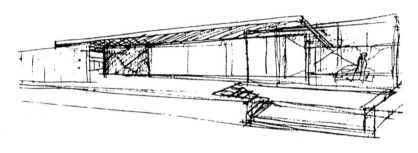

图 4-47　密斯的巴塞罗那馆设计草图

《清晨》在 1927 年慕尼黑格拉斯帕拉斯特（Glaspalast）展览中与常遭到混淆的《夜晚》（Evening，1925 年）并置在一起展出。"密斯只有很短的时间来完成巴塞罗那馆，从现有的雕塑中选择合适的是最有效的方法"。[2] 但密斯选择《清晨》而非《夜晚》并非偶然，而是表明了他对雕塑的早期看法：两件人体雕塑都有一种沉重而缓慢的感觉，她们似乎在推动好像具有密度和质量的空气；她们远离观众往下看，在身体周围做着一种恍惚的、几乎是环形的游戏。"《夜晚》手臂放下并僵硬地远离身体，斜向下似乎要推动身后的空气；《清晨》的动作更加简洁，手臂缓慢地伸展到头顶，双膝明显弯曲，显然更具诱惑力"。[3] 从前面看，《清晨》中人物的向下一瞥与周围的空间更有结合性，就此密斯选择了《清晨》并为这件人体雕塑设计了一个更共鸣的空间（图 4-48、图 4-49）。在这座没有明确展品的建筑中，雕塑既作为一个吸引视线的固定点，也成为一个移动的目标在透明的、反光的空间中不断重现。它不仅是观众必须接受的一个好奇之物，还是建筑意义上的一个重要元素：赋予了空间人性化的品质，也照亮了建筑本身；浓缩了观众的活动流线，并承担"内和外"的无止境循环。

❷ 同本页 ❶: 16.

❸ 同本页 ❶: 17.

图 4-48 巴塞罗那馆中的"清晨"远、中、近景

图 4-49 "清晨"（左）与"夜晚"（右）

巴塞罗那馆的设计恰逢密斯建筑思想的变化时期——从认为"设计作为时代纯粹精神的写照"到信奉"设计是创新精神的产物"。在 1931 年柏林德国建筑展上，密斯再次将一件科尔贝的雕塑置于水池边的室外庭院里，这件没有着色的石膏雕塑呈现出惊人的白

图 4-50 在柏林举办的德国建筑展中的石膏雕塑

色。整个图像提供了一种由内而外的特征，甚至更进一步，为建筑提供了它自己的灵魂。使用石膏雕像是 19 世纪以来的传统，本身并无新意。但密斯的这一使用走得更为深远，显示了在他设计的透明现代主义住宅中石膏雕像如何产生深刻的效果并揭示雕塑轮廓在三维空间中的作用。或者说，这一白色人形见证了密斯建筑中的雕塑由物体走向物像的过程（图 4-50）。

4.4.2 雕塑：艺术图像

❶ Andreas Beitin, Wolf Eiermann, Brigitte Franzen. Mies van der Rohe: Montage and Collage[M].London: Koenig Books, 2017: 190, 201.
❷ 同本页 ❶: 201.

1938 年，密斯移居美国。在伊利诺工学院建筑系主任的就职演说中，密斯解释了他的意图和目标："始于材料的创造性长路只有唯一目标：创建我们时代混乱中的秩序。"❶ 事实上，密斯 1937 年在德国期间就已经构思了"建筑教育计划"，在"规划和创造"的标题下，他写道："建筑、绘画和雕塑成为一个创造性的整体。"❷

1. 拼贴中的雕塑

1938 年后，密斯大量使用拼贴（Collage）作为设计表现方式，拼贴包含了过去的、同时代的艺术作品，绘画、雕塑、风景摄影一应俱全（表4-8）。"拼贴和绘画的组合是现代建筑表现中很有效的表现雕塑的方式：立体裁剪的雕塑与平面的树叶、水面与绘画在一个设想的线型框架中呈现，制定出透视角度的地面瓷砖、窗户和雕塑后的屏风"。❸ 最早的拼贴出现于融教学与设计一体的住宅庭院和室内空间表现中，密斯在拼贴中最早使用的雕塑照片是莱姆布鲁克的《站着的女人》，另一个常见的雕塑是 1934 年开始在拼贴中出现的《站立的女人》裸体古典雕塑。可见，一方面密斯将莱姆布鲁克和古典雕塑从柏林带到了芝加哥，另一方面这些雕塑却又由柏林时期空间中的真实物体转化为拼贴中的艺术图像。同时，作为图像的雕塑也给密斯带来了建筑多样性思考的可能，在《音乐厅方案》（*Project for a Concert Hall*）拼贴中，密斯先后使用了古埃及雕像和阿里斯蒂德·马约尔（Aristide Maillol）的《沉思》作为前景，来探索不同时期、不同风格的雕塑在现代空间中的不同意味（图 4-51、图 4-52）。

❸ Penelope Curtis. Patio and Pavilion: The Place of Sculpture in Modern Architecture[M]. Los Angeles: The J. Paul Getty Museum, 2008: 72.

表 4-8 密斯美国时期建筑拼贴中的雕塑简表

时间（年）	建筑	雕塑家，雕塑
1938	庭院住宅方案	威廉·莱姆布鲁克《站着的女人》 未知，古典裸体雕塑《站立的女人》
1942	音乐厅方案	阿里斯蒂德·马约尔《沉思》 未知，古埃及雕像
1943	小城博物馆	阿里斯蒂德·马约尔《夜晚》《向塞尚致敬》
1954	休斯敦美术馆 库宁安庭院扩建	阿里斯蒂德·马约尔《群山》 威廉·莱姆布鲁克《跪着的女人》《倒下的男人》 未知，佛教雕塑
1965	柏林美术馆	阿里斯蒂德·马约尔《河流》 威廉·莱姆布鲁克《站着的女人》 奥古斯特·雷诺阿《洗衣女》

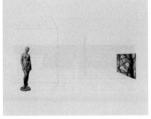

图 4-51 庭院住宅拼贴中的古典雕塑（左）与莱姆布鲁克的雕塑（右）

图 4-52 "音乐厅方案"拼贴中出现的不同雕塑

　　1943 年，密斯在小城博物馆（Museum for a Small City）的概念设计拼贴中使用了毕加索的反战绘画《格林卡》（*Guernica*）和马约尔的两座雕塑照片（图 4-53）。画面水平延伸，左右并无边界的空间看起来似乎是无垠的。这张融合了自然、艺术、空间拼贴叠加了影像艺术的片段构成，可以视为密斯"通用空间"的早期萌芽。耐人寻味的是，密斯在此将马约尔与毕加索并置在一起的原因在于它们的共同之处："这些雕塑与'格林卡'的结合绝不是偶然的，不管她们是走开还是把脸庞埋在臂弯里，这些雕塑中的人物都是对灾难的回应。"[1] 小城博物馆拼贴总结了密斯看待雕塑与建筑关系的方式，这种关系与艺术空间的建造有着深刻的联系，也为植根于战争时期背景的现代博物馆提供了发展理念："我认为它的外观与特定的雕塑作品密切相关，这种二元性：开放的空间和固定的雕塑——在理想情况下并不太适合博物馆，而是适合延伸到外部空间。"[2]

[1] Penelope Curtis. Patio and Pavilion：The Place of Sculpture in Modern Architecture[M]. Los Angeles：The J. Paul Getty Museum，2008：69.

[2] 同本页 [1]：7.

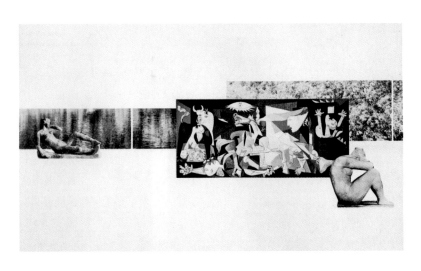

图 4-53 小城博物馆拼贴

2. 庭院与展厅

❶Penelope Curtis. Patio and Pavilion: The Place of Sculpture in Modern Architecture[M]. Los Angeles: The J. Paul Getty Museum, 2008: 9.

"在现代建筑中添加雕塑是一种故意的行为，但它的主题却是分离。雕塑创造的景观对观众而言是指涉的（Implicated），在庭院中或亭子里，介于室内与室外之间"。❶从1954年起，密斯就致力于休斯敦美术馆库宁安厅的雕塑花园设计。一张1958年完成的"露台和雕塑花园"拼贴将四座雕塑置于现有的树木之前，添加的铺地、一面大理石墙和一个低矮的水池在空间上逐步后退，就像铺地一样加深了空间的深度。三座来自欧洲的雕塑：莱姆布鲁克的《跪着的女人》《下降》和马约尔的《山峰》在鸟瞰角度下呈现为绝对的静止、封闭和内向，左前方的亚洲风格佛像同样如此，整个雕塑花园的印象更像是一处纪念园或墓地而非休闲或审美之处（图4-54）。对密斯而言，这张拼贴中流露出的近似于墓园的纪念氛围并非是一种曲解：作为密斯的朋友，莱姆布鲁克在1919年38岁时结束了自己的生命，莱姆布鲁克的雕塑在此不正是一种永恒的纪念吗？

图4-54　休斯敦美术馆库宁安厅雕塑花园拼贴

库宁安大厅建成后的首次展览《人类图像》（*The Human Image*）由密斯亲自设计，他为展出的绘画配置了又长又低的白色屏风，为雕塑配置了大的白色基座，展品从《古老的图像》到最近的雕塑，展示了"人类形式中永恒的风格概念"。展览导言给出了现代社会中的艺术价值："通过人物形体的沉思，人类返回到关于男人与女人、人与社会和自然环境、人与死亡和神学的持久而精彩的关系中。"❷整个空间中的展板、绘画和雕塑犹如从拼贴画面中步入真实世界的角色，呈现了从虚拟到现实的、与拼贴创作相反的空间逆向生成过程。

❷同本页❶: 71.

密斯在建筑与雕塑图像之间设置的这种联系，被同时代其他建筑师

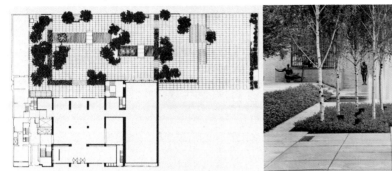

明确地或含蓄地借用。菲利普·约翰逊（Philip Johnson）的建筑思想和密斯的关联在1952—1953年设计的纽约现代艺术博物馆（MOMA）雕塑庭院中毕露无遗。约翰逊使用真实的雕塑就像密斯使用拼贴中的图像一样，"MoMA的雕塑庭院主要源自现代建筑的传统而不是更悠久的花园传统，展馆的模式融合了庭院。很明显，平面很像密斯庭院住宅"。❶ 关键之处并不是约翰逊将空间室外化，而是设计了一个建筑之外的花园，矩形水池和水的关系不大，更多的是复制密斯风格的现代主义空白长方形——恰如密斯网格中期待的拼贴添加，这样的矩形图像穿透了雕塑、绘画和家具（图4-55）。

图4-55 菲利普·约翰逊设计的纽约MoMA雕塑花园

❶ Penelope Curtis. Patio and Pavilion：The Place of Sculpture in Modern Architecture[M]. Los Angeles：The J. Paul Getty Museum，2008：90.

4.4.3 密斯的雕塑观点

20世纪20年代以来，密斯一直保持和前卫艺术圈的密切联系。但令人疑惑的是，在他的建筑空间里，我们找不到乔治·万同格鲁（Georges Vantongerloo）、雅克·里皮兹（Jacques Lipchitz）等同时代的杰出雕塑家的作品。即使在20世纪60年代的拼贴画中，亨利·摩尔（Henry Moore）或者亚历山大·考尔德（Alexander Calder）这些艺术家的抽象或者非具象的雕塑也没有出现，虽然这些抽象雕塑在当时更受欢迎，之后也经常与密斯的建筑并置（图4-56）。

如何解释密斯建筑的完美现代主义和他选择的雕塑的温和现代主义之间的明显对立？雕塑在他的建筑哲学中究竟扮演着怎样的角色？

图4-56 密斯设计的芝加哥联邦中心大厦前考尔德的雕塑"火烈鸟"

1. 存在之物体

赫伯特·里德（Herbert Read）在《现代雕塑简史》（*Modern Sculpture: A Concise History*）一书中将莱姆布鲁克和科尔贝等20世纪初的雕塑家统称为"迟疑者"："徘徊于印象主义和古典主义之间，他们排斥立体主义率先显露出来的现代风格的挑战，然而，正是他们的折中

❶（英）郝伯特·里德.现代雕塑简史 [M].曾四凯，王仙锦，译.南宁：广西美术出版社，2014: 26.

主义，对雕塑的复兴作出了很大的贡献。"❶本着这种精神，莱姆布鲁克和科尔贝的人形雕塑象征着"物质存在"和"灵魂需要"。密斯绝不是一名古典主义者，但他在雕塑的使用上存在着类似的"迟疑"，同时，他的人文主义追求又使他将雕塑的视觉与图像价值凌驾于雕塑的传统价值之上。

绘画和雕塑经常出现在密斯的设计草图中，尤其当他为拥有或收藏现代艺术作品的客户设计住宅时。早在 1927 年，在密斯为赫尔曼·兰格（Hermann Lange）设计的住宅走廊和卧室中就出现了莱姆布鲁克的雕塑，因此对密斯而言，真实雕塑和概念雕塑之间一直存在着足够的融合（图 4-57）。通过对密斯草图的研究，我们可以发现雕塑拟人化了他的视觉，当他作画时，脑海中一定会浮现出特定的雕塑作品。这也表明了密斯并没有以一般的装饰或功能性的方式使用雕塑，从一开始，雕塑就是真实的存在之物，不仅作为一种尺度的指示，也直接构成了他的建筑思想的一部分。

图 4-57　赫尔曼·兰格住宅室内的雕塑

2. 虚无之物像

在拼贴中，密斯将雕塑视为与绘画同样的物像元素，将空间可视化。与和墙面或隔断结合在一起的现代绘画构成的"线"和"面"不同，雕塑承担了"视觉锚"（Visual Anchor）的角色，形象地丰富了抽象性的现代建筑空间，也指向了现代建筑空间的比例变化和尺度对比，以及密斯的个人艺术品位。人形的雕塑物像既是物质的，也是精神的，承载了现代都市环境中的人类面对的"存在和虚无"。

密斯移居美国后，执着于"少就是多"的现代主义建筑创作，这些城市尺度的规划设计和高层建筑显然让密斯获得了更大的满足，而伴随着现代摄影技术的发展和 20 世纪抽象艺术的兴起，他对雕塑的图像功能的认识越发清晰，他的建筑的极少主义特征和抽象性也越发呈现。随后，"密斯风格"（Miesian）开始渗透到艺术领域，影响了以巴略特·纽曼（Barnett Newman）为代表的抽象表现主义艺术家，"纽曼回应了密斯对纯净的召唤，他从 1948 年开始的绘画中的波浪线将画布分成精准的矩形，比例严谨地采用了密斯风格的网格"。❶毋庸置疑，密斯相对保守的物像所位于的现代空间启发了同时代的现代艺术。

3. 存在与虚无

一方面，对密斯而言，雕塑的特性从未曾呈现为单一的物质性或图像性，因此在他的建筑中，雕塑的特性从来不是唯一的；另一方面，从德国到美国，从室内中的物体到拼贴中的物像，密斯建筑中的雕塑没有显示出线性的进化规律。因此可以说，雕塑在他的职业生涯中呈现了物与像的二元并行特征。

雷姆·库哈斯（Rem Koolhaas）认为："将密斯解读为独立或自主的大师是一个错误，密斯没有背景就像鱼离开水。"❷库哈斯所言的这种背景既是建筑的和艺术的，更是观念的和文化的。早在 1926 年，密斯就将"时代的空间意志""形式不是目的，而是结果"的建筑观念转变为"在现实中只有创造力才能真正形成"的信念。对密斯而言，新古典主义雕塑象征着对"自然和真理"的溯源，这种启蒙的冲动在他最早的雕塑选择中就表现出来了，并在之后的拼贴中重现。即使在现代性的整体背景下，密斯显然也无法摆脱新古典主义倾向，这种倾向促使他赋予自己的建筑以内在意义，并让这些内在意义在雕塑中得以体现。密斯的建筑哲学并不是线性发展的，在他的雕塑观念中存在着古典情节与现代精神之间的辗转，当他的建筑义无反顾地冲向现代主义高峰之时，雕塑成为他固守的古典领地。

4.4.4 现代建筑与雕塑

雕塑和建筑兼具体块、场地、材料、空间、色彩、光感、比例等诸多元素，从古典时期开始，建筑与雕塑就未曾分离。文艺复兴巨擘米开朗琪罗（Buonarroti Michelangelo）身兼建筑师、雕塑家和画家，17 世纪杰出的雕塑家贝尔尼尼（Francesco Bernini）、博罗米尼（Francesco Borromini）、盖拉尔迪（Antonio Gherardi）都是职业建筑师。但随着艺术类别的分离，现代建筑中的雕塑在很大程度上却被忽视了。在此，密斯建筑中的雕塑可以引发我们寻求现代建筑与雕塑的关联，并重温以密斯为代表的现代建筑师与雕塑的邂逅之旅。

1. 雕塑的空间性

回到休斯敦美术馆库宁安厅的"站立的女人"，赫尔伯特·乔治（Herbert George）在评价这座雕塑时写道："空间的物质性作为一种革命性的力量，并不仅仅限于非具象雕塑。环绕和支撑贾科梅蒂'站立的女人'的空间已经成为一股比人体的物质性更真实的力量。"❸空间性（Spatiality）

❶Michael J. Lewis. American Art and Architecture[M]. London and New York：Thames&Hudson，2006：260.

❷Phyllis Lambert. Mies in America[M]. New York：Harry N. Abrams，2002：723.

❸Herbert George. The Elements of Sculpture[M]. London and New York：Phaidon Press，2014：131.

❶（瑞）沃尔夫林.美术史的基本概念：后期艺术中的风格发展问题[M].潘耀昌，译.北京：北京大学出版社，2011：145.

❷（美）罗莎琳·克劳斯.现代雕塑的变迁[M].柯乔，吴彦，译.北京：中国民族摄影艺术出版社，2017：3.

❸L.Hilberseimer. Mise van der Rohe[M]. Chicago：Paul Theobald Company，1956：43.

❹George Duby. Jean-Luc Dava. Sculpture：From the Renaissance to the Present Day[M]. London：Taschen，2006：1097.

作为雕塑的基本特征并不是在现代艺术中才诞生的，海因里希·沃尔夫林（Heinrich Wolfflin）在《美术史的基本概念》（*Principles of Art History*）中认为雕塑"一方面有一种对平面的自我限制，另一方面有一种显著的纵深运动的意义上对被强调的平面的有意的分解"。❶但伴随着现代艺术由具象走向抽象的整体趋势，空间性越发成为联系建筑、雕塑、装置和绘画的重要因素。这和罗莎琳·克劳斯（Rosalind E. Krauss）在《现代雕塑的变迁》（*Passages in Modern Sculpture*）中提出的"雕塑的根本原则在于空间中的延伸，而非时间"❷不谋而合。

希布塞姆（L. Hilberseimer）在《密斯·凡·德·罗》（1956年）一书中认为建筑和艺术在20世纪20年代有一种分离。"它们都垂垂老矣，但各走各的路，各有各的发展，各有各的可能。一场广泛的、清教徒式的抗议活动开始了，反对艺术在过去时期的滥用，反对日益杂乱的建筑"。❸回顾艺术与建筑的这一分离，虽然看起来是消极的但却对20世纪初的现代建筑和艺术产生了一些非常积极的影响，建筑师开始意识到建筑元素就是纯粹的形式，这为新的视觉艺术铺平了道路。20世纪60年代后，随着公众艺术意识的觉醒，公共雕塑尤其是城市雕塑和纪念性雕塑的需求激增。"工业制造技术被用来创造大规模的作品，可以在视觉上甚至在物质性上与作为自主空间体验的建筑竞争"。❹像肯尼斯·斯耐尔森（Kenneth Snelson）和威尔·英斯利（Will Insley）这样的艺术大师都制作了超大尺寸的户外雕塑作品，雕塑家托尼·史密斯（Tony Smith）则有着20多年的建筑师经历，他们的作品转向以空间雕塑挑战建筑尺度。总体上看，现代主义建筑师对雕塑功能的发现在一定程度上建立在对两种艺术互补性的传统认识之上，现代建筑抽象性和透明性的品质又赋予了雕塑提升的可能性。当现代雕塑与具象形体分离时，当建筑获得了更多的形体表现时，雕塑与建筑的相互作用在某种程度上反而减少了（图4-58）。

图 4-58 托尼·史密斯创作的大尺度雕塑

图 4-59　莱姆布鲁克的雕塑与现代建筑之间具有一定的内在联系

实际上，如果回到古典建筑史中，我们还会自然地想起支撑雅典神庙屋顶的女神雕像柱，那些立柱在承重的同时展示了人类美好的形体。而当人体雕塑丧失了承重功能转变为空间中的独立元素的那一刻，雕塑代表了现代建筑中被抹去的拟人化的一面。从这一点看，密斯钟爱的莱姆布鲁克在现代建筑中无处不在，那些拉长的、拉高的阴郁人形在表达了象征主义手法的同时，是否也会让我们联想起舒展的柏林美术馆新馆和冲向云霄的摩天大楼？ 这种空间性或许正是 20 世纪城市在水平和垂直尺度同时展开的另一种隐喻（图 4-59）。

2. 20 世纪中叶的雕塑展馆

古典时期，建筑师对室外空间的提升就可以通过在亭阁（Pavilion）中添加雕塑而实现。[1]20 世纪，巴塞罗那德国馆不仅进一步引申了"pavilion"的定义，开创了新型展馆空间方式，也确立了雕塑在现代建筑中的价值。"展馆呈现了透明性，也有着庇护性。它是一个特殊的艺术场所——以底座和顶盖为界，虽然它似乎与自然分割，但依旧是自然的一部分。展馆成为室内与室外的分界点，自然与建筑分离，但通过人形的雕塑获得了连接"。[2]

20 世纪 50 年代，卡罗·斯卡帕（Carlo Scarpa）先后完成了波萨格诺卡诺瓦石膏艺廊（Museum Canoviano，Possagno）扩建和维罗纳旧城堡博物馆（Museum Castelveccio，Verona）展厅设计。对于这两座以雕塑作为空间主体的建筑，斯卡帕做出了精彩的设计，尤其在维罗纳旧城堡博物馆中，他将主题雕塑飞悬于一个虚空的区域之上。"在这个交集中，同时是最虚空的区域中，斯卡帕引领我们做深刻的沉思：一个千年来的历史，以及它的现代及未来"。[3]

❶ "pavilion" 源 于 法语"pavillon"和 拉 丁 语"papilionem"，在 中 世 纪 意味着与军事相关的楼阁。到了 19 世纪后期，"pavilion"被 用 作 亭 子 或 娱 乐 场 所。后来随着两年一次的国际双年展的出现，国家临时展馆被称为"pavilion"也获得了认可。

❷ Penelope Curtis. Patio and Pavilion：The Place of Sculpture in Modern Architecture[M]. Los Angeles：The J. Paul Getty Museum，2008：8-9.

❸ 褚瑞基. 卡罗·史卡帕：空间中流动的诗性 [M]. 台北：田园城市，2007：146.

　　1955 年在阿纳姆桑斯比克公园（Sonsbeek Park，Arnhem）建成的露天临时雕塑展览馆由吉瑞特·里特维德（Gerrit Rietveld）设计，里特维德在长宽各 12m 的平面中设计了水平和垂直构件，内部的玻璃橱窗陈列较小的雕塑，更大的雕塑呈现在周围的砖基座上，以多样而统一的空间呈现了风格派的典型手法。10 年后，另一位荷兰建筑师阿尔多·凡·艾克（Aldo Van Eyck ）在同一地点设计建成的雕塑展览馆成为他的建筑中最特别的一座。这座建筑以六片结合了半圆弧线的平行墙面构成了一个圆形基座和方形屋顶的开放空间，雕塑和观众分别成为建筑中静态和动态的空间元素（图 4-60、图 4-61 ）。

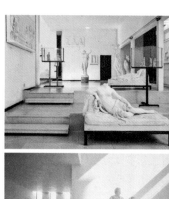

图 4-60　波萨格诺卡诺瓦石膏艺廊扩建（左）和维罗纳旧城堡博物馆（右）

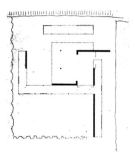

图 4-61　里特维德（上，1955 年）和凡·艾克（下，1965 年）设计的阿纳姆雕塑馆

在这些建筑中，雕塑成为建筑本身不能提供但建筑师明确渴望的空间元素。"这个元素既不是形象性的（Figurative）也不仅仅是表现性的（Representative），而是兼而有之。雕塑可以概括、浓缩或升华建筑体验，但它与建筑体验又不同"。❶观者与被观看者（雕塑）之间的关系成为这些围绕雕塑展开的现代建筑的主题，空间进一步明确了建筑的客体与主体。20世纪以来的雕塑家和建筑师都使用了这种建筑学词汇来讲述我们所看到的事物与如何看待它们之间的关系：无论是具象的或抽象的雕塑，它都不再是一种附加之物，与此同时，观者也成为雕塑和建筑的一部分。

❶Penelope Curtis. Patio and Pavilion：The Place of Sculpture in Modern Architecture[M]. Los Angeles：The J. Paul Getty Museum, 2008：7.

4.4.5　结语

　　一些画家将太阳呈现为一个黄点，另一些画家将一个黄点描绘为太阳。
　　　　　　　　　　　　　　——巴勃罗·毕加索 ❷

❷Herbert George. The Elements of Sculpture[M]. London and New York：Phaidon Press, 2014：77.

正如毕加索一语道破了艺术中物与像之间的互换和互补关系，雕塑的物像关系构成了密斯·凡·德·罗的建筑思想和艺术观念的一部分。与任何时代的艺术家一样，在他的职业生涯中，密斯面对着新与旧、物与像、传统与现代的矛盾问题，这是个人的迷茫，也是时代的轨迹。密斯连续性地大量使用雕塑长达40年，他在建筑创作中发现了"少就是多"甚至"无"（Nothing）或者"近似无"（Almost Nothing），但当他面对雕塑时，终归是"存在之物"（Something）。

图4-62　密斯的墓碑

图4-63　柏林美术馆前的理查德·塞拉雕塑

1969年8月，密斯与世长眠后安葬于芝加哥。他的墓碑由外孙德克·洛汉（Dirk Lohan）设计（图4-62），面对着这块矩形黑色大理石墓碑，我们自然会想起阿道夫·路斯（Adolf Loss）和卡西米尔·马列维奇（Kazimir Malevich）的墓碑。当然，它也会让人联想起理查德·塞拉（Richard Serra）、唐纳德·贾德（Donald Judd）等现代艺术家创作的极少主义雕塑（图4-63）。

如果这些雕塑可以轻语，它们又会如何诉说？

结论
Conclusion

扩展的艺术与建筑
The Expanded Art and Architecture

扩展（Expansion）

融合（Convergence）

邻接（Adjacency）

投射（Projection）

融洽（Rapport）

交叉（Intersection）

……

20 世纪下半叶以来，在定义艺术和建筑关系的学术研究中，出现了上述的诸多术语。"扩展"一词源于德国艺术家约瑟夫·博伊斯（Joseph Beuys）20 世纪 60、70 年代开始倡导的"扩展的艺术"概念，他试图通过艺术对生活、对社会甚至对人类进行彻底的、富有创造性的改造。但真正将艺术和建筑联系在一起的重要文献则是艺术史学家罗莎琳·克劳斯 1979 年发表的《扩展领域中的雕塑》（Sculpture in the Expanded Field），克劳斯针对当代艺术从现代主义媒介特异性向后现代主义媒介多样性的转变，用一张精确的图表列出了雕塑、建筑和景观艺术的结构参数（结论图 -1）。克劳斯试图弄清楚这些艺术实践是什么，不是什么，以及它们可以如何结合在一起。

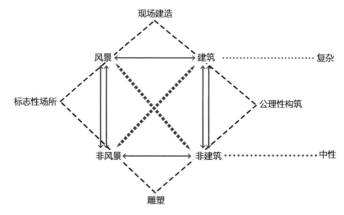

结论图 -1　克劳斯《扩展领域中的雕塑》中的图解

结论图 -2　葛饰北斋创作的版画《神奈川冲浪里》

　　本书可以看成是上述时代背景之下的一种个人思考。首先，笔者的教育背景决定了本书艺术研究的出发点和着眼点离不开空间、建筑、建筑性这些主题；其次，面对异彩纷呈的现代艺术和建筑作品，我们该如何透过现象而直抵本质？

1. 类型的关联

　　是什么造成了艺术类型界限的模糊？又是什么造成了艺术和建筑的关联和相互扩展？要回答这些问题，还应该从现代艺术各种类型的起源和演变过程说起。

　　1831 年，71 岁高龄的葛饰北斋（1760—1849 年）陷入了人生的困境，这种人生的困境激发他完成了绘画的巅峰之作《神奈川冲浪里》（又名《巨浪》结论图 -2）。这幅画不仅表达了葛饰北斋风烛残年的艺术突破，更重要的是见证了他早年研究的西方透视法的开花结果：层叠压缩了的前后空间感将观者投射到绘画之中。"我们可以在这幅画中看到大自然放诸四海皆准的无穷无尽重复的复杂结构——碎形的完美范例"。[1] 葛饰北斋对自然有着很强烈的直觉，本能地知道海浪拥有分形结构，而 150 年后才有人提出分形理论（Fractal Theory）。[2] 同时，我们稍加留意，还可以发现《神奈川冲浪里》犹如一张高速快门摄影作品，其"冻结时间"（Frozen Time）的手法比摄影的诞生也早了几十年。

　　《神奈川冲浪里》当然不是一副严格意义上的现代绘画，但却包含了现代艺术的一些特性：人工与自然、具象与抽象、二维与三维、时间与空间，甚至混合了绘画与摄影的某些特性。更重要的是，它似乎向我们预言了现代艺术的某些共性：对自然描绘和人性挖掘的同时展开，这一共性是研究现代艺术和建筑所不能忽视的。笔者依照克劳斯的著名图表绘制了一张艺术类型的关联图解，试图适当厘清本书所讨论的艺术类型之间的关联（结论图 -3）。尽管在这个多元的时代，类型的分隔早已模糊，这种厘清的尝试或许注定是一种徒劳。

[1] The Private Life of a Masterpiece. London: BBC 专题片，2006.
[2] 分形理论最早由美籍数学家本华·曼德博（Benoit B. Mandelbrot）1967 年提出。作为混沌理论的一部分，该理论以不同的角度诠释宇宙的自然秩序和世间万物虽然看起来随机、混乱实则息息相关。

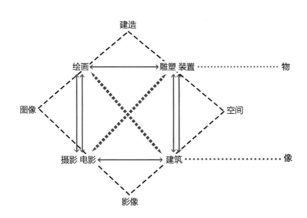

结论图 -3　艺术类型的关联图解

现代艺术始于绘画的革命，绘画和雕塑、装置一起由具象走向抽象的同时，也是一个二维和三维相互转换的过程，还是一种建造性的起点，绘画在这个过程中完成了由图像向物体的转化。在空白的画布上开始一幅绘画是一个"从无到有"的过程，依赖于技术发明的摄影和电影则是"从有到有"，其诀窍是对现实世界的观察角度和描写方式。图像与影像之间并没有绝对的分界，现代艺术中既有格哈德·里希特（Gerhard Richter）这样的"画照片"的画家，也有贝纳尔多·贝托鲁奇（Bernardo Bertolucci）依照爱德华·霍珀的绘画风格拍摄的电影《巴黎最后的探戈》，这样的案例比比皆是，不足为奇。

艺术与建筑兼具图像与物像的综合特征，物与像是当代艺术转播和文化交流的基本方式，"物像合一"是现代艺术和建筑相互转化的核心特征。现代雕塑、装置与建筑的关联不难理解，前两者可以视为去除了功能的构筑物，它们依赖于空间性而相互紧密联系。电影、摄影和建筑的直接关联或许是个问题，但要是联想到电影故事发生的场所无不是城市和建筑，这个问题也就迎刃而解。当然从影像到建筑，两者最大的关联或许是现代流行文化所呈现的"读图时代"的到来，图无所不在，像无所不能。纵然是有着钢铁之躯的实体建筑，又怎能逃脱图像、影像的命运？何况，虚拟空间的时代也早已悄然降临。

2. 闪耀的群星

现代艺术群星闪耀，离开了个性鲜明的艺术家和他们风格迥异的作品，艺术史是难以书写的。从 20 世纪后半叶开始，艺术家的创作维度已扩展至无限。全球化背景下艺术发展呈现为"跨界"和"综合"两个特征。"跨界包含了两个方面的内容：一是跨越了各艺术门类之间的界限，二是跨越了地域、种族之间的界限。一位艺术家，同时涉足绘画、雕塑、摄影、装置、影像等领域，如今已是极为常见的选择"。[❶] 综合主要指作品的呈现方式：在已彻底打破艺术门类间界限的今天，艺术家游走于多个领域，而且有意识地"以媒体为导向，以艺术和技术相结合的创作手段，将不同的艺术表现形式综合起来，形成一种'总体艺术作品'"。[❷]

❶❷ 李黎阳.历史真实与艺术本质 [M].北京：金城出版社，2013：序言.

迈克尔·斯诺（Michael Snow，1929 年至今）被认为是第二次世界大战后最具影响力的实验电影制作人之一，从 20 世纪 50 年代起他开始涉足音乐、绘画及雕塑领域，不久之后又发展起了对摄影的兴趣。他回应自己的创作时有一句令人印象深刻的描述："我的绘画由一个电影人创作，我的雕塑由一个音乐家创作，我的电影由一个画家创作，我的音乐由一个电影人创作，我的绘画由一个雕塑家创作，我的雕塑由一个电影人创作，我的电影由一个音乐家创作，我的音乐由一个雕塑家创作……他们有时候全都在一起创作。"[❸]1998 年，纽约现代艺术博物馆为托尼·史密斯（Tony Smith，1912—1980 年）举办了一场题为"托尼·史密斯：建筑师·画家·雕

❸ 百度词条：Michael Snow.

塑家"的回顾展，从这个展览名就可以看出史密斯的艺术生涯的跨界特征。

　　1945 年战后的艺术家中，像斯诺这样跨界创作的艺术家人数众多。本书不但介绍了直接参与建筑创作的艺术家，如马蒂斯、罗斯科、斯特拉、史密斯等，还从摄影和电影中挖掘了众多影像艺术家和城市及建筑题材的关联性。当然还有柯布西耶、密斯等为代表的现代主义建筑大师对现代艺术的参与和挪用。菲利普·乔蒂多（Philip Jodidio）在《建筑：艺术》一书中将这些跨界的艺术家和建筑师称为"暴风雨中的骑士"（Riders on the Storm），他认为德国建筑师，画家、诗人、散文家和作曲家赫尔曼·芬斯特林（Hermann Finsterlin）在 1920 年创作的《玻璃之梦》与 75 年后由弗兰克·盖里（Frank Gehry）设计建成的毕尔巴鄂古根海姆博物馆惊人地相似。"这并不是说美国人抄袭了德国人，而是说有根看不见的链子将那些受到启发寻找艺术和建筑交汇之处的人联系起来。也许这条链子贯穿了几个世纪，它们没有说出口，也没有写出来，但始终存在"。❶因此，比艺术家和建筑师所代表的身份差异性更重要的是这些由思想和心灵交汇而成的作品，它们或许难以分类，但却分享着现代艺术的本质。

❶Philip Jodidio. Architecture: Art[M]. Munich: Prestel Verlag, 2005: 34.

3. 扩展的未来

　　艺术和建筑的不断融合使两者的边界得到进一步扩展。在结束本书之际，有必要对产生这种融合的文化背景做必要的理论解读，这种解读可以在理论研究的深度挖掘隐藏在视觉艺术之中的思想和社会要素，也有利于对继续扩展的未来做出展望。

　　当我们回顾 20 世纪下半叶的艺术史和文艺理论时，法国符号学家朱丽娅·克里斯蒂娃（Julia Kristeva）1969 年在《符号学》中提出的文本间性（Intertextuality）这一术语完全可以应用到艺术和建筑的交互领域。文本间性又译为互文性、间文本性等，指后结构主义中文本与文本之间的横向联系和纵向发展所形成的新文本，这一概念已成为文学批评和文艺理论的一个关键词，通常用来指称两个或两个以上文本间发生的互文关系。确切地说，现代艺术和建筑有着各自语言，两者交流过程中各种语料相互交叉、产生了两个文本之间相互影响相互关联的、复杂的、异质的特性。文本间性源于间性（Intersex），指第三性别。间性理论作为"主体间性""文本间性""文化间性"甚至"媒体间性"等诸多理论观点的综合，其主要的哲学理论基础在于主体间性。自 20 世纪以来，间性理论已触及哲学、美学、文学、艺术等学科，"间性的凸现"已成为一种新的理论共识。从这个理论出发，现代艺术中很多无法确切分类的艺术家和建筑师，如安瑟姆·基弗（Anselm Kiefer）、艾德·鲁斯查（Ed Ruscha）、约翰·海杜克（John Hejduk）、里布斯·伍兹（Lebbeus Woods）等或许都可以被称为"间性"艺术家。

　　从艺术评论的角度来说，这种"间性"的当代特征或趋势该如何把握？

笔者认为，一方面，20世纪下半叶的现代艺术留下了宝贵的遗产，其中很多艺术风格和流派如结构主义、极少主义、大地艺术、公共艺术等与城市和建筑的关联性仍有很多值得挖掘之处；另一方面，以网络技术和数字技术为支撑的新媒体艺术中蕴含了很多建筑性元素，尤其是虚拟现实技术完全可以和传统建筑设计的图像性、场景模拟等诸多特征结合在一起。当然，"间性"意味着多种可能性，这种可能性也是艺术和建筑学所共同面对的。

"艺术没有历史，只有一个连续的现在"。[1] 当代艺术已从现代主义媒介的特异性向后现代主义媒介的多样性转变，本书描述的所有的交汇改变的不仅是艺术与建筑的关系，还改变了绘画、雕塑与影像等媒介的特性。巴内特·纽曼可以在1950年打趣地说："雕塑就是当你倒退着看一幅画时不小心给撞上了。"[2] 这在极少主义艺术诞生的年代可以视为现代主义言论的典范，但在21世纪20年代的今天，艺术已为建筑重新定位，建筑也给艺术提出了新要求。时代在变，生活方式也在变。面对数字时代虚拟与现实的不断融合，新艺术媒体形式层出不穷，艺术和建筑都期待着新的思考和探索。

艺术与建筑。艺术家为各种形式的艺术所苦恼，绞尽脑汁地想要达到艺术的高峰，而扩展的未来却提醒我们应该去热爱艺术，活在建筑中。本书的主题是艺术，是建筑，是艺术家的挣扎，是艺术作品的欢欣……而如果说写作犹如一条河流，我希望它自由自在、自然而然地流向未知的远方。

[1] （美）哈尔·福斯特. 艺术×建筑 [M]. 高卫华，译. 济南：山东画报出版社，2013：134.

[2] 同本页 [1]：2.

附录
Appendix

马蒂斯与罗斯科（译文）
Matisse and Rothko (Translated Text)

相隔数月，事实上恰好 20 年间，旺斯教堂（1951 年 6 月 25 日）与德克萨斯州休斯敦罗斯科教堂（1971 年 2 月 27 日）先后建成。两者并非毫无关联。

没有旺斯教堂及之前的神圣艺术复兴，没有艾伦·古提耶神父和其他人，在阿熙和郎香教堂中起到关键作用的坎诺斯·德威米和里德（Canons Devémy and Ledeur）、弗朗西斯·马代（Francois Mathey）就没有罗斯科教堂。

这两座教堂之间还有着精神性的关联。每一座建筑都给一位重要的艺术家——马蒂斯和罗斯科提供了一种新的出发点、一个新的实验性方向，使他可以最终超越了提供给他的空间。

马蒂斯一直居于对大幅画面的渴望。在 20 世纪 30 年代初，巴恩斯基金会提供了一个促成他创作大幅作品"舞蹈"的机会。1947 年，当雷格梅神父（Pie-Raymond Régamey）向他出示为旺斯的多米尼加姐妹教堂设计草图时，马蒂斯发现了他的机会。在此，马蒂斯必须处理彩色玻璃窗，以及通过彩色玻璃的光"变形并传播空间"。

作为一位伟大的雕塑家和画家，马蒂斯对空间很敏感。他理解他所创建的教堂是一个"无限的空间"，浮雕得到抑制，物体回归本质，彩色光占据主导。光滑的白色墙面接受光线，几幅简单的绘画，深刻的黑色线条，与窗户的辉煌形成平衡。

罗斯科在他的内心深处也拥有一个需要空间的创作物。当菲利普·约翰逊邀请他在位于曼哈顿的西格拉姆大厦的一家时尚餐厅创作装饰壁画时，他发现大画幅绘画的前景是不可抗拒的。罗斯科创作了两组绘画，其中一组现在伦敦的泰特美术馆，但最终还是以巨大的个人代价退出了这个项目，他只是不愿让自己的绘画成为一个世俗的、以商业为导向的社会的背景，而这个社会对他作品的情感毫不在意。创造漂亮的形式和色彩并不是他的目标，对他而言，重要的是意义和满足。他会说，没有"内容"就没有绘画。

他的作品时而表达生命的升华，时而表达对人类处境的悲悯。在我看来，这是一首结合了柔情与痛苦的歌曲，是一种对中心的乡愁，也是一种渴望回归自我的激情。带有罗斯科名字的小教堂是这首歌的最终归宿。从观众在教堂留言簿的留言来看，罗斯科的心声显然被听到了。

马蒂斯在旺斯的欢快讯息同样如此。可以肯定的是，我们清楚地意识到耶稣被钉在十字架上是多么残忍，但是透过彩色玻璃窗的蓝色、绿色和金色的光芒在闪烁，教堂里的一切都在歌唱。

因此，在时间和空间上彼此分离、属于完全不同环境的两位大师都是最崇高的个人主义者。每个人都创造了一处如此特殊的空间，以至于"神圣"一词都无法来形容。每一座建筑都有着艺术天才的花朵（附录图 -1）。

尽管这两座教堂有着很大的差异，但它们位于同一个平面上。对于任何一个知晓基督教传统的人来说，它们表达了基督激情的神秘。休斯敦教堂让人想起了"神圣周六"，黑色是入口门板的主色调，两组三联画构成了壁龛，黑色继续蔓延，尽管在四幅中间的绘画上有柔和的暗紫色。我们处于缺席之谜的中心。壁龛中央的绘画发出微弱的红光，黎明即将破晓。

旺斯是欢欣的爆发，单纯而平和的喜悦，简单荣光之欢欣。站在教堂内，怎能不想到关于再生的复活节？

——多梅尼克·德·梅尼尔

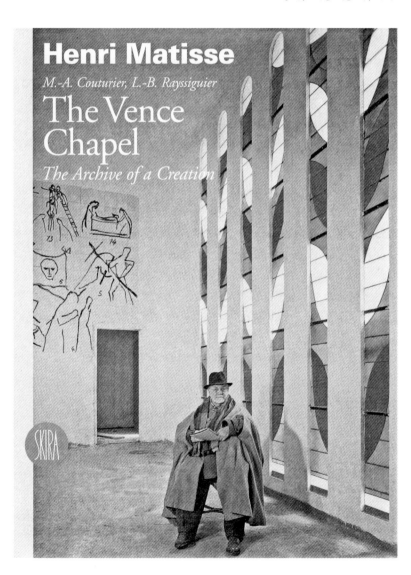

附录图-1 《旺斯教堂：一部创作的文献》封面

译注：多梅尼克·德·梅尼尔（Dominique de Menil）所著《马蒂斯与罗斯科》一文发表于由马蒂斯、艾伦·古提耶神父和建筑师雷斯古耶（L.B.Rayssiguier）联合编著的《旺斯教堂：一部创作的文献》（The Vence Chapel: The Archive of a Creation）一书，这本书详细记录了旺斯教堂的创作过程，记载了从1947年11月4日雷斯古耶和马蒂斯的第一次会面到1954年8月8日雷斯古耶写给马蒂斯的最后一封信在内的和旺斯教堂相关的文献、手稿、信件、照片等（马蒂斯1954年11月3日逝于尼斯），是研究旺斯教堂不可错过的重要文献。多梅尼克·德·梅尼尔是罗斯科教堂的出资人并全程参与了罗斯科教堂的设计，由她撰写的文章虽然简短，但不仅表述了旺斯教堂和罗斯科教堂的关联性，也证明了现代艺术和建筑空间的统一性。

图表来源
Picture and Table Resource

绪论 现代艺术与建筑，永远的新关系

绪论图 -1：Michael Auping. Declaring Space[M]. Munich：Prestel Verlag，2007.

绪论图 -2：Alfred H.Barr. Cubism and Abstract Art[M]. New York：MOMA，1936.

第 1 章 图像之筑：现代绘画与建筑
1.1 形与域：亨利·马蒂斯与旺斯教堂

标题图、图 1-3 ～ 图 1-8：Marie-Thérèse Pulvenis de Séligny. Matisse：The Chapel at Vence[M]. London：Royal Academy Publications，2013.

图 1-1、图 1-2、图 1-15（左）：范毅舜 . 山丘上的修道院：柯比意的最后风景 [M]. 台北：本事文化出版，2012.

图 1-9、图 1-10：Gilles, Xivier-Gilles Néret. Henri Matisse Cut-outs：Drawing with Scissors[M]. Köln：Taschen GmbH，2018.

图 1-11 ～图 1-13：何政广 . 马蒂斯 [M]. 石家庄：河北教育出版社，1998.

图 1-15（右）：http：//www.alamy.com/stock-photo-serpentine-gallery-pavilion-3130258.html.

图 1-16：http：//www.archilovers.com/projects/119011/gallery?914488.

1.2 构与意：马克·罗斯科与罗斯科教堂

标题图：Christopher Rothko.Rothko Chapel：An Oasis for Reflection[M] .New York：Rizzoli Electa，2021.

图 1-17：作者拍摄 .

图 1-18 ～ 图 1-20：曾长生 . 罗斯柯（现代主义绘画大师系列）[M]. 何政广，主编 . 北京：文化艺术出版社，2010.

图 1-21：作者整理、绘制 .

图 1-22、图 1-28、图 1-30、图 1-31：K.C.Eynatten，Kate Hutchins，Don Quaintance. Image of the Not-Seen：Search for Understanding[M]. Houston：The Rothko Chapel Art Series，2007.

图 1-23 ～ 图 1-27：Susan J.Barnes.The Rothko Chapel：An Act of Faith[M]. Houston：Rothko Chapel，1989.

图 1-29：Sheldon Nodelrnan. The Rothko Chapel Paintings：Origins，Structures，Meaning[M]. Houston：The Menil Collection.Austin：Vnirersity of Texas Press，1997.

1.3 形与色：埃斯沃兹·凯利与"奥斯汀"

标题图："奥斯汀"参观门票局部 .

图 1-32（左）、图 1-37、图 1-38：Artforum 网络主页.

图 1-32（右）：Texas Architect 网络主页.

图 1-33 ~ 图 1-35（左），图 1-39：作者自摄、自绘.

图 1-35（右）：汉斯·埃里希·库巴赫.罗马风建筑 [M].汪丽君，舒平，姜芃，邱滨，译.北京：中国建筑工业出版社，1999.

图 1-36，图 1-40 ~ 图 1-45：Tricia Y.Paik. Ellsworth Kelly[M]. London and New York：Phaidon，2015.

图 1-46（左）：Marie-Thérèse Pulvenis de Séligny. Matisse：The Chapel at Vence[M].London：Royal Academy Publications，2013.

图 1-46（右上）：Armin Zweite. Barnett Newman：Paintings·Sculptures·Works on paper[M].Ostfildern-Ruit：Hatje Cantz Publishers，1999.

图 1-46（右下）：K.C.Eynatten，Kate Hutchins，Don Quaintance. Image of the Not-Seen：Search for Understanding[M]. Houston：the Rothko Chapel Art Series，2007.

1.4 洞与缝：空间主义者卢西奥·丰塔纳

标题图、图 1-49、图 1-53、图 1-54、图 1-58：Barbara Hess. Fontana[M]. Köln：Taschen GmbH，2017.

图 1-47：Penelope Curtis. Patio and Pavilion：The Place of Sculpture in Modern Architecture[M]. Los Angeles：The J. Paul Getty Museum，2008.

图 1-48、图 1-50、图 1-51、图 1-55 ~ 图 1-57、图 1-59、图 1-60：Pia Gottschaller. Lucio Fontana：the Artist's Materials[M].Los Angeles：The Getty Conservation Institute，2012.

图 1-52：刘永仁.封达那 [M]. 何政广，主编.石家庄：河北教育出版社，2005.

图 1-61：Harold Rosenberg. Barnett Newman[M]. New York：Harry N. Abrams，Inc.，Publishhers，1978.

图 1-62：GA Houses 80[J]. A.D.A.Edita Tokyo，2004.

第 2 章 影像之城：摄影、电影中的城市与建筑
2.1 建筑·生活·影像：朱利斯·舒尔曼和建筑摄影

标题图，图 2-1 ~ 图 2-5，图 2-10 ~ 图 2-12：Joseph Rosa. A Constructed View：The Architectural Photography of Julius Shulman[M]. New York：Rizzoli International Publications，2004.

图 2-6，图 2-7：Elizabeth A.T.Smith.Case Study Houses：The Complete CSH Program [M]. Köln，London：Taschen Verlag GmbH，2009.

图 2-8、图 2-9：Wolfgang Wagener. Raphael Soriano[M]. London：Phaidon Press，2002.

2.2 都市风景的空间线索：加布里埃尔·巴西利科的摄影

标题图，图 2-13、图 2-14、图 2-18：Gabriele Basilico，Achille Bonito Oliva. Gabriele Basilico Work Book 1969—2006[M]. New York：Dewi Lewis Publishing，2007.

图 2-15：Francesco Bonami.Gabriele Basilico[M]. London：Phaidon，2001.

图 2-16：Thierry de Duve.Bernd and Hilla Becher：Basic Forms[M]. New York：The Neues Publishing Company，1999.

图 2-17，图 2-19 ～ 图 2-21 ：Walter Guadagnini, Giovanna Calvenzi, Gabriele Basilico. I Listen to Your Heart，City[M]. Milan：Skira，2016.

2.3　空间奥德赛：斯坦利·库布里克的光影造型

标题图，图 2-22（左上、右上），图 2-24、图 2-27、图 2-37、图 2-38（左）、图 2-42：《2001 太空漫游》电影多帧截屏.

图 2-22（左下）、图 2-26：《大开眼界》电影截屏.

图 2-22（右下）、图 2-36：《闪灵》电影多帧截屏.

图 2-23：《穿心剑》电影截屏.

图 2-25，图 2-29 ～图 2-31，图 2-38（右），图 2-41：《发条橙》电影多帧截屏.

图 2-28：Ken Adarn，Christopher Fraling. Ken Adam Designs the Movie[M]. London：Tharnes & Hudson，2008.

图 2-32：作者自绘.

图 2-33：《全金属外壳》电影多帧截屏.

图 2-34，图 2-35，图 2-41：Piers Bizony.The Making of Stanley Kubrick's 2001：A Space Odyssey[M]. Köln and London：Taschen Gmbh，2015.

图 2-39《巴里·林登》多帧电影截图.

图 2-40：Tatjana Ljujic. Stanley Kubrick New Perspective[M]. London：Black Dog Publishing, 2015.

2.4　城市日记：香特尔·阿克曼 "纽约空间三部曲"

标题图：https://www.criterion.com/boxsets/691-eclipse-series-19-chantal-akerman-in-the-seventies

图 2-43 ～图 2-45：电影《房间》多帧截屏.

图 2-46 ～图 2-49：电影《蒙特利旅馆》多帧截屏.

图 2-50 ～图 2-52、图 2-54：电影《来自故乡的消息》多帧截屏.

图 2-53：作者自绘.

第 3 章　空间之道：雕塑、装置与空间生成
3.1　光之形：丹·弗拉文装置艺术中的图像构筑

图 3-1、图 3-2：Corinna Thierolf, Johannes Vogt. Dan Flavin：Icons[M]，Schirmer：Mosel，2009.

图 3-3：曾长生. 马列维奇 [M]. 何政广，主编. 石家庄：河北教育出版社，2005.

标题图、图 3-4、图 3-8、图 3-10、图 3-15、图 3-16：Michael Govan, Tiffany Bell . Dan Flavin：A Retrospective[M].Washington：Dia Art Foundation and National Gallery of Art，2005.

图 3-5：Isabelle Dervaux.Dan Flavin：Drawing[M]. New York：The Morgon Library & Museum，2012.

图 3-6：Norbet Lynton. Tatlin's Tower：Monument to Revolution[M]. New Haven and London：

Yale University Press，2009.

图 3-7、图 3-9、图 3-10、图 3-12：David Zwirner.Dan Flavin Series and Progressions[M]. Gottingen：Steidl，2010.

图 3-9：Simon Baier，Gregor Stemmrich. Piet Mondrian，Barnett Newman，Dan Flavin[M]. Ostfildern：Hatje Cantz Verlag，2013.

图 3-13：作者自绘.

图 3-17、图 3-18：Dan Flavin：Corners，Barriers and Corridors[M]. New York：David Zwirner Books，2016.

3.2　光之幻：詹姆斯·特瑞尔艺术中的建筑进化史

标题图、图 3-19 左、图 3-24、图 3-25、图 3-27、图 3-29、图 3-31、图 3-33、图 3-36、图 3-37：Michael Govan，Christine Y. Kim. James Turrell：A Retrospective[M]. Los Angeles：Los Angeles County Museum of Art，2013.

图 3-20 ~ 3-23，图 3-26、图 3-28、图 3-30、图 3-34、图 3-35：Ana Maria Torres. James Turrell[M]. Valencia：IVAM Institut Valencia d'Art Modern，2004.

图 3-19 右，图 3-38：作者自摄、自绘.

图 3-32：A+U[J].2002：07. 局部自绘.

3.3　空间浮现：弗兰克·斯特拉的建筑之路

图 3-39 ~ 图 3-41、图 3-53、图 3-54：Andrianna Campbell. Frank Stella[M]. London and New York：Phaidon Press，2017.

标题图、图 3-42 ~ 图 3-48：Paul Goldberger. Frank Stella：Painting into Architecture[M]. New Haven and London：Yale University Press，2007.

图 3-49 ~ 图 3-52：Alexandre Devals. Frank Stella Chapel[M]. Bernard Chauveau Edition，2016.

3.4　自由穿行：托尼·史密斯的艺术生涯

标题图、图 3-56 ~ 图 3-67，图 3-69 ~ 图 3-75：Robert Storr. Tony Smith：Architect · Painter · Sculptor[M]. New York：The Museum of Modern Art，1998.

图 3-55：作者自绘.

图 3-68：Lucy R. Lippard. Tony Smith[M]. New York：Harry N. Abrams，1972.

第 4 章　建筑之眼：建筑大师与现代艺术

4.1　物·体·筑：勒·柯布西耶的绘画

标题图、Danièle Pauly．Le Corbusier Drawing as Process [M]. New Heaven and London：Yale University Press，2018.

图 4-1、图 4-3、图 4-4、图 4-8：吴礽喻 . 柯比意 [M]. 何政广，主编 . 台北：艺术家出版社，2011.

图 4-2、图 4-5 ~ 图 4-7、图 4-9、图 4-10：Jean-Louis Cohen，Staffan Ahrenberg．Le Corbusier's

Secret Laboratory：From Painting to Architecture[M]．Ostfildern：Hatje Cantz，2013．

4.2　影·像·城：勒·柯布西耶的影像世界

标题图、图 4-11、图 4-16、图 4-18 ～图 4-20：Nathalie Herschdorfer，Lada Umstätter．Le Corbusier and the Power of Photography [M]．London：Thames and Hudson，2012．

图 4-12 ～图 4-15：Tim Benton. Le Corbusier Secret Photographer[M]．Zurich：Lars Muller Publishers，2013．

图 4-17：（法）勒·柯布西耶 . 走向新建筑 [M]. 陈志华，译 . 北京：商务印书馆，2016．

4.3　从视觉到空间：密斯·凡·德·罗与拼贴

标题图、图 4-21、图 4-25 ～图 4-30、图 4-32 ～图 4-41：Andreas Beitin，Wolf Eiermann，Brigitte Franzen. Mies van der Rohe：Montage and Collage[M]. London：Koenig Books，2017．

图 4-22：作者自绘 .

图 4-23：Jennifer A. E. Shields. Collage and Architecture[M]. New York and London：Routledge，2014．

图 4-24：Martino Stierli. Montage and The Metropolis[M]. New Haven and London：Yale University Press，2018．

图 4-31：Erika Doss. Twentieth-Century American Art[M]. Oxford：Oxford University Press，2002．

图 4-42：AV Monografias 92，2001．

4.4　物体与物像：密斯·凡·德·罗建筑中的雕塑

标题图、图 4-44、图 4-46、图 4-48 ～图 4-50、图 4-55：Penelope Curtis. Patio and Pavilion：The Place of Sculpture in Modern Architecture[M]. Los Angeles：The J. Paul Getty Museum，2008．

图 4-43、图 4-61（右下）：作者自摄 .

图 4-45、图 4-47、图 4-51 ～图 4-54：Andreas Beitin，Wolf Eiermann，Brigitte Franzen. Mies van der Rohe：Montage and Collage[M]. London：Koenig Books，2017．

图 4-56、图 4-59（下）：Peter Gössel，Gabriele Leuthäuser. Architecture in the 20th Century（Volume2）[M]. London：Taschen，2005．

图 4-57：Sergio Los. Carlo Scarpa[M]. London：Taschen，1999．

图 4-58：Robert Storr. Tony Smith：Architect Painter Sculptor[M]. New York：The Museum of Modern Art，1998．

图 4-59（上）：众象雕塑艺术 . 德国表现主义 Wilhelm Lehmbruck[EB/OL]．（2019–12–20）[2020–12–01].https：//ishare.ifeng.com/c/s/7sa5odIumBs．

图 4-60：Sergio Los. Carlo Scarpa[M]. London：Taschen，1999．

图 4-61（上）：Archdaily. Rietveld Pavilion at the Kröller-Müller Sculpture Garden / Gerrit Rietveld [EB/OL]．（2010–10–14）[2020–12–09]. https：//www.archdaily.com/81555/rietveld-pavilion-at-the-kroller-muller-sculpture-garden．

图 4-61（左下）：Robert McCarter. Aldo van Eyck[M].New Heaven：Yale University Press，2015．

图 4-62：设计大大刘 . 墓地也要是我的风格！看 5 位建筑大师如何与世界告别 [EB/OL].（2019–06–22）[2020–12–01].https：//zhuanlan.zhihu.com/p/70266217.

图 4-63：Phyllis Lambert. Mies in America[M]. New York：Harry N. Abrams，2002.

结论　扩展的艺术与建筑

结论图 -1：Spyros Papapetros，Julian Rose. Retracing the Expanded Field：Encounters between Art and Architecture[M]. Cambridge：The MIT Press，2014. 作者翻译、转绘为中文 .

结论图 -2：（英）提摩西·克拉克 . 葛饰北斋：超越巨浪 [M]. 李凝，译 . 武汉：华中科技大学出版社，2019.

结论图 -3：作者自绘 .

附录　马蒂斯与罗斯科（译文）

附录图 -1：Henri Matisse，M.A.Couturier，L.B. Rayssiguier. The Vence Chapel：The Archive of a Creation[M]. Milano：Skira Editore，1999.

参考文献
Reference

绪论　现代艺术与建筑，永远的新关系

[1]　（德）Ludwig Hilberseimer，（德）Kurt Rowland. 近代建筑艺术源流 [M]. 刘其伟，编译. 台北：六合出版社，1999.

[2]　（美）哈尔·福斯特. 艺术 × 建筑 [M]. 高卫华，译. 济南：山东画报出版社，2013.

[3]　（英）赫伯特·里德. 现代绘画简史 [M]. 洪潇亭，译. 南宁：广西美术出版社，2015.

[4]　Philip Jodidio. Architecture：Art[M]. Munich：Prestel Verlag，2005.

[5]　郑时龄. 建筑与艺术 [M]. 北京：中国建筑工业出版社，2020.

[6]　（美）拉兹洛·莫霍利 - 纳吉. 绘画、摄影、电影 [M]. 张耀，译. 重庆：重庆大学出版社，2019.

[7]　（美）芭芭拉·曼聂尔. 城市与电影 [M]. 高郁婷，王志弘，译. 新北：群学出版有限公司，2019.

[8]　（瑞）沃尔夫林. 美术史的基本概念：后期艺术中的风格发展问题 [M]. 潘耀昌，译. 北京：北京大学出版社，2011.

[9]　（美）罗莎琳·克劳斯. 现代雕塑的变迁 [M]. 柯乔，吴彦，译. 北京：中国民族摄影艺术出版社，2017.

[10]　赵箭飞. 完美的艺术生涯：弗兰克·斯特拉和他的抽象艺术 [M]. 上海：上海三联书店，2015.

[11]　李依依. 杜布菲 [M]. 何政广，主编. 台北：艺术家出版社，2013.

[12]　张燕来. 现代建筑与抽象 [M]. 北京：中国建筑工业出版社，2016.

[13]　迈克尔·贝尔. 融入法演绎现代：张永和 [J]. 世界建筑 2017（10）：11-15.

第 1 章　图像之筑：现代绘画与建筑

1.1　形与域：亨利·马蒂斯与旺斯教堂

[1]　Alexander Liberman. Prayers in Stone[M]. New York：Random House，1997.

[2]　范毅舜. 山丘上的修道院：柯比意的最后风景 [M]. 台北：本事文化出版，2012.

[3]　何政广. 马蒂斯 [M]. 石家庄：河北教育出版社，1998.

[4]　Marie-Thérèse Pulvenis de Séligny. Matisse：The Chapel at Vence[M]. London：Royal Academy Publications，2013.

[5]　蒋述卓. 宗教艺术论 [M]. 北京：文化艺术出版社，2005.

[6]　Edward Lucie-Smith. Lives of the Great Modern Artists[M]. London：Thames&Hudson，2009.

[7]　Volkmar Essers. Matisse[M]. Köln，London：Taschen GmbH，2000.

[8]　Ingo F. Walther. Art of the 20th Century[M]. Köln and London：Taschen GmbH，2000.

[9]　Gilles，Xivier-Gilles Néret. Henri Matisse Cut-outs：Drawing with Scissors[M]. Köln：Taschen

GmbH，2018.

[10]　Henri Matisse M.A，Couturier L.B. Rayssiguier. The Vence Chapel：The Archive of a Creation[M]. Milano：Skira Editore，1999.

1.2　构与意：马克·罗斯科与罗斯科教堂

[1]　（美）James E. B. Breslin. 罗斯科传 [M]. 张心龙，冷步梅，译 . 台北：远流出版公司，1997.

[2]　（英）西蒙·沙马 . 艺术的力量 [M]. 陈玮，等，译 . 北京：北京出版集团公司，北京美术摄影出版社，2015.

[3]　曾长生 . 罗斯柯 [M]. 何政广，主编 . 北京：文化艺术出版社，2010.

[4]　（美）马克·罗思科 . 艺术家的真实：马克·罗思科的艺术哲学 [M]. 岛子，译 . 桂林：广西师范大学出版社，2009.

[5]　K. C. Eynatten，Kate Hutchins，Don Quaintance. Image of the Not-Seen：Search for Understanding[M]. Houston：The Rothko Chapel Art Series，2007.

[6]　Susan J. Barnes. The Rothko Chapel：An Act of Faith[M]. Houston：Rothko Chapel，1989.

[7]　Sheldon Nodelman. The Rothko Chapel Paintings：Origins，Structures，Meaning[M]. Houston：the Menil Collection. Austin：University of Texas Press，1997.

[8]　（美）马克·罗思科 . 艺术何为：马克·罗思科的艺术随笔（1934—1969）[M]. 艾蕾尔，译 . 北京：北京大学出版社，2016.

[9]　（英）赫伯特·里德 . 现代绘画简史 [M]. 洪潇亭，译 . 南宁：广西美术出版社，2014.

[10]　（德）阿尔森·波里布尼 . 抽象绘画 [M]. 王端廷，译 . 北京：金城出版社，2013.

[11]　Josef Helfenstein，Laureen Schipsi. Art and Activism：Projects of John and Dominique de Menil[M]. Houston：The Menil Collection，2010.

[12]　（澳大利亚）罗伯特·休斯 . 绝对批评：关于艺术和艺术家的评论 [M]. 欧阳昱，译 . 南京：南京大学出版社，2016.

1.3　形与色：埃斯沃兹·凯利与"奥斯汀"

[1]　Tricia Y. Paik. Ellsworth Kelly[M]. London and New York：Phaidon，2015.

[2]　Jason John Paul Haskins. The Duck Test[J]. Texas Architect，2008（5 / 6）：30-40.

[3]　Murray Legge. Architecture as Art[J]. Texas Architect，2008（5 / 6）：31-39.

[4]　（美）哈尔·福斯特 . 艺术 × 建筑 [M]. 高卫华，译 . 济南：山东画报出版社，2013.

[5]　Form into Spirit：Ellsworth Kelly's Austin. Austin：Blanton Museum of Art（展览手册），2018.

[6]　Ulrich Wilmes. Ellsworth Kelly：Black&White[M]. Ostfildern：Hatje Cantz Verlag，2011.

[7]　Kirk Varnedoe. Pictures of Nothing：Abstract Art Since Pollock[M]. Princeton and Oxford：Princeton University Press，2006.

[8]　Carter E. Foster. Ellsworth Kelly Austin[M]. Austin：Blanton Museum of Art，2019.

[9]　Diane Waldman. Ellsworth Kelly：A Retrospective[M]. New York：Guggenheim Museum，1997.

[10]　Harry Cooper. The Whole Truth：On Ellsworth Kelly's Austin[J]. Art Forum，2008（5）：170-179.

[11]   William J.R. Curtis. Abstractions in Space：Tadao Ando，Ellsworth Kelly，Richard Serra[M]. St. Louis：The Pulitzer Foundation for the Arts，2001.

1.4   洞与缝：空间主义者卢西奥·丰塔纳

[1]   刘永仁. 封达那 [M]. 何政广，主编. 石家庄：河北教育出版社，2005.

[2]   Michael Auping. Declaring Space[M]. Munich：Prestel Verlag，2007.

[3]   Penelope Curtis. Patio and Pavilion：The Place of Sculpture in Modern Architecture[M]. Los Angeles：The J.Paul Getty Museum，2008.

[4]   Barbara Hess. Fontana[M]. Köln：Taschen GmbH，2017.

[5]   Pia Gottschaller. Lucio Fontana：The Artist's Materials[M]. Los Angeles：The Getty Conservation Institute，2012.

[6]   （日）安藤忠雄. 安藤忠雄都市彷徨 [M]. 谢宗哲，译. 宁波：宁波出版社，2006.

[7]   （英）赫伯特·里德. 现代绘画简史 [M]. 洪潇亭，译. 南宁：广西美术出版社，2014.

[8]   （英）安德鲁·考西. 西方当代雕塑 [M]. 易英，译. 上海：上海人民出版社，2014.

[9]   Germano Celant. Lucio Fontana Ambienti Spaziali[M]. Milan：Skira editore，2012.

[10]   GA Houses 80[J]. A.D.A.Edita Tokyo，2004.

第 2 章   影像之城：摄影、电影中的城市与建筑

2.1   建筑·生活·影像：朱利斯·舒尔曼和建筑摄影

[1]   Alona Pardo，Elias Redstone. Photography and Architecture in the Modern Age[M]. Munich：Prestel Verlag，2014.

[2]   Sam Lubell，Douglas Woods. Julius Shulman Los Angeles：The Birth of A Modern Metropolis[M]. New York：Rizzoli International Publications，2016.

[3]   Therese Lichtenstein. Image Building：How Photography Transforms Architecture[M]. Munich：Delmonico Books，2018.

[4]   Wolfgang Wagener. Raphael Soriano[M]. London：Phaidon Press，2002.

[5]   Robert Elwall. Building with Light：The International History of Architectural Photography[M]. New York：Merrell Publishers，2004.

[6]   Peter Gössel. Julius Shulman：Architecture and its Photography[M]. Köln：Taschen Verlag GmbH，1998.

[7]   Joseph Rosa. A Constructed View：The Architectural Photography of Julius Shulman[M]. New York：Rizzoli International Publications，2004.

[8]   Hans-Michael Koetzle. Photographers A-Z [M]. Köln：Taschen Verlag GmbH，2015.

2.2   都市风景的空间线索：加布里埃尔·巴西利科的摄影

[1]   Filippo Maggia，Gabriele Basilico. Gabriele Basilico：Cityscapes [M]. London：Thames and Hudson，1999.

[2]　Francesco Bonami. Gabriele Basilico[M]. London：Phaidon，2001.

[3]　Robert Elwall. Building with Light：The International History of Architectural Photography[M]. New York：Merrell Publishers，2004.

[4]　Gabriele Basilico，Achille Bonito Oliva. Gabriele Basilico Work Book 1969—2006[M]. New York：Dewi Lewis Publishing，2007.

[5]　Walter Guadagnini，Giovanna Calvenzi. Gabriele Basilico：I Listen to Your Heart，City[M]. Milan：Skira，2016.

[6]　Gabriele Basilico，Dan Graham. Unidentified Modern City[M]. Brescia：Galleria Massimo Minini，2011.

[7]　（意）加布里埃尔·巴西利科. 加布里埃尔·巴西利科：都市生活 [M]. 刘芳志，译. 北京：北京出版集团公司、北京美术摄影出版社，2016.

[8]　（英）格雷汉姆·克拉克. 照片的历史 [M]. 易英，译. 上海：上海人民出版社，2015.

2.3　空间奥德赛：斯坦利·库布里克的光影造型

[1]　（美）诺曼·卡根. 库布里克的电影 [M]. 郝娟娣，译. 上海：上海人民出版社，2009.

[2]　（美）文森特·罗布伦托. 漫游太空：库布里克传 [M]. 顾国平，董继荣，译. 长春：吉林出版集团有限责任公司，2012.

[3]　（美）路易斯·吉奈堤. 认识电影 [M]. 焦雄屏，译. 台北：远流出版公司，2005.

[4]　（美）罗伯特·考克尔. 电影的形式与文化 [M]. 郭青春，译. 北京：北京大学出版社，2004.

[5]　大光. 绝顶天才的混蛋——斯坦利·库布里克传 [M]. 北京：中国广播电视出版社，2007.

[6]　周登富. 银幕世界的空间造型 [M]. 北京：中国电影出版社，2000.

[7]　（法）米歇尔·希翁. 斯坦利·库布里克 [M]. 李媛媛，译. 北京：北京大学出版社，2019.

[8]　Tatjana Ljujic. Stanley Kubrick New Perspective[M]. London：Black Dog Publishing，2015.

[9]　（美）古斯塔夫·莫卡杜. 镜头之后：电影摄影的张力、叙事与创意 [M]. 杨智捷，译. 新北：大家出版，2012.

[10]　（美）吉恩·菲利普斯. 我是怪人，我是独行者——库布里克谈话录 [M]. 顾国平，张英俊，艾瑞，译. 北京：新星出版社，2013.

[11]　Paul Young，Paul Duncan. Art Cinema[M]. Köln，London：Taschen Gmbh，2009.

[12]　Piers Bizony. The Making of Stanley Kubrick's 2001：A Space Odyssey[M]. Köln，London：Taschen Gmbh，2015.

[13]　（美）罗杰·伊伯特. 伟大的电影 [M]. 殷宴，周博群，译. 桂林：广西师范大学出版社，2012.

2.4　城市日记：香特尔·阿克曼 "纽约空间三部曲"

[1]　（美）路易斯·吉奈堤. 认识电影 [M]. 焦雄屏，译. 台北：远流出版公司，2005.

[2]　（美）詹妮弗·范茜秋. 电影化叙事 [M]. 王旭锋，译. 桂林：广西师范大学出版社，2015.

[3]　周登富. 银幕世界的空间造型 [M]. 北京：中国电影出版社，2000.

[4]　（德）乌利希·格雷戈尔. 世界电影史（1960 年以来）：第三卷（上）[M]. 郑再新，译. 北京：

中国电影出版社，1987.

[5] （英）戴米安·萨顿．大卫·马丁—琼斯．德勒兹眼中的艺术 [M]. 林何，译．重庆：重庆大学出版社，2016.

[6] Sultan T. Chantal Akerman：Moving Through Time and Space [M]. Houston：Blaffer Gallery，The Art Museum of the University of Houston，2008.

[7] Dieter Roelstraete. Chantal Akerman：Too Far，Too Close [M]. Amsterdam：Ludion，2012.

[8] （法）吉尔·德勒兹．电影 1：运动—影像 [M]. 谢强，马月，译．长沙：湖南美术出版社，2016.

[9] Ivone Margulies. Nothing Happens：Chantel Akerman's Superrealist Everyday [M]. Durham：Duke University Press，1996.

第 3 章　空间之道：雕塑、装置与空间生成

3.1　光之形：丹·弗拉文装置艺术中的图像构筑

[1] Jeffrey Weiss. Dan Flavin：New Light[M]. New Haven& London：Yale University Press，2006.

[2] Michael Govan，Tiffany Bell. Dan Flavin：A Retrospective[M]. Washington：Dia Art Foundation and National Gallery of Art，2005.

[3] Dan Flavin：Corners，Barriers and Corridors[M]. New York：David Zwirner Books，2016.

[4] Corinna Thierolf, Johannes Vogt. Dan Flavin：Icons[M]. Schirmer/Mosel，2009.

[5] Dan Flavin：The Architecture of Light[M]. New York：Guggenheim Museum Publications，2000.

[6] Paula Feldman，Karsten Schubert. It is What it is：Writings on Dan Flavin[M]. London：Thames &Hudson，2004.

[7] （澳大利亚）罗伯特·史密斯森，等．白立方内外：ARTFORM 当代艺术评论 50 年 [M]. 安静，主编．北京：三联书店，2017.

[8] David Zwirner. Dan Flavin Series and Progressions[M]. Gottingen：Steidl，2010.

[9] Rainer Fuchs，Karola Kraus. Dan Flavin Lights[M]. Ostfildern：Hatje Cantz Verlag，2013.

[10] Tiffany Bell. Light in Architecture and Art：The Work of Dan Flavin [M]. Marfa：The Chinati Fountain，2002.

3.2　光之幻：詹姆斯·特瑞尔艺术中的建筑进化史

[1] Carmen Giménez，Nat Trotman. James Turrell[M]. New York：Guggenheim Museum Publications，2013.

[2] Ana Maria Torres. James Turrell [M]. Valencia：IVAM Institut Valencia d'Art Modern，2004.

[3] Michael Govan，Christine Y. Kim. James Turrell：A Retrospective [M]. Los Angeles：Los Angeles County Museum of Art，2013.

[4] Meredith Etherington-Smith. James Turrell：A Life in Light[M]. Paris：Somogy Publishers，2006.

[5] Ursula Sinnreich. Kulturbetriebe Unna，JamesTurrell：Geometry of Light[M]. Ostfildern：Hatje Cantz，2009.

[6] （英）E. H. 贡布里希 . 艺术与错觉——图画再现的心理学研究 [M]. 杨成凯，李本正，范景中，译 . 桂林：广西美术出版社，2015.

[7] Kirk Vannedoe. Pictures of Nothing：Abstract Art since Pollack [M]. Princeton and Oxford：Princeton University Press，2006.

[8] Craig Adcock. James Turrell：The Art of Light and Space [M]. Berkeley：University of California Press，1990.

[9] Richard Andrews. James Turrell：Sensing Spcace [M]. Seattle：Henry Art Gallery，1992.

[10] （澳大利亚）罗伯特·休斯 . 绝对批评：关于艺术和艺术家的评论 [M]. 欧阳昱，译 . 南京：南京大学出版社，2016.

3.3　空间浮现：弗兰克·斯特拉的建筑之路

[1] （美）大卫·萨利 . 当代艺术如何看？ [M]. 吴莉君，译 . 台北：原点出版，2018：187.

[2] 克劳斯·奥特曼 . 空间衔接与动态——对话弗兰克·斯特拉 [J]. 刘巍巍，译 . 美苑，2013（3）：114-118.

[3] （法）雅克·马赛勒，纳戴依·拉内里·拉贡 . 世界艺术史图集 [M]. 王文融，等，译 . 上海：上海文艺出版社，1999.

[4] Alexandre Devals. Frank Stella Chapel [M]. Bernard Chauveau Edition，2016.

[5] Paul Goldberger. Frank Stella：Painting into Architecture [M]. New Haven and London：Yale Univcrsity Prcss，2007.

[6] Markus Bruderlin. Frank Stella：The Retrospective Works 1958—2012 [M]. Ostfildern：Hatje Cantz Verlag，2012.

[7] Philip Jodidio. Architecture：Art [M]. Munich：Prestel Verlag，2005.

[8] 赵箭飞 . 完美的艺术生涯：弗兰克·斯特拉和他的抽象艺术 [M]. 上海：上海三联书店，2015.

3.4　自由穿行：托尼·史密斯的艺术生涯

[1] Sam Hunter. Tony Smith：The Elements and Throwback [M]. New York：The Pace Gallery，1979.

[2] Robert Storr. Tony Smith：Architect·Painter·Sculptor [M]. New York ：The Museum of Modern Art，1998.

[3] 张燕来 . 现代建筑与抽象 [M]. 北京：中国建筑工业出版社，2016.

[4] Lucy R. Lippard. Tony Smith [M]. New York：Harry N. Abrams，1972.

[5] （澳大利亚）罗伯特·史密斯森，等 . 白立方内外：ARTFORM 当代艺术评论 50 年 [M]. 安静，主编 . 北京：三联书店，2017.

[6] Matthew Marks Gallery. Not an Object. Not a Monument：The Complete Large-scale Sculpture of Tony Smith [M]. Steidl，2006.

第 4 章　建筑之眼：建筑大师与现代艺术

4.1　物·体·筑：勒·柯布西耶的绘画

[1]　Jean-Louis Cohen，Staffan Ahrenberg. Le Corbusier's Secret Laboratory：From Painting to Architecture [M]. Ostfildern：Hatje Cantz，2013.

[2]　William J. R. Curtis. Le Corbusier Ideas and Forms [M]. London：Phaidon Press，1986.

[3]　Danièle Pauly. Le Corbusier Drawing as Process [M]. New Heaven and London：Yale University Press，2018.

[4]　吴礽喻. 柯比意 [M]. 何政广，主编. 台北：艺术家出版社，2011.

[5]　Mateo Kries. Le Corbusier ：A Study of Decorative Art Movement in Germany [M]. Weil am Rhein：Vitra Design Stiftung gGmbH，2008.

[6]　Jean Jenger. Le Corbusier ：Architect，Painter，Poet [M]. New York：Harry N. Abrams，Inc. ，1996.

4.2　影·像·城：勒·柯布西耶的影像世界

[1]　Tim Benton. Le Corbusier Secret Photographer [M]. Zurich：Lars Muller Publishers，2013.

[2]　Nathalie Herschdorfer，Lada Umstätter. Le Corbusier and the Power of Photography [M]. London：Thames and Hudson，2012.

[3]　Jacques Sbriglio. Le Corbusier & Lucien Hervé：A Dialogue Between Architect and Photographer [M]. Los Angeles：Getty Publications，2011.

[4]　Arthur Ruegg. René Burri. Le Corbusier Magnum Photos [M]. Basel：Birkhäuser Publishers，1999.

[5]　Le Corbusier -The Art of Architecture [M]. Weil am Rhein：Vitra Design Stiftung gGmbH，2007.

[6]　（美）安东尼·弗林特. 勒·柯布西耶：为现代而生 [M]. 金秋野，王欣，译. 上海：同济大学出版社，2017.

4.3　从视觉到空间：密斯·凡·德·罗与拼贴

[1]　Andreas Beitin，Wolf Eiermann，Brigitte Franzen . Mies van der Rohe：Montage and Collage [M]. London：Koenig Books，2017.

[2]　Li Hiberseimer. Mies van der Rohe [M]. Chicago：Paul Theobald and Company，1956.

[3]　Terence Riley，Barry Bergdoll. Mies in Berlin [M]. New York：The Museum of Modern Art，2001.

[4]　（英）威廉·J. R. 柯蒂斯. 20 世纪世界建筑史 [M]. 本书翻译委员会，译. 北京：中国建筑工业出版社，2011.

[5]　Jennifer A. E. Shields. Collage and Architecture [M]. New York and London：Routledge，2014.

[6]　Martino Stierli. Montage and the Metropolis [M]. New Haven and London：Yale University Press，2018.

[7]　Nanni Baiter ，Martino Stierli. Before Publication：Montage in Art，Architecture，and Book Design [M]. Zurich：Park Books，2016.

[8]　Matthew Teitelbaum. Montage and Modern Life：1919-1942 [M]. Cambridge and London：The MIT Press，1992.

[9] （美）肯尼思·弗兰姆普敦. 建构文化研究——论 19 世纪和 20 世纪建筑中的建造诗学 [M]. 王骏阳，译. 中国建筑工业出版社，2007.

[10] Phyllis Lambert. Mies in America [M]. New York：Harry N. Abrams，2002.

[11] 沈语冰，陶铮. 图像与反叙事侵入——罗莎琳·克劳斯的结构主义批评 [J]. 文艺理论研究，2015（2）：17-24.

[12] Jean-Louis Cohen. Ludwig Mies van der Rohe [M]. Basel，Boston，Berlin：Birkhäuser，2007.

4.4 物体与物像：密斯·凡·德·罗建筑中的雕塑

[1] Penelope Curtis. Patio and Pavilion：The Place of Sculpture in Modern Architecture [M]. Los Angeles：The J. Paul Getty Museum，2008.

[2] Andreas Beitin，Wolf Eiermann，Brigitte Franzen. Mies van der Rohe：Montage and Collage [M]. London：Koenig Books，2017.

[3] Herbert George. The Elements of Sculpture [M]. London and New York：Phaidon Press，2014.

[4] （瑞）沃尔夫林. 美术史的基本概念：后期艺术中的风格发展问题 [M]. 潘耀昌，译. 北京：北京大学出版社，2011.

[5] （美）罗莎琳·克劳斯. 现代雕塑的变迁 [M]. 柯乔，吴彦，译. 北京：中国民族摄影艺术出版社，2017.

[6] L. Hilberseimer. Mise van der Rohe [M]. Chicago：Paul Theobald Company，1956.

[7] George Duby，Jean-Luc Daval. Sculpture：From the Renaissance to the Present Day [M]. London：Taschen，2006.

[8] 褚瑞基. 卡罗·史卡帕：空间中流动的诗性 [M]. 台北：田园城市，2007.

[9] （英）郝伯特·里德. 现代雕塑简史 [M]. 曾四凯，王仙锦，译. 南宁：广西美术出版社，2014.

[10] Michael J. Lewis. American Art and Architecture [M]. London and New York：Thames & Hudson，2006.

[11] Phyllis Lambert. Mies in America [M]. New York：Harry N. Abrams，2002.

结论 扩展的艺术与建筑

[1] 李黎阳. 历史真实与艺术本质 [M]. 北京：金城出版社，2013.

[2] Philip Jodidio. Architecture：Art [M]. Munich：Prestel Verlag，2005.

[3] （美）哈尔·福斯特. 艺术 × 建筑 [M]. 高卫华，译. 济南：山东画报出版社，2013.

[4] 王瑞芸. 从杜尚到波洛克 [M]. 北京：金城出版社，2012.

[5] 邵亦杨. 全球视野下的当代艺术 [M]. 北京：北京大学出版社，2019.